LED光源及其设施园艺应用

Light-Emitting Diodes(LEDs) and Their Applications in Protected Horticulture as Light Sources

◎ 刘文科　杨其长　魏灵玲　著

中国农业科学技术出版社

图书在版编目（CIP）数据

LED光源及其设施园艺应用 / 刘文科，杨其长，魏灵玲著．—北京：中国农业科学技术出版社，2012.11
ISBN 978－7－5116－1100－0

Ⅰ．①L… Ⅱ．①刘…②杨…③魏… Ⅲ．①发光二极管－照明－应用－设施农业－园艺－研究 Ⅳ．①S62②TN383

中国版本图书馆CIP数据核字（2012）第244420号

责任编辑 张孝安
责任校对 贾晓红 郭苗苗

出 版 者 中国农业科学技术出版社
北京市中关村南大街12号 邮编：100081
电　　话 （010）82109708（编辑室） （010）82109702（发行部）
（010）82109709（读者服务部）
传　　真 （010）82109708
网　　址 http://www.castp.cn
经 销 者 新华书店北京发行所
印 刷 者 北京科信印刷有限公司
开　　本 787 mm×1 092 mm 1/16
印　　张 12.625 **彩插** 8
字　　数 230千字
版　　次 2012年11月第1版 2014年9月第2次印刷
定　　价 50.00元

前　言

发光二极管（Light-emitting Diode，LED）发明于1961年，它是一种固态的半导体器件，可以直接将电能转化为光能。LED作为新一代半导体固态冷光源，其研制集电学（电子光学、光电子学）、材料学（半导体发光材料、封装材料）和光学等多学科于一体。LED具有结构简单、重量轻、体积小、抗震、安全等特点，以及高光效、低能耗、冷光源、寿命长、响应快、环保性高等光电优势，近年来随着价格的不断下降，它逐渐被广泛应用于照明、信号指示、背光等领域。LED被公认为是21世纪最具发展前景的一种电光源，在不久的将来必定取代传统白炽灯和荧光灯，成为通用照明和特殊照明的主流器件。现今，LED在非视觉照明（农作物栽培光源、通讯和医疗等）领域的应用逐渐扩大，受到国内外业界人士的关注，呈快速发展态势。

随着世界人口的不断增长、物质需求不断增加，而资源却不断减少，环境不断恶化，为解决全球资源与环境问题，设施农业越来越受到人们的推崇，得到了前所未有的发展和应用。我国设施园艺产业发展迅速，到2011年年底设施面积已达到350万hm^2以上，人工补光设施栽培面积也有2 000hm^2左右。光作为环境信号和光合作用能量的唯一来源，是设施植物生长发育和产量品质形成的必需环境要素。自然界中，太阳光照随地理纬度、季节和天气状况的不同而变化，高纬度地区以及其他大多数地区（如我国南方地区）冬春季节因连阴天、雨、雪、雾天气，以及大气污染和浮尘等因素的影响，光照时间不够、光照强度不足和光质欠缺现象严重，制约着设施园艺作物的生长发育和优质高效生产。在我国，普遍存在的高纬度地区光照时间不足、低纬度地区因阴雨天气导致弱光寡照等现象导致日光温室、塑料大棚等设施内光环境（光强、光质和光周期）不能满足设施作物的生长发育与产量品质形成的需求，限制了设施园艺生产潜力。此外，人工光栽培（植物组织培养、植物种苗繁育、植物工厂蔬菜生产等）规模正逐年增加。很显然，人工光调控在设施园艺优质、高产、生态、安全生产中具有不可或缺的作用。只有根据设施植物的光生物学需求，设置人工光环境及管理策略，进行动态智能化管理，才能让设施园艺彻底摆脱自然条件的制约，实现人为调控。同时，传统人工光源（如荧光灯和高压钠灯灯）光谱能量分布固定，无法调控，仅能控制光强和光周期，光合有效辐射比例小，无效热辐射较多，光效低，耗能高，造成设施园艺生产能耗居高不下，亟待解决。

LED光源在光电特性、结构特点上决定了它是设施园艺人工光源的最理想的替代电光源，可作为唯一光源或补光光源满足设施园艺作物光合有效辐射的光谱组合配置需求，最大程度地增加生物光效，实现设施园艺生产的大幅节能。LED固态照明的应用是过去几十年来设施园艺照明的最大进步之一，其广泛应用具有里程碑式的意义。随着LED技术的发展和制造成本的下降，LED光源在现代设施园艺生产实践中的应用将越来越受到世界各国政府、学者、LED生产企业和设施园艺生产者的广泛关注。当前，在节能减排和设施园艺优质高产目标的推动下，LED光源在设施园艺中的应用技术及其光生物学基础研究已成为世界学术界关注的热点。美国、日本、荷兰、中国、韩国、立陶宛等国家已对LED光源设施园艺应用技术开展了广泛的研究工作，取得了重大进展。中国农业科学院农业环境与可持续发展研究所是国内最早从事LED光源设施园艺应用领域研究的单位之一，开展了近十年的研究工作。在“十二五”国家“863计划”项目（2011AA03A114）和“十二五”国家科技支撑项目（2011BAE01B00）的资助下，本书作者通过对课题组近十年研究的结果进行了总结和梳理，并尽可能地收集国际上近几十年的研究成果，力求本书能反映世界和国内LED光源及其在设施园艺中应用的最新研究进展，为业界人士提供参考，推动我国LED光源在设施园艺中应用的基础研究与技术创新研究。

《LED光源及其设施园艺应用》以设施园艺学、蔬菜学、植物生理学、植物营养学和LED半导体照明等多学科交叉和有机结合为特点，首次系统展示了几十年来LED在设施园艺中应用发展与现状，光质生物学和LED光源设施园艺应用技术与装备的研究全貌，阐述了应用潜力、存在问题及发展前景。全书共八章，即第一章 LED 的结构、发光原理与发展历程；第二章 LED 光源的光电特性与光谱特征；第三章 LED 光源在设施园艺中应用的基础；第四章 LED 光质调控对园艺作物生长发育的调控；第五章 LED 光质对园艺产品营养品质的调控；第六章 LED 光强与光周期对设施园艺作物生长发育及产量品质的调控；第七章设施园艺用 LED 照明系统；第八章设施园艺 LED 光源的研发现状与前景。本书适于大专院校农业生物环境工程、设施园艺科学与工程、植物营养学、园艺学等专业的本科生、研究生和教师以及广大农业科技工作者参考阅读。本书编写过程中得到了周晚来、刘义飞、田野、赵姣姣等人的协助，在此表示感谢。由于编者水平有限，书中不妥之处在所难免，恳请广大读者提出宝贵意见和建议，以便再版时改进完善。

刘文科

2012 年 8 月 18 日于北京

目　录

第一章　LED 的结构、发光原理与发展历程

发光二极管（Light-emitting Diode，LED）是一种固态（Solid-state）半导体器件，是新一代照明光源。本章系统概述了 LED 作为固态的半导体器件，其定义、结构、发光原理、分类，以及世界与中国 LED 的研发历程，LED 与半导体照明发展与应用现状。

发光二极管（Light-emitting Diode，LED）是一种固态（Solid-state）半导体器件，是新一代照明光源，它可以直接将电能转化为光能，发明于 1961 年。作为新一代半导体固态电光源，LED 是继白炽灯、荧光灯、高气压放电灯（High Intensity Discharge，HID）等之后的第四代光源，在 21 世纪照明中发挥重要作用。LED 集电学（电子光学、光电子学）、材料学（半导体发光材料、封装材料）和光学等多学科于一体。LED 具有结构简单、重量轻、体积小、抗震性好、安全性高等属性特点，以及光效高、窄波谱、光质纯、低能耗、冷光源、寿命长、响应快、使用方便和环保性高等光电优势，备受人们的青睐。近年来，随着半导体技术的发展和 LED 制造成本的不断下降，LED 逐渐被广泛应用于照明、信号指示、背光、通讯、医疗和农业等领域。LED 被公认为是 21 世纪最具有发展前景的一种电光源，必将在不久的未来取代传统白炽灯和荧光灯，成为通用照明和特殊照明的主流器件。

1.1　LED 的定义

LED 是一种固态的半导体器件，它是利用半导体 PN 结或类似结构直接将电

能转化为光能的器件。LED作为新一代半导体固态冷光源，集电学（电子光学、光电子学）、材料学（半导体发光材料、封装材料）和光学等多学科于一体。一般而言，光源是指自身能发光的物体，现有的光源主要有两类，即天然光源和人造光源。天然光指太阳光，人造光源主要包括电光源，以及油灯和蜡烛。电光源是当前绝对主流的照明和非视觉照明光源。电光源分为热辐射光源（如白炽灯）、气体放电发光光源、光致发光和电致发光光源4种，LED属于电致发光光源。LED是第四代照明光源，与以前的光源相比具有无可比拟的优点。图1－1给出了典型电光源的种类。表1－1给出几种典型电光源的属性参数。

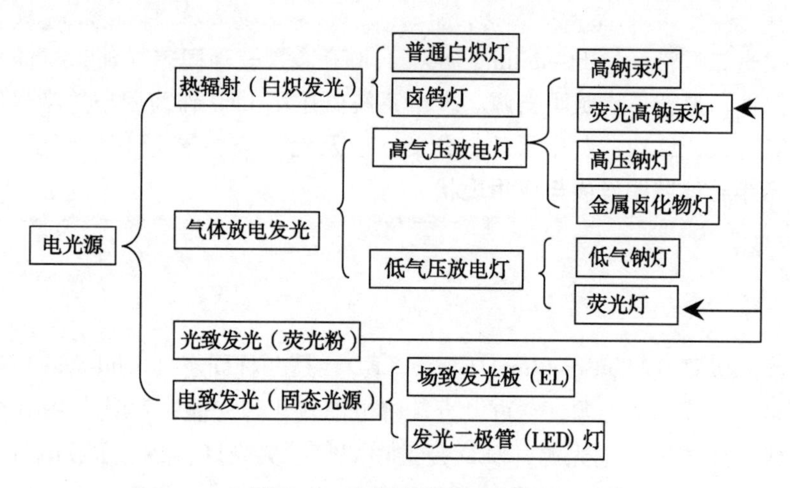

图1－1　有代表性的电光源

LED具有多种光电优势和特性，主要包括结构简单、重量轻、体积小、抗震性好、安全性高等的特性，以及高光效、光质丰富、光质纯、窄光谱、低能耗、冷光源、点光源、寿命长、响应快、环保性高等光电优势（Williams和Hall，1978）。近年来，随着半导体技术的发展和LED制造成本的不断下降，LED逐渐被广泛应用于照明、信号指示、背光等领域。更为重要的是，LED在非视觉照明，如通讯、医疗和设施农作物培育等领域的应用正逐渐扩大，呈现出快速发展的态势。因此，LED被公认为是21世纪最具有发展前景的一种电光源，在不久的将来必取代传统白炽灯和荧光灯，成为通用照明和特殊照明的主流器件。同时，LED可作为农用光源，在设施农业节能减排、优质高产方面有着重要的应用潜力和前景。

与各种电光源照明一样，除LED核心部件外，LED照明的实现需要配属的照明电器附件和灯具。照明电器附件是指与电光源连接在一起配套工作的部件

（或装置）。譬如，电感镇流器、辉光启动器及电子镇流器等是荧光灯的电气部件，而HID灯的附件除了镇流器外，还包含能产生3～5kV高压的触发器启动装置（或电路）。灯具是一种产生、控制和分配光的器件。它是由下列部件组成的完整的照明单元：一个或几个灯，设计用来分配光的光学部件，固定灯并提供电气连接的电气部件（如灯座、镇流器灯），用于支撑和安装的机械部件。光源和灯具是照明设备的重要组成部分，光源是照明设备的发光部分，灯具是光源的载体即照明设备的外壳。

表1－1 几种电光源的属性参数

光源类型	功率范围（W）	光视效能（lm/W）	寿命（h）	电压影响光通量	环境影响光通量
白炽灯	10～1 000	8～22	1 000	大	小
卤钨灯	500～2 000	14～20	8 000	大	小
T5灯-865	5	60	11 000	较大	大
T8灯-765	18	55	9 500	较大	大
金卤灯	70～1 500	71～110	8 000	较大	较小
高压钠灯	50～400	66～117	8 000	—	较小
低压钠灯	—	100～200	12 000	大	较小
LED	≥1W	60～120	100 000	较小	较小

1.2 LED的结构

通常，LED的结构形式主要有直插式LED（DIP LED）、表面贴装式LED（SMD LED）、食人鱼LED（Piranha LED）、铝基板式LED和集成化LED（Integrated LED）。

直插式LED：直插式LED是典型的LED结构，主要由LED芯片、反射杯（或反光碗）、引线架、引脚、金线和环氧树脂帽组成（图1－2）。反射杯的引线为阴极、另外一根引线为阳极。环氧树脂帽封住LED芯片，一方面可以保护芯片，另一方面有透镜聚光作用。LED芯片是LED器件的核心，其结构自上而下由P型电极（阳极）、P型层、发光层、N型层、衬底和N型电极（阴极）组成（图1－3）。芯片两端为金属电极，底部为衬底材料，当中是由P型层和N

型层构成的PN结。发光层被夹在P型层和N型层中间，是发光的核心区域。在芯片工作时，P型层和N型层分别提供发光所需的空穴和电子，它们被注入到发光层发生复合而产生光。

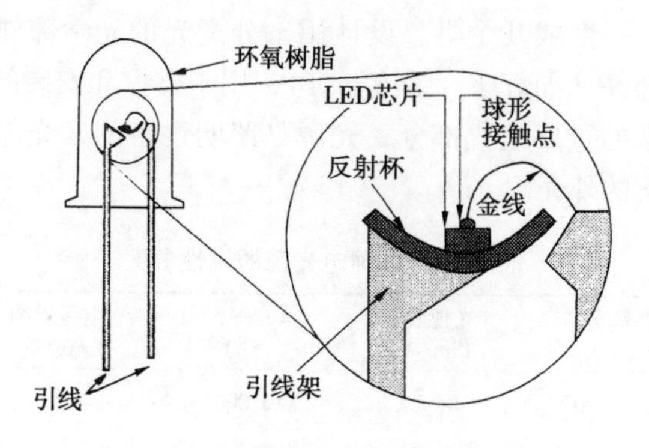

图1－2　直插式LED的基本结构

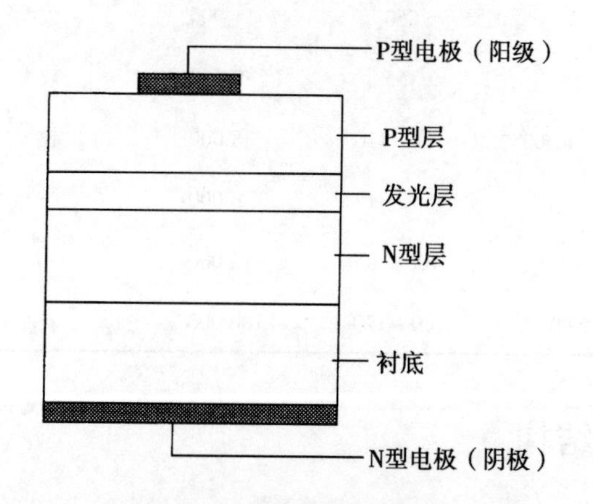

图1－3　LED芯片的结构

表面贴装式LED：从引脚式封装向表面贴装式转变是LED技术发展的方向。早期型号为AOT-23，随后发展为带有透镜的高亮度的SLM-125系列。表面贴装式LED解决了亮度、视角、平整度、可靠性、一致性等问题，其采用轻的PCB板和反射层材料，在显示反射层填充环氧树脂少，且去除了较重的碳钢材料引脚，缩小了尺寸，降低了重量。

食人鱼LED：食人鱼LED采用一种正方形透明树脂封装，它有四个引脚，比直插式多了两个引脚。食人鱼LED散热性比一般的LED好，工作电流可达40mA，LED光源的亮度较高。

铝基板式 LED：铝基板式 LED 是为了提高 LED 散热效率，在 PCB 基板上贴附一片金属板（如铝基板），以提高大功率 LED 的散热性能。

LED 芯片是 LED 器件的核心。芯片制作是项复杂的工作，其技术是 21 世纪的高新技术之一。通常小功率 LED 工作时的正向电压为 1.5 ~ 3.0V，工作电流为 5 ~ 20mA。而白光 LED 的正向电压范围为 3.0 ~ 4.2V，大功率白光 LED 的工作电流达 750mA 乃至 1A。

1.3 LED 的发光原理

LED 是利用半导体 PN 结或类似结构把电能转换成光能的器件。发光二极管是由Ⅲ-Ⅳ族化合物，如 GaAs（砷化镓）、GaP（磷化镓）、GaAsP（磷砷化镓）等半导体材料做衬底制成的，其核心是 PN 结。因此，它具有一般 PN 结的 IN 特性，即正向导通，反向截止、击穿特性。在正向电压下，电子由 N 区注入 P 区，空穴由 P 区注入 N 区，从而出现不平衡状态。这些注入的电子与空穴在 PN 结处相遇发生复合，将多余的能量以光的形式释放出来，从而观察到 PN 结发光，也称作注入式发光，光子的能量由带间隙决定，如图 1 - 4 所示。此外，一些电子被无辐射中心俘获，能量以热能形式散发，这个过程被称为无辐射过程。

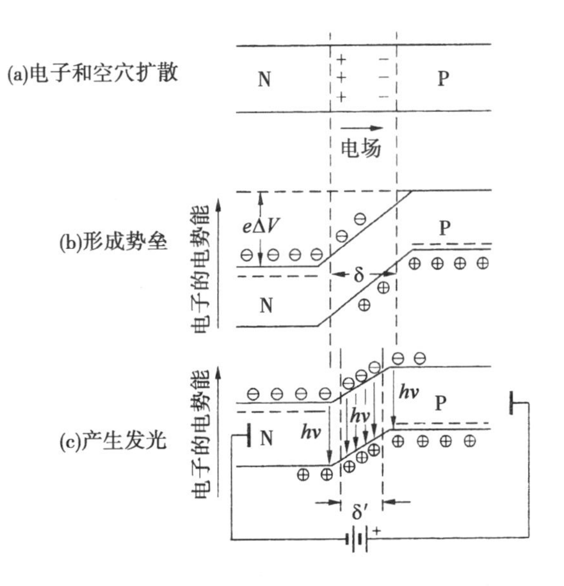

图 1 - 4　LED 的工作原理

假设发光是在P区中发生的，那么注入的电子与价带空穴直接复合而发光，或者先被发光中心捕获后，再与空穴复合发光。除了这种发光复合外，还有些电子被非发光中心（这个中心介于导带、价带中间附近）捕获，而后再与空穴复合，每次释放的能量不大，不能形成可见光。发光的复合量相对于非发光复合量的比例越大，光量子效率越高。由于复合是在少子扩散区内发光的，所以光仅在靠近PN结面数μm以内产生。理论和实践证明，光的峰值波长λ与发光区域的半导体材料禁带宽度Eg有关，即λ≈1 240/Eg（nm）式中Eg的单位为电子伏特（eV）。若能产生可见光（紫光至红光），半导体材料的Eg应在3.26～1.63eV之间。

LED因其材料不同，其中电子和空穴所占的能级也有所不同。能级高低差影响电子和空穴复合后光子的能量，从而产生不同波长的光，即不同颜色的光。此外，通常PN结的禁带宽度决定了LED的发光波长，一般禁带宽度越大，辐射出的能量越大，对应的光子波长就越长，反之就越短，因此材料不同的半导体晶体就会发出不同颜色、不同发光强度的光。为了提高LED的发光效率，应尽量减少产生无辐射复合中心的晶格缺陷和杂质浓度，减少无辐射复合过程。

1.4 LED的分类

LED具有多种分类方法，概括起来有以下9种。

第一，按发出的光是否可见分类，可分为可见光LED和不可见光LED两种类型。

第二，按发光颜色分类，可分为红光、黄光、橙光、绿光、蓝光、紫光、白光、橙光及黄绿光等。由于白光是红绿蓝外的第四色，是一种复合色，严格讲白光不属于彩色LED。如果LED封装中包括2种以上颜色的LED芯片则可发出2种以上的颜色的光。

第三，按亮度分类，可分成普通亮度LED（发光强度小于10mcd）、高亮度LED（发光强度小于10～100mcd）和超高亮度LED（发光强度大于100mcd）三类。

第四，按功率来分类，可分为小功率LED、功率LED和W级功率LED。小功率LED的输入功率为几十毫瓦，功率LED的输入功率小于1W，而W级功率LED指输入功率大于1W的LED，也叫做照明级LED。

第五，按封装结构分类，可分为引脚式封装和表面贴装两类。

第六，按分装材料分类，可分为全环氧包封、金属底座环氧包封、陶瓷底座环氧包封和玻璃封装等几类。

第七，按发光强度角分布图可分为高指向型、标准型和散射型三类。

第八，按出光面特征分类，可分为圆灯、方灯、矩形灯、面发光管、侧向管及表面安装用微型管等。

第九，按照应用领域来分，可分为视觉照明 LED 和非视觉照明 LED。另外，LED 还可以按照芯片材料和芯片数量来分类。

1.5 LED 的发展历程

1.5.1 世界 LED 发展历程

1907 年英国人 Round H. J. 第一次在一块碳化硅里观察到电致发光现象（Electroluminescence），但所发出的黄光太暗，不适合实际应用。20 世纪 20 年代后期 Gudden B. 和 Wid R. 在德国使用从锌硫化物与铜中提炼的黄磷发光，但再一次因发光暗淡而停止。1936 年，George Destiau 出版了一个关于硫化锌粉末发射光的报告。随着电流的广泛认识和应用，最终出现了“电致发光”这个术语。20 世纪 50 年代，英国科学家在电致发光的实验中使用半导体砷化镓发明了第一个具有现代意义的 LED，并于 60 年代面世。第一个红外 LED 在 1961 年申请了专利，第一个实用性可见光谱 LED 专利在 1962 年被授权。在早期的试验中，LED 需要放置在液化氮里，更需要进一步的操作与突破以便能高效率的在室温下工作。第一个商用 LED 仅仅只能发出不可视的红外光，但迅速应用于感应与光电领域。60 年代末，在砷化镓基体上使用磷化物发明了第一个可见的红光 LED。磷化镓的运用使得 LED 更高效、发出的红光更亮，甚至产生出橙色的光。总之，LED 最早出现在 20 世纪 20 年代后期，但直到 20 世纪 60 年代才出现实用型红光 LED（Zheludev，2007）。

到 20 世纪 70 年代中期，磷化镓被用作发光光源，可发出灰白绿光。LED 采用双层磷化镓芯片（一个红色，另一个是绿色）能够发出黄色光。同时，前苏联科学家利用金刚砂制造出发出黄光的 LED，但它不如欧洲的 LED 高效，到 70 年代末，它已能发出纯绿色的光。80 年代 LED 技术得以快速发展，到 80 年代早期到中期对砷化镓磷化铝的使用使得第一代高亮度的 LED 的诞生，先是红色，接着就是黄色，最后为绿色。到 20 世纪 90 年代早期，采用铟铝磷化镓生产出了高亮度的橘红、橙、黄和绿光的 LED（Bvourget，2008）。第一个有历史意义的实用型蓝光 LED 出现在 1993 年（Nakamura *et al.*，1996）。

到20 世纪 90 年代中期，出现了超高亮度的氮化镓 LED，随即又制造出能产生高强度绿光和蓝光的铟氮镓 LED。超亮度蓝光芯片是白光 LED 的核心，在这个发光芯片上抹上荧光磷，然后荧光磷通过吸收来自芯片上的蓝色光源再转化为白光。就是利用这种技术制造出任何可见颜色的光，如浅绿色和粉红色。LED 的发展经历了一个漫长而曲折的历史过程。最近，开发的 LED 不仅能发射出纯紫外光而且能发射出真实的“黑色”紫外光。早期的 LED 只能应用于指示灯、早期的计算器显示屏和数码手表，现在逐步被应用到超高亮度的领域。

LED 发展史中的关键技术突破总结如下：1907 年，在碳化硅里观察到电致发光现象；1954 年，开始制作 GaP 单晶并对其性能进行研究；1955 年，观测到 GaP 发光现象；1962 年，观测到 GaAs 的 PN 结发光现象，发出 GaAs 系红外（870～980nm）LED；1962 年，开发出 GaAsP 系红光 LED；1963 年，开发出 GaP 系红光 LED，观测到 A-SiC 二极管的蓝光强波峰；1965 年，在 GaP 中引入了 N 等电子发光中心；1966 年，GaAs 系红外 LED 的外部量子效率达 6%；1969 年，SiC 系蓝光 LED 的电光转换效率达 0.005%，GaP 系红光 LED 的外部量子效率达 7.2%；1972 年，开发出 GaAsP 系黄光 LED 的外部量子效率达 0.2%，GaP：ZnO 系红光 LED 的外部量子效率达 15%；1977 年，GaAsP 系红光 LED 的外部量子效率达 0.1%；1981 年，确认 GaN 系的蓝色发光；1985 年，开发出四元结晶 AIGaLNP 系橙色 LED；1986 年，开发出 GaN 系 AIN 低温堆积缓冲层技术；1992 年，GaN 系的蓝色 PN 同质结二极管的外部量子效率达 1%；1994 年，PN 结型 GALNN/AIGAN 异质结高亮度蓝光 LED（1 CD 级）；1995 年，GaLNN 双异质结蓝光 LED 的外部量子效率达 10%，开发出 GaINN 系绿光 LED；1997 年，开发出使用荧光粉的白光 LED，光效达 5lm/W；2001 年，开发出了 AIGaL-NP 系：采用附着在透明衬底上的加工工艺；2002 年，采用蓝光 + 激发黄色荧光粉产生的白光 LED 的性能提高，光效达 62lm/W；2004 年，采用蓝光 + 激发黄色荧光粉产生的白光 LED 的性能捉高，光效达 80lm/W；2009 年，研发出多面发光体 LED 灯泡，实现 360 度全方位照明。

目前，全球主要 LED 厂商包括日亚化学（Nichia）公司、丰田合成公司（ToyodaGosei）公司、Cree 公司、GelCore 公司和 Lumileds 公司等，如表 1－2 所示。表 1－3 给出了 LED 产品外形及主要封装结构。全球 LED 产业呈梯形分布或金字塔形分布，美国、欧洲、日本位居金字塔的最顶端，在技术、产值方面领先于其他国家和地区，其产值占全球的60% ~65%。中国台湾和韩国居金字塔中间，技术略次于第一级，主要是产能较大，但是产品附加值略低，产值比例占全球30% ~35%。处于低端的是中国大陆、马来西亚等地，主要产品和技术都较低端，产能和产值都较低，占全球的3% ~6%，但是其上升速度较快。综上所述，美国、日本、德国虽然产值高，但是处在逐渐下降的趋势；台湾、韩国居中，仍在上升；中国大陆和马来西亚等地区虽然产值较低，但是发展势头十足，处于迅速上升膨胀阶段。

在LED产业各国专利分布方面。在LED产业方面，美国能源部专门制定了美国“半导体照明国家研究项目”，计划用10年时间、耗资5亿美元开发半导体照明技术，主要目的是为了使美国在未来照明光源市场竞争中，领先于日本、欧洲及韩国等竞争者。计划的时间节点与要实现的光效目标分别是：2002年20lm/W，2007年75lm/W，2012年150lm/W。可以认为，目前其已经提前实现目标。从美国USPTO专利数据库中，检索得到与LED相关的授权专利约34 000件，其中，从1990 ~2008年授权的专利约25 000件。从专利的增长数量来看，可见美国的LED产业正处于高速发展时期。美国LED专利的申请人主要是各类型企业以及研究机构，包括大型企业和众多的中小企业；申请方向主要集中于LED芯片和照明方面，尤其是技术含量高的外延片制造技术和LED芯片制造技术方面。美国LED专利的外国申请人主要是日本、中国台湾、德国、韩国，外国专利的申请主体是规模较大的LED制造企业，中国大陆在美国的LED专利数量较少。

表1 -2　全球主要LED企业分布

<table>
<tr><th rowspan="2">主要LED生产国及地区</th><th colspan="3">主要LED企业在产业链上的分布</th></tr>
<tr><th>上游</th><th>中游</th><th>下游</th></tr>
<tr><td rowspan="2">中国台湾</td><td colspan="2">国联、晶电、璨圆、华上、元坤、广镓</td><td rowspan="2">光宝、亿光、佰鸿、宏齐、东贝、华兴、光鼎、恒嘉</td></tr>
<tr><td>全新、信越、连威、连亚</td><td>光磊、鼎元、汉光</td></tr>
<tr><td rowspan="2">日本</td><td colspan="3">Nichia、Rohm</td></tr>
<tr><td>Toyoda Gosei</td><td colspan="2">Citizen、Stanley、Toshiba</td></tr>
<tr><td>韩国</td><td colspan="3">Samsung、LG</td></tr>
<tr><td>欧洲</td><td colspan="3">Osram</td></tr>
<tr><td>美国</td><td>Cree Lighting、Gelcore、Lumileds</td><td colspan="2">Agilent</td></tr>
</table>

表 1-3 LED 产品外形及主要封装结构

类型	外形及特征	封装结构
电光源（指示灯）	圆形、矩形、多边形、椭圆形、凸形、双头形、阻塞形、子弹形等；直径 3~10mm	环氧树脂全包封，金属（陶瓷）底座；树脂暴风，表面贴装封装
面光源（状态指示）	发光面大，可见距离远，视角宽，有圆形、梯形、三角形、长方形等，可拼接成发光阵列、线条和图形	双列（单列）直插封装、表面贴装封装
发光显示器	数码管、字符管、矩阵管等，可显示字符和图标的复杂组合	表面贴装、反射罩式、单片集成式、单条 7、14 或 16 段阵列
功率型 LED	单管芯与荧光物质组合产生白光，多种不同色光管芯的色光混合构成白光	单芯片功率型封装，多芯片封装

目前，LED 较为集中应用领域如下。

景观照明市场：包括建筑装饰、室内装饰、旅游景点装饰等，主要用于重要建筑、街道、商业中心、名胜古迹、桥梁、社区、庭院、草坪、家居、休闲娱乐场所的装饰照明，以及集装饰与广告为一体的商业照明。

汽车市场：车用市场是 LED 运用发展最快的市场，主要用于车内的仪表盘、空调、音响等指示灯及内部阅读灯，车外的第三刹车灯、尾灯、转向灯、侧灯等。

背光源市场：LED 作为背光源已普遍运用于手机、电脑、手持掌上电子产品及汽车、飞机仪表盘等众多领域。

交通灯市场：由于红、黄、绿光 LED 有亮度高、寿命长、省电等优点，在交通信号灯市场的需求大幅增加。厦门市自 2000 年采用第一座 LED 交通信号灯后，如今全市 100 多座交通信号灯已有近 70% 更换为 LED；上海市则明文规定，新上的交通信号灯一律采用 LED。

户外大屏幕显示：由于高亮度 LED 能产生红、绿、蓝三原色的光，LED 全彩色大屏幕显示屏在金融、证券、交通、机场、邮电等领域倍受青睐；近两年全彩色 LED 户外显示屏已代替传统的灯箱、霓红灯、磁翻板等成为主流，尤其是在全球各大型体育场馆几乎已成为标准配备。

特殊工作照明和军事运用：由于 LED 光源具有抗震性、耐候性、密封性好，以及热辐射低、体积小、便于携带等特点，可广泛应用于防爆、野外作业、矿山、军事行动等特殊工作场所或恶劣工作环境之中。

其他应用：LED 还可用于玩具、礼品、手电筒、圣诞灯等轻工产品之中，我国作为全球轻工产品的重要生产基地，对 LED 有着巨大的市场需求。

1.5.2 中国 LED 的发展历程

中国在半导体照明领域已具备一定技术和产业基础。与微电子相比，中国在半导体发光器件领域与国外的差距较小。中国自主研制的第一个 LED，比世界上第一个发光二极管仅仅晚几个月。目前，中国半导体发光二极管产业的技术水平，与发达国家只相差 3 年左右。通过国家科技计划项目的支持，中国已经初步形成从外延片生产、芯片制备、器件封装、集成应用的比较完整的产业链，现在全国从事半导体发光二极管器件及照明系统生产的规模以上的企业有 400 多家，产品封装在国际市场上已占有相当大的份额。半导体照明产业，特别是位于产业链下游的芯片封装和照明系统产业，既是一个技术密集型产业，又是一个劳动密集型产业，其难度和风险都大大低于微电子产业。发展半导体照明产业能够发挥中国的比较优势，能够充分发挥中国的人力资源优势，带动相关产业，并增加出口，吸纳就业。

1960~1970 年，中国科学院开展发光科学的研究。1980~2000 年，LED 开始从研究走向生产；早期引进管芯进行封装，技术门槛低，20 世纪 90 年代引进外延片进行加工，进而开展技术含量很高的外延片的研发和小批量生产。2002 年初具规模，2003 年的产值 100 亿元，产量超过 200 亿只，其中超高亮度的几十亿只。上海、大连、南昌、厦门已成为我国四大半导体照明基地。与国际先进水平相比，现在中国半导体照明技术落后 3~5 年。“十五”期间，科技部联合 6 部和 11 个地方政府，从国家层面上启动了半导体照明工程。国家半导体照明工程首批 50 个项目启动。2003~2005 年，半导体照明国家科技攻关计划启动。近期目标将解决产业化急需的一些关键技术、掌握一批半导体照明技术的知识产权。中远期要培育新型大功率白光 LED（半导体发光二极管）通用照明产业，并将在高端原创性技术方面将有所突破。

1968 年，中国科学院长春物理研究所成功研制出中国大陆的第一只 LED。20 世纪 80 年代，中国 LED 的材料和器件已形成产业，90 年代开始迅速发展，企业主要集中在 LED 产业链下游的封装和应用方面。仅以数量计算，中国拥有的 LED 专利数量可以位居世界前 5 位。其中，中国大陆地区的专利数量位于美国和日本之后，大致与德国、中国台湾地区相当，但是有相当数量的实用新型专利。但是，中国大陆地区在 LED 产业链中上游的外延技术、芯片结构等领域，专利申请数量远低于日本、美国，也低于德国和中国台湾地区；中国大陆地区在衬底技术的专利申请数量与美国大致相当，荧光粉材料的专利申请数量仅次于日本，封装技术的专利申请数量与中国台湾地区大致相当，LED 具体应用方面的专利申请数量已经超过了美国和日本。并且，在 2006 年之前，中国大陆的 LED 发明专利申请者主要组成是国家“863”计划等项目的承担单位和实施单位，例如，中国科学院半导体所、物理所、长春光机所、南京大学、北京大学、清华大学、浙江大学和南昌大学等。当时中国对 LED 基础研发的总体重视不够强，但关键因素也许还是企业乃至于研究机构的专利意识不够强。在 2006 年之后，LED 企业作为 LED 发明专利申请人所对应的专利申请数量增加得很快，说明中国 LED 企业随着市场的发展，技术实力和专利保护意识已经大大加强。

LED 的产业链可分为三级，LED 衬底晶片是 LED 产业链的上游产业；LED 芯片设计和制造是中游产业；LED 的封装与应用是 LED 产业链的下游产业。中国在上游和中游产业掌握的技术较少，主要的技术位于下游产业中。下游产业技术主要包括低热阻、优异光学特性、高可靠性的封装技术方面。

1.6 LED 与半导体照明

半导体照明是一种基于 LED 新型光源的固态照明，为典型的绿色照明。LED 光源在体积、颜色和寿命等方面的优势决定了它的应用领域非常广。现今，LED 在光色照明、专用普通照明、安全照明和特殊照明领域的应用已大规模展开，而在普通照明领域的应用尚处于起步阶段。

LED 除了大量应用于电子设备的指示和测试数据的显示、大屏幕显示和显示屏背光外，LED 还将被广泛用于普通照明和特殊照明领域。主要领域有：道路照明、景观装饰照明、隧道照明和工矿灯、室内照明等方面。目前，LED 灯种类繁多，有 LED 照明灯、LED 工矿灯、温室补光灯、植物生长灯、LED 灯带、LED 灯杯、LED 节能灯、LED 装饰灯、LED 地埋灯、LED 轮廓灯、LED 投光灯等。LED 在农业、渔业、医疗、通讯和自动售货机灯方面也正逐步展开。据估计，2008 年 LED 占据全球市场的份额为 7%，2010 年增加到 20%，2020 年将占全球照明市场的 75%。效率和寿命是 LED 的优点。LED 比白炽灯和荧光灯更高效，基本上与高压钠灯的效率相同。白色 LED 灯的效率稍低些，因为磷光层需要与基色反应产生白色光。总之，伴随半导体技术和 LED 技术的快速发展，LED 在视觉和非视觉照明各领域的研究和应用突飞猛进。业界人士深信，半导体照明是 21 世纪最具有发展前景的高新技术领域之一。

第二章 LED 光源的光电特性与光谱特征

基于 LED 独有的光电特性和光谱优势，LED 光源被认为是 21 世纪理想的照明替代光源。本章总结了 LED 光源的光电特征、热学特性和光谱优势，系统概括了 LED 光源的优点以及与传统电光源的光谱区别，并阐明了当前应用的局限因素。

LED 光源就是发光二极管为发光体的半导体光源。LED 光源具有多种光、电、热学特性和光谱优势，决定了 LED 光源具有广泛的应用前景。LED 光源的高可靠性、高稳定性和高效率是 LED 光源的固有属性，是推动替代传统照明光源的基础和原动力。现今，LED 在指示灯、LCD 背光照明、显示屏、交通信号灯、景观装饰照明和汽车上的应用已比较广泛，在普通照明、非视觉照明（农作物栽培光源、通讯和医疗等）领域的应用逐渐扩大，受到国内外业界人士的关注，研发应用呈快速发展态势。同时，在当前条件下 LED 光源的推广应用也存在一定的局限因素。

2.1 LED 光源

光源是照明设备的发光部分，LED 光源就是以 LED 作为发光体单元，通过二次光学设计进行点阵式排布，并进行光源投射面积和均匀度约束的 LED 阵列装置。单颗 LED 发出的光叫点光源，多颗 LED 经过二次光学设计后可形成点光源、面光源、带状光源和线光源。

LED 光源的形状设计非常灵活，可以做成点状、线状、面状等各种形式的轻薄短小产品，而且 LED 灯具的设计将突破传统灯具的概念，完全无须局限于白炽灯的圆形和直管形荧光灯的长条形。它既可以是平面、立体的，也可以实现调色、调节照射角度和调光等功能。LED 光源的控制极为方便，只要调整电流，就可以随意调光。而且，LED 光源光色组合变化多样，利用时序控制电路，更能达到丰富多彩的动态变化效果。

2.2 LED 光源的光学特性

以 LED 光源发光强度或光功率输出为纵坐标，以波长为横坐标可绘制出一条光谱分布曲线，由曲线可确定 LED 光源的主波长、纯度等色度学参数。LED 光源的光谱能量分布与制备所用化合物的半导体种类、性质和 PN 结结构（外延层厚度和参杂的杂质）等有关，与光源的几何形状、封装方式无关。LED 发出的光并不是单一波长，其波长分布如图 2－1 所示。由同种芯片组成的 LED 光源，其单色光谱分布有对称的，也有不对称的，具体取决于 LED 所使用的材料及其结构等因素。光谱曲线上光强最大之处对应的波长被称为峰值波长，只有单色光才有峰值波长。LED 单色光发射的光谱是典型线光谱，其峰值波长是由发光材料的禁带宽度决定的。在 LED 光谱线峰值两侧，存在发光强度等于峰值一半的两个点。这两个点之间的宽度叫做光谱半宽度，也称为谱线宽度或半高宽度，用 Δλ 来表示。Δλ 是 LED 的单色性参数，表示 LED 的光谱纯度，通常小于 40nm。

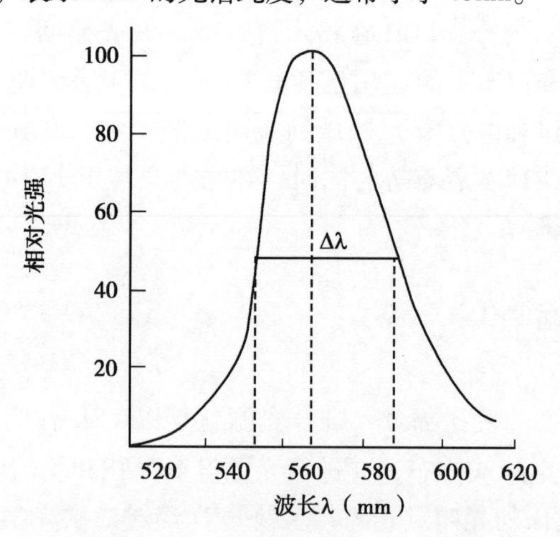

图 2－1　LED 光波长分布示意图

一般，由 AlInGaN 材料制作的红色和黄色 LED 的光谱具有良好的对称性，其光谱半宽度分别为 16nm 和 13nm。而同样材料制作的绿色和蓝色 LED 光谱半宽度为 40nm 和 22nm。这种差异是由于 AlInGaN 合金组分不均匀造成的。改变发光层的电致发光结构和合金组分的比例，都会引起谱线峰值波长和半高宽度的变化。白光 LED 的光谱分布与其合成工艺有关。

2.3 LED 光源的电学特性

LED 的伏安特性是指流过芯片 PN 结的电流随施加到 PN 结两端上的电压变化的特性。它是衡量 PN 结性能的主要参数，也是 PN 结制造优劣的重要标志。LED 的伏安特性曲线由正向特性区、反向特性区和方向击穿区组成。另外，为 LED 安全工作起见，应保证其实际功耗在最大允许功率耗散值之内。

LED 的响应时间较短，响应时间是指通一正向电流时开始发光和熄灭的时间，是标志 LED 反应速度的一个重要参数。不同材料制的 LED 响应时间不相同，GaAs、GaAsP、GaAIAs 等 LED 的响应时间可低至 1ns、AsP 等 LED 响应时间通常小于 100ns。

2.4 LED 光源的热特性

当电流通过 LED 时，其 PN 结的温度（结温）将升高。其机理是当外加电压达到 LED 芯片的阈值时，电子与空穴的辐射复合将一部分电能转化为光能，而无辐射复合产生的晶格震荡会将其余电能转化为热能。结温的变化将影响内部电子和空穴浓度、禁带宽度和电子迁移率灯微观参数的变化，从而使 LED 的光输出、发光波长以及正向电压等宏观参数发生相应的变化。结温升高将造成波长向长波漂移，光通量下降。LED 的最高结温不仅与其所使用的材料有关，而且还与封装结构和材料等因素有关。散热问题是 LED 应用的一个需要重点解决的问题，需要从 LED 的芯片结构优化、选择散热更好的封装材料和封装结构进行研究。

2.5 LED 光源的光谱特征

LED 可发出专一波长的窄谱单色光，目前已实现的波长范围囊括了从 UV-C

到红外光（即波峰从 250～1 000 nm），功率由 1mW 到 10W 以上（Bourget，2008）。LED 发射出的颜色由半导体材料种类和结合点杂质决定的。LED 光源可选颜色包括红、黄、蓝、绿、白、单颗七色全彩，可选发光角度在 15°～120°，变换多。LED 光源可利用红、绿、蓝三基色原理，在计算机技术控制下使 3 种颜色具有 256 级灰度并任意混合，即可产生 256×256×256（即 16777216）种颜色，形成不同光色的组合。LED 组合的光色变化多端，可实现丰富多彩的动态变化效果及各种图像。LED 光源通过改变电流、化学修饰、单色光混合等方法，可以实现可见光各种颜色的发光和变色，即使对于白光 LED 也可以制作成各种色温的光源。因此，LED 光源在室内装饰照明、植物栽培和景观照明领域中具有明显的应用优势。

2.6 LED 光源的优点

LED 光源具有传统电光源无法比拟的光电优势，使之更适宜于多种领域的应用，应用潜力大。LED 光源的具体优点如下。

（1）节能。LED 的发光原理与白炽灯和气体放电灯的发光原理都不同，LED 光源的能量转化效率非常高，理论上能耗仅为白炽灯的 10%，比荧光灯节能 50%。一般情况下，高亮度、大功率 LED 光源，配合高效率电源，比白炽灯节电 80% 以上，在相同功率下其亮度是白炽灯的 10 倍。

（2）绿色环保。LED 光源由无毒的半导体材料做成，不含有毒有害物质（如汞），避免了荧光灯管破裂溢出汞的二次污染，同时又没有干扰辐射。可回收再利用，不会造成环境污染。

（3）坚固耐用、寿命长。半导体芯片发光，无灯丝，无玻璃泡，不怕震动，不易破碎，使用寿命可达 6 万～10 万 h（普通白炽灯使用寿命仅有 1 000h，普通节能灯使用寿命也只有 8 000h）；正常情况下使用 LED，其光衰减到 70% 的标称寿命是 10 万 h，减少了更换频率和其他维护工作。图 2－2 比较了 LED 与传统电光源的寿命大小。

（4）波长专一、单色性好、光色纯正、波段丰富、易于组合形成复合光质。由于典型的 LED 的光谱范围都比较窄，不像白炽灯那样拥有全光谱，可削减绝大多数的近红外辐射光谱。因此，LED 可以按需任意多样化地搭配组合，特别适用于景观照明和植物照明等对光源光谱有特殊要求的领域。图 2－3 表明了 LED 红光、LED 红光＋LED 远红光、LED 红光＋蓝色荧光灯后的光谱及其与

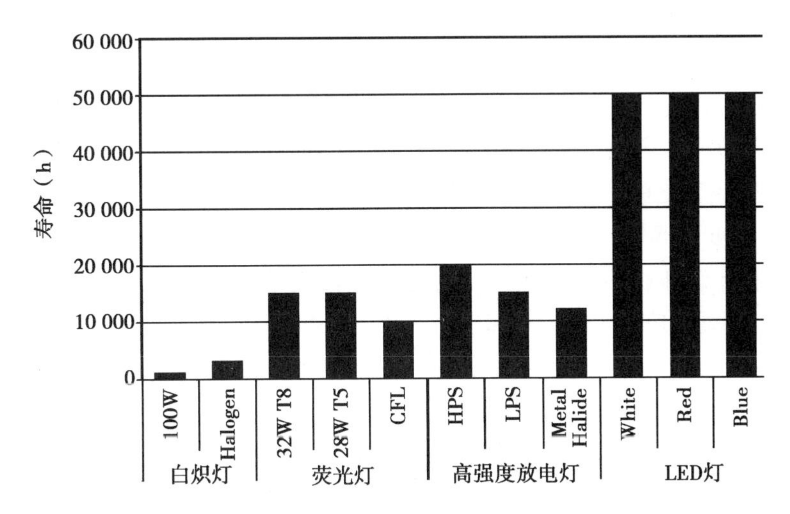

图 2-2 白炽灯、荧光灯、高强度放电灯间寿命比较

（数据来自 U. S. Dept. of Energy，2005）

金属卤化物灯的光谱能量分布差异。

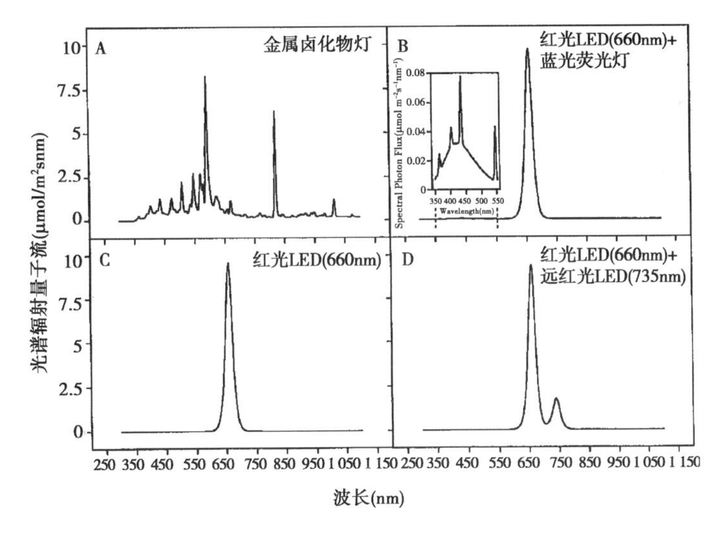

图 2-3 金属卤化物灯和红光 LED（660nm）和

红光 LED + 蓝色荧光灯、红光 LED + 远红光 LED（735nm）的光谱

（5）抗震动性强。由于 LED 的外部多采用环氧树脂来保护，所以，密封性能和抗冲击的性能都很好，不容易损坏。

（6）防潮、防水性强。封装良好的LED光源可在相对湿度较大的环境中使用，甚至可以应用于水下照明。

（7）无闪烁、无紫外线。LED光源采用的是直流供电，发光稳定不闪烁，且光谱主要集中在可见光区域，基本无紫外线或红外线辐射的干扰，从而可以避免频闪效应带来的不利影响，提高人眼舒适性，保护视力。

（8）亮度可调性好。根据LED光源的发光原理，LED的发光亮度或输出光通量基本随电流正向变化。而其工作电流在额定范围内可大可小，具有良好的可调性，为LED光源实现按需照明、亮度无级控制奠定了基础。

（9）安全性高。安全性主要表现在以下几个方面：①LED光源灯不含有毒有害物质（如汞），避免了灯管破裂溢出汞的生态毒害；②没有干扰辐射，光线中不含紫外线和红外线（普通灯光线中含有紫外线和红外线），光线健康；③灯发光面接触温度低，发热较小；④无玻璃封层；⑤所需电压低（供电电压在6～24V）、电流较小，不产生安全隐患，适合用于矿场等危险场所。

（10）便于与太阳能和风能结合使用。LED还可以与太阳能电池结合起来应用，节能又环保。适用于边远山区及野外照明等缺电、少电场所。

（11）响应时间短。白炽灯的响应时间为毫秒级（140～200ms），LED灯的响应时间为纳秒级（60ns）。

（12）体积小、重量轻、便于组合安装及二次光学设计。LED体积小，重量轻，便于各种设备的布置和设计；另外，易于分散或组合控制，光源二次光学设计的潜力大。因此，LED可以进行随意多样化地搭配组合，特别适用于景观照明和植物照明等对光源光谱有特殊要求的领域。

（13）LED在直流低压下工作，既可用电池供电，也可用交流市电供电。

（14）点光源、指向性强。与传统光源相比，LED光源发出的光线是定向的，从LED发出的大部分光线能直接射向被照物体表面，利用率远高于传统光源。

（15）冷光源、发热小。物体发光时，它的温度并不比环境温度高，这种发光叫为冷光源，LED是利用电子空穴对复合发光，所产光谱纯正，无热辐射光谱，对环境温度无影响。

（16）发光效率高。随着LED照明技术的发展，LED光源的发光效率已经由原来的不到10lm/W提高到100lm/W以上，且其发光效率仍有较大提高的潜力。图2-4比较了LED灯与传统电光源间发光效率差异。

总之，基于LED光源具有上述传统光源无法比拟的光、电、热特性和光谱

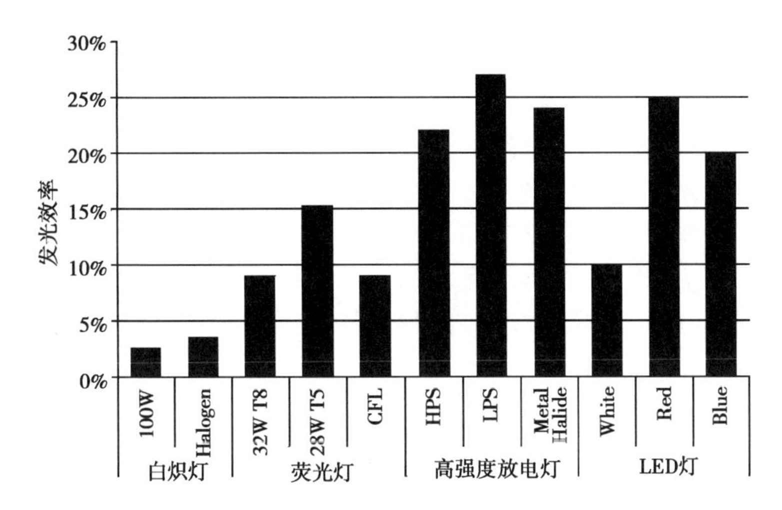

图2-4　白炽灯、荧光灯、高强度放电灯间发光效率（光能输出：电能输入）比较

数据来自（U. S. Dept. of Energy，2005；Wikipedia Luminous Efficacy，2008）

优势，LED 光源已成世界各国照明发展的重点方向。目前，单个 LED 功率已从 5mW 上升到 5W 或更大，预先组装打包的 LED 光源包含许多 LED 灯珠。现今，100W 以上组装 LED 灯均已实现。实际上，现代大功率 LED 的标准是 1W LED 装置带有 3V 和 350mA 电流。

2.7　LED 光源与传统光源的光谱区别

单色 LED 光源的波长专一、光色纯正，同时 LED 可发出光谱的波段十分丰富、易于组合形成复合光质。LED 的光谱范围都比较窄，即使多种单色光 LED 复合形成的 LED 光源其光谱改变很小，衍射干扰很少，也有别于传统电光源所发射的光谱。

传统电光源，如白炽灯、高压钠灯、金属卤化物灯和荧光灯拥有较全的光谱波段。白炽灯（Incandescent lamps）辐射能量中仅有 15% 为光合有效辐射，75% 为红外线（850～2 700nm）形式辐射，10% 以热能耗散掉（>2 700nm）。荧光灯（Flourescent lamps）为较理想的补光光源，光谱全面，但荧光灯光中缺乏远红光（图 2-5，见彩色插图），易抑制长日照作物开花。金属卤化物灯（Metal halide lamps）的光质分布较适宜园艺应用，在光合有效辐射范围内能量转化效率不如高压钠灯，尤其是在黄红光谱区（图2-6，见彩色插图）。高压钠灯（High pressure sodium lamps）是广泛应用的园艺补光灯，在400~700nm的可见光，即光合有效辐射（Photosynthetic active radiation，PAR）范围内非常高效。相对而言，高压钠灯寿命长，在黄橙红区（500~650nm）辐射较强（峰值波长为589nm），但缺乏蓝光和红光，需要在补光时利用荧光灯、金属卤化物灯等蓝光辐射较高的光源作为补充。另外，HPSL仅有25%的电能转换为光能，产生大量的热和较高的噪音。长期以来，温室生产者采用HPSL作为补光灯，400~1 000 W的HPSL可发出可见光（400~700 nm）和不可见光（700~850nm）。基于LED光源优势，伴随LED制造成本的下降，LED已变成用于低强度（光周期）和高强度（光合性）补光的优势光源。LED可发出多种波段的光，特别是使各种波长光组合对植物生长发育影响的研究成为可能，最后可获得植物生长的最理想的光谱，设置光照系统优化植物生长发育并减少能量损耗。

2.8 影响LED光源性能与应用的因素

2.8.1 影响LED光源性能的因素

LED光源性能稳定可靠等一系列特性，倍受人们的青睐。LED光源的使用寿命与其芯片的质量和封装技术、工艺直接相关。LED光源的好坏指标包括角度、亮度、颜色（波长）一致性、抗静电能力、抗衰减能力等。LED光源性能受以下因素的影响。

（1）LED封装工艺。封装工艺是影响LED性能的主要因素之一，它影响芯片的发光强度、发光角度和散热能力等。它是由装架、压焊、封装工序组成。LED封装材料是关系LED灯好坏的直接因素，也是最基本的因素。LED灯是几种主要材料的组合，一颗好的LED光源必须是所有封装材料与生产技术的组合。一般，全自动设备封装要比手工封装的要好，封装的技术水平也是LED灯封装的好坏的主要因素，同样的材料不同的生产厂家生产出来的产品有很大的差别。

（2）LED光源散热技术。芯片安全工作温度为110℃，散热方式主要有传导、对流、辐射3种。大功率LED发热问题已成为制约LED照明发展的瓶颈问题。

（3）LED芯片加工技术。LED芯片制造与芯片的结构设计是一项非常复杂的系统工程，其内容涉及以提高注入光效率和光效为目的的电致发光材料和结构设计。

2.8.2 影响 LED 光源应用的因素

LED 光源应用领域及应用规模逐年增加，但一些限制因素仍制约着 LED 光源的应用。

（1）价格。LED 的价格比较昂贵，较之于白炽灯，几颗 LED 灯珠的价格就与一只白炽灯的价格相当，而通常每组信号灯需由 300 ~ 500 只发光二极管构成。

（2）与传统光源白炽灯比较，LED 的视角较窄，视角角度小于 180°。

（3）LED 属于多元化合物半导体器件，其电学、光学、热学和机械等方面的参数指标离散性很大；LED 的许多参数随温度变化而变化，并且当内部温度超过最高结温时，器件就会被烧毁。因此，LED 散热是关键技术问题。

（4）LED 是安全的，但是 UV-B 和 UV-C 波段的，LED 在一定的功率水平对人的眼睛和皮肤有害。另外，一些 LED 光源过于明亮，不适宜直接观看其光。

2.9 LED 光源的农业应用

由于受气候变化的影响，严重的干旱、洪涝、风暴等自然灾害频繁发生，病虫害危害更加严重，严重威胁着农业的可持续发展。这些威胁伴随着食物供应的短缺使人们转向求助于可控农业（Controlled agriculture lighting）、室内农业（Indoor farming）和城市农业（如垂直农业，Vertical farming）等设施农业生产模式。上述 3 种农业方式消除了天气条件的影响，可周年进行作物生产，对辅助城市人口的食物供给和国家未来的食物安全具有重要意义（Yeh 和 Chung，2009）。基于 LED 光源的光电优势，LED 在农业中的应用潜力巨大，前景广阔。LED 光源的农业应用包括种植业和养殖业两个方面。LED 光源可提供特定波长的光，有助于植物的光合作用和光形态学建成，调节植物的生长发育、产量和营养品质形成。另外，LED 光源可调节畜禽的生长发育与健康水平。研究发现，肉鸡生长前期采用绿光 LED 或蓝光 LED 照射，生长后期采用蓝光 LED 照射，能显著促进肉鸡的生长发育，提高生产性能；肉鸡生长早期选用绿光 LED 照明，可不同程度地改善肉鸡小肠黏膜结构，提高小肠对营养物质的吸收能力，从而促进肉鸡生长发育；蓝光、绿光 LED 照明可使视网膜面积、视网膜节细胞（RGCs）总数增加。众多研究报道表明，通过适当的 LED 光照调节，能够显著促进畜禽生长，提高其免疫力，提升畜禽养殖的生产潜力。总之，LED 在设施农业中的应用是可行的，具有很好的应用前景。设施园艺是设施农业的重要组成部分，是LED光源应用的主要产业方向。

人工光照明和温室补光是LED光源设施园艺应用的重要领域。前者以LED光源作为唯一光源，栽培植物。后者主要存在两种补光方式，即光周期补光（Photoperiodic lighting）和补光照明（Supplemental lighting）。光周期补光仅需要低强度光（1~2μmol/m^2·s）在日落后到日出前这段时间应用，包括连续补光和循环补光（Cyclical lighting）两种方式。循环补光是指在晚上间歇式而非连续地为植物提供光照（Runkle，2007）。补光照明需要高光强。光周期补光常用于砧木植物（抑制短日照植物开花），促进长日照植物开花，诱导多年生植物早开花。高强度补光常用于提高DLI来促进植物光合作用。表2-1给出了两种补光模式的光照策略。在美国北部和加拿大，每年的10月至来年3月间，每天获得的光总量，即日光积分（DLI）不足是限制许多园艺作物生产的因素。一般DLI最小平均值应为10~12mol/m^2·d，小于此值将影响植物生长质量，如扦插苗生根变慢，穴盘苗生根延迟，砧木植物分枝少、茎细。由图2-7（见彩色插图）可知，在光饱和点以下，随着光强的增加植物的净光合速率增加，但增加速率持续降低。所以补光效益在黑暗或背景光照较低时最大。在背景光强中等或强是补光效益低或零。以DLI为12~15mol/m^2·d为标准进行补光。LED可发出多种波段的光，特别是使各种波长光组合对植物生长发育影响的研究成为可能，最后可获得植物生长的最理想的光谱，设置光照系统优化植物生长减少能量损耗。

表2-1　两种补光方式的光照策略（Runkle，2009）

项目	光周期照明	补光照明
补光目的	创造长日照条件	提高DLI来增加光合作用
目标植物	开花受日照长度控制的植物	高光照植物（阳性植物）
植物响应	抑制短日照植物开花，促进长日照植物开花	增加生根、分枝、增粗茎秆、增加开花数，优势加快开花
光强要求（呎烛光）	10或更大	400~500
每年实施时间	8月到来年4月	10月到来年3月
每天实施时间	日落后或午夜	阴天或晚上

目前，LED光源对设施园艺作物生长发育的影响研究已经有三十几年的历史了，已基本摸清了LED作为人工光源进行农业生产的可行性及其生物学基础。目前，在集约化养殖、设施园艺（植物组织培养、人工光植物工厂、种苗繁育、

温室补光等）领域已广泛研究并初步进行了应用。近年来，设施园艺生产上多采用人工光源补光来调控设施光环境（光强、光质和光周期），提高作物的光合速率，增加叶面积，促进作物生长，达到增产、高效、优质、抗病的目的。此外，人工照明作为畜禽养殖业尤其是集约化畜禽舍环境控制的重要手段之一。长期以来，养殖业领域使用的白炽灯、荧光灯等人工光源不仅能耗较大，而且也难以实现针对畜禽的生理需求进行光质调控，制约着畜禽生产效率的提高，LED 光源为解决这些问题提供了契机。

第三章 LED 光源在设施园艺中应用的基础

设施园艺是指在露地不适于园艺作物生长的季节或地区，利用温室等特定设施，通过人工、机械或智能化技术，有效地调控设施内光照、温度、湿度、土壤水分与营养、室内 CO_2 浓度等环境要素，人为创造适于作物生长的环境，根据人们的需求，有计划地生产安全、优质、高产、高效的蔬菜、花卉、水果等园艺产品的一种环境可控农业。光照是设施园艺作物光合作用的能量来源和光形态建成的重要环境因素，明确单色光和单色复合光的光生物学效应及机理对促进 LED 光源的设施园艺应用不可缺少。本章从园艺作物光环境需求、光合作用调节和光形态建成调节角度总结了光在设施园艺中的应用的必要性、生物学基础及领域，并着重阐明了 LED 光源在设施园艺中应用的领域与优势。

中国是设施园艺大国，设施栽培面积已达 350 万 hm^2。设施园艺是指在露地不适于园艺作物生长的季节或地区，利用温室等特定设施，通过人工、机械或智能化技术，有效地调控设施内光照、温度、湿度、土壤水分与营养、室内 CO_2 浓度等环境要素，人为创造适于作物生长的环境，根据人们的需求，有计划地生产安全、优质、高产、高效的蔬菜、花卉、水果等园艺产品的一种环境调控农业。设施园艺生产可有效地部分或全部克服外界不良条件的影响，科学、合理地利用国土资源、光热资源、人力资源，有效地提高劳动生产率和优质农产品的产出率，大幅度增加经济效益、社会效益和生态效益。设施园艺是集建筑工程、环境工程、生物工程为一体，跨部门多学科的综合学科学，它包括设施栽培技术、种苗技术、植保技术、采后加工技术、无土栽培技术及新型覆盖材料的开发应用，设施内环境的调控技术以及农业机械化、自动化、智能化等系统工程技术的总称。

光是植物生长发育的基本环境要素之一，对生长发育、形态建成、物质代谢以及基因表达均有调控作用。随着 LED 技术的发展和制造成本的下降，LED 光源在设施园艺中的应用越来越受到世界各国的广泛关注。LED 不仅具有体积小、寿命长、能耗低、发光效率高、发热低等光电特性优点，而且还能根据农业生物的需要进行光谱的精确配置，可调节园艺作物的生长发育和光形态建成，从而提高其产量和品质。从种子萌发、脱黄作用到营养形态学等都受光环境的控制。譬如，王维荣等（1991）发现白光、蓝光、黄光及黑暗下黄瓜种子能够萌发，红光及绿光的连续照射却抑制了黄瓜种子的萌发。在促进种子萌发的光质下，种子内的过氧化物酶活性增加，而抑制萌发的光质下种子内过氧化物酶活性降低。基于 LED 的固态照明的应用是过去几十年来设施园艺照明的最大进步之一，其广泛应用具有里程碑式的意义。LED 光源在设施园艺中提供人工光源，调控设施光环境（唯一或补光），促进园艺作物生长发育和产量、营养品质的形成。另外，LED 光源在采后的储运过程中的保鲜与营养品质保持、营养液光催化处理方面均有应用价值。

3.1　LED 光源在设施园艺中的应用领域

3.1.1　光环境调控在设施园艺生产中的必要性

万物生长靠太阳，光照是地球上生物赖以生存与繁衍的基础，动植物的生长发育与生理代谢过程都与光照有着密切的关系，光照条件的好坏直接影响农业生物的产量和品质。光是植物生长重要的环境信号和光合作用的唯一能量来源，光环境管控水平高低决定设施园艺植物的生长发育和产量品质。因此，适宜的光环境对设施园艺优质高产的实现及可持续发展至关重要。

太阳辐射是设施园艺光照条件的主要来源。地球上太阳辐射的变化源于地球与太阳之间的相对运动，太阳辐射以电磁波的形式发送，地球表面的太阳辐射强度、日照时间长短及光谱成分均具有随时间和空间变化的特点。地表光照条件包括光照强度、日照长度、光质光谱分布。光照强度随地理位置、海拔高度不同而变化。光照强度随纬度的增加而减少，纬度越低，太阳高度角越大，光照强度越强。日照长度在不同季节和纬度地区的变化具有规律性。在高纬度地区，随纬度增加昼夜长短差值增大，纬度越高，冬春季节日照长度越短。地表的太阳辐射光谱成分与太阳高度角、地理纬度及季节有直接关系。太阳高度角增加，紫外线和可见光所占比例增加，红外线所占比例相应减少。高纬度地区，光谱中长波光谱的比例较高，而低纬度地区，光谱中短波光谱的比例较高。一年四季中，夏季短波长增多，而冬季短波长增多。

与露地农业生产相比，设施农业尤其是设施园艺生产中光环境的调控与保障应用更加具有必要性。温室内光照条件明显区别于室外光照，首先，温室的方位及屋面采光角影响阳光入射量；其次，温室外覆盖材料的种类及其表面清洁程度会影响阳光投射量，甚至会改变室内太阳辐射的光谱分布；再次，因受温室结构或设备遮挡的影响，温室内的光照分布不均匀。一般而言，温室内光环境包括光强、光照周期、光谱能量分布因素。然而，设施内光环境常常不能满足植物的光合作用需求，弱光寡照及危害时有发生制约了设施园艺产业的可持续发展。设施内光照对植物生长的影响主要与光照的数量（累积光照或光照总量，光强×光照时间）和质量（光谱分布）有关。植物生长发育受光强、光质、持续时间、光周期的影响（Taiz 和 Zeiger，1991）。光质是指光谱成分，与植物体内的光受体作用，调节植物生长发育，并影响叶片 PSⅡ活性、电子传递速率及光合速率。

设施弱光条件下，红光、紫外光合蓝光比例降低，远红光比例升高。同样，在育苗和运输过程中，植物苗密集生长在穴盘内，由红光和远红光比例较低导致的避荫反应增加了茎的延伸。弱光寡照是温室大棚经常遇到的逆境，需要人工光源调控补充。造成若光寡照的主要原因如下：①高纬度地区冬春季节光照周期不足，需要通过人工光源调控增加植物的受光时间；②南方阴雨天气造成的弱光胁迫，需要人工光源调控增加光照强度；③北方冬春季节因设施骨架及覆盖材料遮蔽作用，加之雨雪等恶劣天气的影响，造成弱光寡照时有发生。设施（温室和大棚等）内由于覆盖材料（玻璃、塑膜和高质量防老化膜等）对自然光的吸收、遮挡和过滤作用（一般覆盖材料对可见光的透过率在 88% 左右，紫外线透过率仅在 15.9% ~21.1%），致使设施内的光照强度大幅降低，中长波紫外线和有效光合辐射处于较低水平（Nitz *et al.*，2004；陈岚和吴震，2008；彭燕和艾辛，2010）。据报道，露地晴天中午 UV-B 辐照度为 0.5W/m^2，而玻璃温室内仅为 0.075W/m^2（陈岚和吴震，2008）。

在设施弱光胁迫频发和高氮肥投入的栽培条件下，设施蔬菜（特别是叶菜）普遍存在营养品质差的问题，如硝酸盐高水平累积、维生素 C（AsA）含量偏低、抗氧化物质合成缺乏等问题，迫切需要安全、高效、环境友好和适用性强的调控方法来提高设施蔬菜的营养品质。同样，对高纬度地区，冬春季节补光对移栽苗（如嫁接苗砧木）的生产是非常必要的（Lopez 和 Runkle，2008；Oh 等，2010；Torres 和 Lopez，2011；Currey 等，2012）。通过补光增加光合日积分（Photosynthetic daily light integral，DLI），缩短培养时间，节省空间和能量。

设施蔬菜的营养物质含量与光照条件和氮肥用量密切相关。以 AsA 为例，①光强影响蔬菜 AsA 累积的机理为光强增加可诱导提高 AsA 合成关键酶的活性（Smirnoff，2000；Tamaoki 等，2003）；②高光强可促进蔬菜光合作用，增加 AsA 合成前体和能量的供给。作为唯一光源，人工光在密闭式人工光生产系统，如植物工厂、组培快繁、规模化畜禽养殖、微藻繁育、食用菌工厂等中的应用更是不可或缺。但是，在人工光设施栽培中（如植物工厂等），光环境完全由人工光照系统提供，植物所受光照条件取决于光源特性及管控水平。当前，人工光的光源多采用荧光灯和 LED 灯，UV-A 和 UV-B 非常缺乏，甚至完全缺失。LED 光源 UV-B 补光可增加生菜酚类化合物的含量（Britz 等，2009），叶片色泽发生变化。补充 UV-A 能促进植物生长，提高叶绿素、类胡萝卜素和吸收 UV 的化合物的含量（Lingakumar 等，1999；Shiozaki 等，1999）。刘文科等（2012）研究表明，UV-A（365nm）对豌豆苗生长、光合色素和抗氧化物质含量有影响。因此，在现代农业生产中人工光源正发挥着越来越重要的作用。因此，开发出高光效、低能耗的 LED 节能光源一直是农业领域人工光研发与应用的重要课题。总之，为了应对设施园艺生产中弱光寡照的逆境，十分有必要采用人工光进行干预，创造设施植物生长适宜的光环境。因此，人工补光调控已经成为现代农业高效生产的重要手段，高效、绿色、环保。

长期以来，在农业照明领域使用的人工光源主要有高压钠灯、荧光灯、金属卤素灯、白炽灯等，这些光源的突出缺点是光效低、能耗大、运行成本高，能耗费用约占系统运行成本的 20% ~40%。然而，传统光源在光环境调控应用上存在一些不足，主要表现：①光谱分布固定，只能控制光强，无法调控光质；②发热光谱成分较多，能耗高。目前，作为设施园艺主要的光源有白炽灯、卤钨灯、高压水银荧光灯、高压钠灯、低压钠灯及金属卤化物灯。白炽灯属于热辐射光源，其光谱范围主要是红外线，红外辐射能量可达总能量的 80% ~90%，而红、橙光部分占总辐射的 10% ~20%，蓝紫光部分所占比例较小，几乎不含紫外线。因此白炽灯的植物生理辐射量较少，能被植物光合吸收的光能则更少。

荧光灯即日光灯，为低压水银荧光灯，它是典型的热阴极弧光放电型低压灯，该光源是根据人眼而设计的，所发射光谱在蓝紫波段相对强些，而红光相对较少。高压汞灯在紫外、可见光合红外区都有辐射，可见光中黄绿成分占相当大的比例。金属卤化物灯发光效率为高压水银灯的1.5～2倍，在蓝紫区域发出光较多。高压钠灯是最常见的人工补光光源，产生其发射光谱为589nm的黄光光质。

LED具有传统光源无法比拟的光电特性和应用优势，被誉为设施园艺补光与人工光蔬菜栽培的理想光源。LED具有节能、体积小、寿命长、环保、光效高、发热少等光电特性，更具有光质纯，光质丰富，可按需精确调制光谱能量等突出优势，绿色、生态、安全，是替代传统光源，实现设施园艺产业节能减排的理想光源。世界范围内，LED在设施园艺中的应用受到了热切期待和高度重视，LED在植物组培、设施园艺补光和人工光植物栽培领域应用的基础研究正在广泛开展中，方兴未艾。迄今，国内外学者在LED光质调控叶菜、果菜、芽苗菜、组培苗和种苗的生长发育、生理代谢和营养品质方面做了大量的研究工作，取得了可喜的进展，为LED的应用奠定了科学基础。近几年，随着LED制造成本的逐年快速下降，性价比优势逐渐显现，业界人士普遍认为LED在设施园艺中的广泛应用指日可待。

3.1.2 LED光源在设施园艺中的应用领域

从现今国内外研究现状来看，除了作为试验光源工具进行光生物学研究外，LED在设施园艺应用方面也有了长足的发展。按照光源的唯一性和应用目的可将LED在设施园艺中的应用分为几个领域。但无论哪个应用领域，光环境调控研究内容主要涉及LED光源及其照明系统研发，光强、光质和光周期的筛选优化及其智能化管控技术与装备。

第一，人工光设施园艺栽培领域。该领域包括植物组织培养、人工光植物工厂蔬菜和药用植物栽培、人工光种苗繁育、苗菜栽培等。该领域以人工光作为唯一植物光合能量来源为主要特征，人工光源的常用光质包括白光荧光灯、红蓝光LED光源、荧光灯与LED光源混合使用。

第二，设施园艺补光领域。该领域包括玻璃温室、日光温室和塑料大棚作物补光照明、植物光周期和光形态建成的诱导照明等。此领域以LED光源作为太阳光的补充，弥补太阳光照强度或光照周期不足。

第三，航天生态生保系统光源。该领域利用LED作为光源，进行高等植物的栽培技术的研究与应用，建立受控生态生保系统（Controlled Ecological Life Support System，CELSS），解决长期载人航天生命保障问题的根本途径。

第四，园艺作物储运系统照明系统。主要是在蔬菜、花卉、苗木等园艺作物活体密闭式长途运输过程中，为了保持其生长活性和品质，通过 LED 光源为其提供适宜的低强度的光环境。

第五，UV-LED-TiO_2 光催化技术。随着世界范围内环保意识的提高，以及营养液在线检测技术的发展，在设施园艺栽培方面国际上正以封闭式无土栽培系统取代开放式无土栽培系统。封闭式无土栽培系统通过营养液的循环利用，避免了因废弃营养液排放造成环境污染，具有环境良好，水分和养分利用率高的优点，在世界范围内正在积极研发和应用。通常，封闭式无土栽培是指将灌溉排出的渗出液进行收集，经消毒、检测、调配后反复利用的营养液栽培方式。对植物工厂而言，此方式可以大大节约水、养分资源，避免营养液向环境的直接排放。封闭式无土栽培系统一般由无土栽培系统、营养液回收与消毒系统和营养液成分检测与调配系统构成式。

封闭式无土栽培具有环保、易管理等优势，但同时也对营养液检测与调配、营养液消毒系统提出了更高的要求。在连续栽培条件下，营养液中营养元素浓度及营养元素间比例因植物选择性吸收而偏离配方值，并随栽培时间的延长而加剧，造成部分元素的大量赢余或亏缺。因此，建立调配技术策略是非常重要的。无土栽培技术最初是为控制土传病害而发展起来的，无土栽培具有高产、能量消耗减少、控制植物生长和不受土壤质量控制等优点。然而，针对水培的病害已被报道。譬如，产游动孢子（Zoospore-producing）微生物腐霉属（*Pythium*）和疫病属（*Phytophthora* spp.）特别适应水体环境。这些微生物在无土基质中的生长因营养液的再循环而加剧。营养液在循环使用中必须进行彻底的灭菌消毒，否则一旦栽培系统中有一株感染根传病害，病原将会在整个栽培系统内传播，从而造成毁灭性的损失。

更为重要的是，在多茬栽培后营养液中将大量累积植物根分泌物，包括由植株通过淋溶、残体分解、根系分泌向环境中释放，溶液总有机碳含量（TOC）提高，抑制同种作物的生长，助长了病害的发生。植物生长发育过程中释放的有机物种类繁多，自毒物质主要以酚类和脂肪酸类化合物为主，如苯甲酸、对羟基苯甲酸、肉桂酸、阿魏酸、水杨酸、没食子酸、单宁酸、乙酸、软脂酸、硬脂酸等。自毒物质与作物连作障碍密切相关，这一现象在许多园艺作物中均有发生。已经证实，大多数叶菜（生菜等）和果菜（豌豆、黄瓜、草莓、芦笋等）均可分泌释放自毒物质，造成蔬菜产量下降。另外，有机栽培基质（如稻壳）在栽培过程中也会释放出植物毒性物质，影响蔬菜的栽培效益。Lee 等（2006）发现，生菜栽培二次利用的营养液中累积了大量有机酸，对其生长产生危害。因此，在封闭式营养液栽培系统中，营养液自毒物质和微生物的去除是非常必要的，有效去除自毒物质和微生物，避免自毒作用和病害的发生，提升封闭式营养液栽培系统的可持续生产能力。同时，营养液中大量有机物质的存在易孳生病原菌，发生病害。因此，为了保证营养液质量适合园艺植物生长发育，必需对循环利用营养液进行处理，才能实现营养液的可持续循环利用。总之，封闭式无土栽培方法的应用是植物工厂必然的选择。但是，为实现植物工厂可持续生产，充分发挥生产性能，必须解决 3 个问题：①营养液中营养元素的调配技术与装备；②营养液中微生物的去除；③营养液中有机物质，特别是自毒物质的去除。光催化技术是去除营养液中自毒物质，杀灭病原菌的有效物理方法。

光催化原理是当纳米 TiO_2 被大于或等于其带隙（380nm）的光照射时，TiO_2 价带的电子可被激发到导带，生成电子、空穴对并向 TiO_2 粒子表面迁移，在 TiO_2-水体系中，就会在 TiO_2 表面发生一系列反应，最终产生的具有很强氧化特性的 · OH 和 O_2-可以将有机物氧化分解为 CO_2、H_2O 和其他无机小分子。该方法是利用纳米二氧化钛（TiO_2）吸收小于其带隙（Band gap）波长的紫外光所产生的强氧化效应，将吸附到其表面的有机物分解成二氧化碳，达到去除植物毒性物质的方法（图 3 - 1）。光催化方法是去除循环营养液中有机物质的好方法，具有高效、无毒、无污染、可长期重复使用，不影响蔬菜生长和品质，能将有机物彻底氧化分解为 CO_2 和 H_2O 以及广谱的杀菌性等优点。在植物工厂中，光催化系统可作为去除有机物和微生物的装置，发挥双重功能，甚至可取代消毒装置，节省成本。

一般而言，传统 UV 灯用于光催化技术具有很好的效果。譬如，Miyama 等（2009）采用此方法降解了无土栽培基质（稻壳）产生的植物毒性物质，降低了产量损失。Sunada 等（2008）用此方法降低了芦笋设施无土栽培中所分泌自毒物质的危害。中国农业科学院农业环境与可持续发展研究所研发了 2 种人工光光催化系统，试验效果表明在 6h 内光催化能够去除 50% 以上的典型自毒物质。但是，基于 LED 的光电优势，采用 UV-LED 纳米 TiO_2 光催化法用于水和营养液中有机物质和微生物的去除，更加节能高效。Chen 等（2005）开发了 UV-LED 为光源光催化全氯乙烯（PCE）的长方形不锈钢反应器。研究结果表明，在 64s

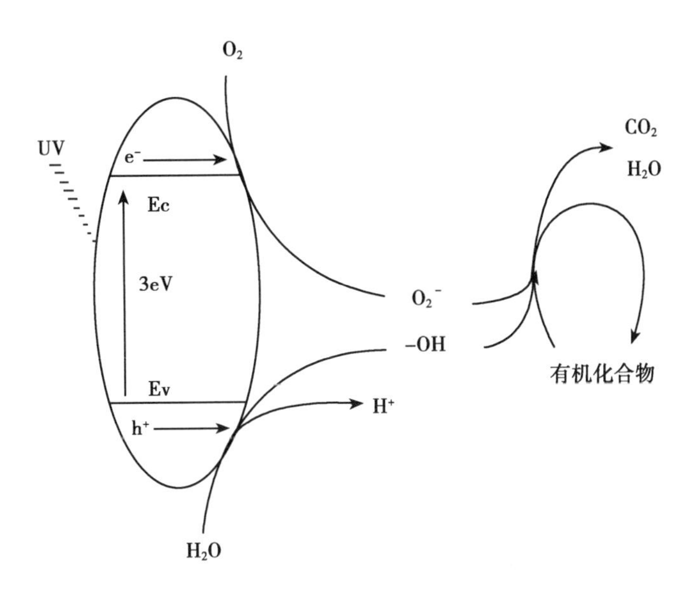

图 3-1 光催化反应原理

内有 43% 的 PCE 降解，UV-LED 峰值波长为 375nm（16 个 LED，1mW 输出功率）。UV 光输出与催化面积比率为 49μW/cm^2。Chokshi（2006）设计了 UV-LED-TiO_2 光催化装置用于水的处理，效果喜人。该领域可利用 UV-LED 与 TiO_2 光催化材料相结合进行营养液、园艺作物储藏保鲜室空气进行光催化处理，促进设施园艺资源高效利用和园艺产品保值增值。该方法具有成本低，效果持久、便于应用，可控性强等优点，可降解有机物质，并且还具有公认的杀菌功能，极具研发前景。

第六，设施园艺害虫诱杀。利用害虫的趋光性，选择对害虫具有极强诱集作用的光源和波长，引诱害虫并将其诱杀，成为一种全新的物理防治措施，具有高效、经济、环保等优点。温室白粉虱具有强烈的趋黄光的习性，它对 550 ~ 600nm 的黄色光波最敏感。

第七，植物苗形态建成控制。组培苗（高活力苗生产）、种苗（紧凑型苗生产）、嫁接苗砧木苗（下胚轴长度控制）的形态调控对移栽后生产至关重要，同时育苗期间光环境对移栽后（如菠菜抽苔控制）的植物生长发育、商品价值具调控作用。

3.1.3 设施园艺应用型LED光源的特征与优势

首先，中国是设施园艺大国，设施园艺栽培面积已达350万hm^2，居世界首位。设施人工补光栽培面积也在2 000hm^2以上。中国设施园艺生产各领域均对LED光源装置有巨大的需求，传统光源亟待更新换代，以符合节能减排的社会要求。从国内外研究现状来看，LED光源单色光的生物学效应、红蓝光复合生物学效应、UV-LED光的生物学效应已经基本清晰，为LED光源在设施园艺中的大规模应用提供了科学依据和理论支持。基于LED光源的生物学效应，LED光环境调控植物生长、产量和营养品质方面的调控作用已毋庸置疑，LED光源的农业应用已进入发展的快车道。譬如，植物组织培养（特别是无糖组织培养）、种苗（含嫁接苗、水稻和棉花育苗）繁育、园艺作物栽培、植物工厂、温室补光等领域已开发出LED光源系统并推广应用。设施园艺应用型LED光源具备一些基本属性特征，这些属性特征突出展示了LED光源在设施园艺中应用的优势，节能与经济效应十分可观。

①绿色、环保和长寿命。设施园艺生产系统是可食性和观赏性园艺作物周年连续生产体系，时间持续长，使用频繁，这就要求所用光源具有节能、环保和长寿命的特性，以提高生产效率和农产品的安全性。LED光源完全具备上述特性，耗电量仅为白炽灯的1/8，荧光灯的1/2，LED光源为全固体发光体，不含汞、耐震、耐冲击、不易破碎，废弃物可回收；寿命长，可达50 000h以上，是普通照明灯具的几十倍。总之，LED的节能、环保和长寿命特性非常符合设施园艺的光环境调控光源的要求。

②LED光源防潮防水性高，适合设施园艺环境。设施园艺生产系统相对湿度较高，甚至会有结露现象发生，要求所用光源具有防潮防水功能。LED光源防潮防水性高，符合要求。

③LED光源及灯具外观多样性高、光源的二次光学设计潜力大。设施园艺生产领域多样性高，包括植物组织培养、蔬菜和药用植物培养、育苗、温室补光等领域。各领域的生产设施、条件差异较大，植物对光环境的需求迥异，因此光源灯具必须适应各领域特殊的需求。单个LED光源为点光源，体积小、重量轻、易于分散和组合使用，二次光学设计、灯具设计的空间大，完全能够满足设施园艺各生产领域对光源的需求。

④LED光源的光环境参数可智能化控制，适宜工厂化作物生产。光强、频率与工作比可调整的特性，因而可产生出连续光源或间歇光源。设施园艺生产

具有周期性和阶段性，植物生长分为营养生长期、生殖生长时期，是一个由苗期逐渐增大的过程。植物各个生长发育阶段对光环境的需求差异很大，为了节约能源，提高资源的利用效率，必须对人工光环境进行智能化管控，实现对光强、光质和光周期的动态管控。LED 光源能够实现光环境可智能化控制。

⑤光质专一、光谱能量分布符合植物的需求。LED 光质专一性好，便于用在植物光生物学研究领域；同时，LED 光源可按照植物光合作用、形态建成和品质形成的需组合进行不同单色 LED 光质的组合，获得复合 LED 光谱，满足不同生长发育阶段、不同调控目标的光环境需求。传统设施作物人工光源一般是荧光灯、金属卤化物灯、高压钠灯和白炽灯。这些光源是依据人眼对光的适应性来选择的，其光谱有很多不必要的波长，对植物生长的促进作用少，与植物光合和光形态形成的光谱不相吻合。LED 光源为窄谱单色光及其复合光，可根据植物需要组合获得纯正单色光与复合光谱，其光谱能量分布可任意配置。图 3 -2（见彩色插图）表明 LED 光源、HID 光源在光谱能量分布上差异非常大，但 LED 光源可通过单色光组分的选择以匹配叶绿素的吸收波峰，制造符合植物光合吸收光谱需求的光源装置。

⑥LED 光源为冷光源，可贴近植物叶片或冠层照射。LED 光源是低发热量的冷光源，热辐射很小，可接近植物叶片表面照射（为避免植株过热和较高的光能利用率，白炽灯的悬挂高度一般为距离植株 >30cm，荧光灯的安装高度应距离植株 >5cm，高压钠灯的安装高度与植株的垂直距离应在 1m 以上），不会伤害植物健康，光利用率和生物光效高。同一光源下，植物冠层的接受的光照强度与其光源距离的平方成反比。因此，通过辅助控制系统，可根据植物生长高度，通过调节 LED 光源高度来减少光谱能量的损失率，节能。而且，可用于多层栽培立体组合系统，从而使植物的栽培层数和空间利用率大大提高，成倍提高单产，大幅度降低成本。

其次，LED 光源具有明显的节能优势。LED 光源的节能优势是基于以下 4 个层面提出的：①LED 光源及光源装置本身是节能发光器件，光效高，冷光源可近距离照射，节能明显；②在设施园艺中应用是基于园艺作物光环境需求参数来设定 LED 光源光质组成，加之 LED 光质纯正不含无效光谱，所以 LED 光源的光质组成可按照作物各生长发育阶段的光环境需求的进行设计，生物光效率高于传统光源；③LED 的光环境可实现按照植物不同生长发育阶段对光强、光质和光周期的需求参数进行精准控制，可真正意义上达到按需提供光照的目的；④LED光源为冷光源，照射距离非常短，可根据植物生长动态进行距离的调控，达到节能的目的。

再次，LED 光源光环境调控具有传统光源无法比拟的高精准性，可对园艺作物调控的靶标性强。LED 光源具有传统光源无法比拟的光强、光质和光周期精准调控的优势。可对植物的生长发育、形态建成、产量、品质进行细节性精准定向调控，有助于生产出符合人们需求的园艺产品。

最后，LED 光源调控是物理方法，绿色、环保、安全。总之，基于 LED 光源的上述优势，LED 光源势必取代传统电光源，占据设施园艺人工光源的主导地位。

但是，随着人们健康意识的提高，LED 农用光源对人眼刺激危害也逐步引起了重视，因此最终 LED 设施园艺光源的光谱组分应同时满足或兼顾两个目标：①主要光谱能量分布符合植物光合需求；②辅助光谱能量分布符合人眼适应性需求，增强工作人员在 LED 灯下工作舒适感。图 3－3（见彩色插图）表明不同光谱波长条件下植物光合作用的相对效率差异较大。植物的光质需求规律与视觉照明（人眼敏感度）不同，图 3－4（见彩色插图）表明不同光谱波长条件下人眼相对敏感度效率差异较大。植物和人眼间的光谱响应差异要求在设计 LED 光源时有必要兼顾两方面的需求。

LED 在设施园艺中应用的不足之处：①价格高。目前，LED 的制造成本较高。但是，随着半导体技术的不断发展，LED 成本将快速下降，一些经济、实用的 LED 光源及其配套装置必将推出，为设施园艺的普及应用起推动作用；②当某光源物体的亮度比人眼已适应的亮度大得多时，人就会有炫目或耀眼的感觉，称为眩光现象。在 LED 照明中必须考虑如何避免眩光的产生；③LED 光源设计与灯具的匹配问题仍需进一步研究。业界人士普遍认为，随着 LED 价格快速降低和发光光效的迅速上升，加之设施园艺植物光谱需求参数的逐渐明确，专用系列 LED 设施园艺用光源装置将大量出现并逐步应用到各领域，随着 LED 的发展及其广泛应用，LED 灯具设计将是一个新的课题；④与植物光谱需求相比，LED 单色光及其简单组合还难以满足所有的植物种类的光环境需求，需要深入研究揭示特殊植物的光合光谱特性为 LED 光源光质组合设计提供依据。

LED 可发出的波长种类呈增加趋势，可用于 LED 光源构成的 LED 芯片逐年增加，使得 LED 光源的波长选择和组成的调控潜力加大，有利于更好地栽培植物，调节植物的光合作用和光形态建成。表 3－1 提供了商业可用的紫外到近红外各波段 LED 已实现的波长峰值。可以看出，从紫外光到近红外每个特征波段均有丰富的商用 LED 光源，选择余地较大。

表 3 – 1　不同颜色 LED 波长范围、现有波长和半导体材料（Stutte，2009）

颜色	波长范围（nm）	现有波长（nm）	半导体材料
紫外光	<400	215，235，255，265，270，280，290，300，310，320，330，340，351，360，365，375，380，382，385，393，395	AIN；AIGaN AIGaInN
紫光	400～450	400，405，410，413，415，418，420，422，430，435，440，450	InGaN
蓝光	450～500	470，477，480，490	ZnSe；InGaN；SiC 作为基质
绿光	500～575	505，525，545，565，570，572	GaN；InGaN；GaP；AIGaInP；AIGaP
黄光	575～590	588，590	GaAsP；GaAsInP
橙光	590～610	591，600，605，610	GaAsP；GaAsInP
红光	610～700	615，624，625，628，630，632，639，640，645，650，660，670，680，690，700	GaAsP；AIGaInP
远红光	700～760	720，735，750	AIGaAs；GaAsP；AIGaInP
近红外光	>760	760，770，780，810，830，840，850，870，880，910	GaAs；AIGaAs

3.2　LED 光源设施园艺应用的生物学基础

LED 光源在设施园艺作物栽培中的高效应用必须尽量满足植物光合作用和光形态建成的需求，实现其健康、快速的生长和种子生产，形成益于人体健康的农产品，成功完成植物的整个生命周期。因此，基于植物光生物学需求特性，筛选和验证不同波长组成的生物学效应，设计构建 LED 光源，满足植物光质、光强和光周期的需求是成功将 LED 光源应用于设施园艺产业的先决条件。由于陆地植物是在比较宽泛的光谱条件下进化而来的，因此针对植物特征，构建 LED 光源光谱能量分布是非常重要的。

3.2.1　植物的光强需求

光照时植物光合作用的能量基础，在一定的范围内，光合作用强度与光照强度呈正相关。植物对光强的响应存在光饱和点和光补偿点（表 3 – 2）。作物在光补偿点时，光合产物的形成于消耗相等，不能积累干物质，而且夜间还要消耗干物质，因此作物所需的最低光照强度必须高于光补偿点作物才能生长。

光强影响植物的形态结构、花芽分化、果实产量和生长发育。根据植物对光强的要求大致分为阳性植物、阴性植物和中性植物三类。阳性植物具有较高的光补偿点和饱和点，蔬菜中的西瓜、甜瓜、番茄、茄子属于阳性植物。阴性植物具有较低的光补偿点和饱和点，蔬菜中的大多数叶菜、葱蒜属于阴性植物。中性植物对光强的要求介于阳性植物和阴性植物之间，蔬菜中的黄瓜、甜椒、甘蓝、白菜及萝卜都属于中性植物。阴性植物的光补偿点为200～1 000lx，阳性植物的光补偿点为1 000～2 000lx。栽培上，植物对光强的要求必须与温度的高低结合起来才有利于植物的生长发育和器官的形成。如果光照减弱，温度较高时就会导致呼吸作用消耗过多的物质与能量。

表3-2　蔬菜作物光合作用的光补偿点、光饱和点和光合速率

（张振贤等，1997，略作修改）

蔬菜种类	光补偿点（μmol/s/m^2，PAR）	光饱和点（μmol/s/m^2，PAR）	光饱和点时的光合速率（CO_2 μmol/s/m^2，PAR）
黄瓜	51.0	1 421.0	21.3
番茄	53.1	1 985.0	24.2
甜椒	35.0	1 719.0	19.2
茄子	51.1	1 682.0	20.1
花椰菜	43.0	1 095.0	17.3
白菜	32.0	1 324.0	20.3
萝卜	48.0	1 461.0	24.1
韭菜	29.0	1 076.0	11.3
莴苣	29.5	857.0	17.3
菠菜	45.0	889.0	13.2

表3-3给出了一些蔬菜不同栽培阶段补光的经济补光强度和补光时间，可以看出不同种类的蔬菜在不同生长阶段其光需求存在差异，需要制定有针对性的补光策略。植物光强变化对植物光合作用影响大小与环境温度和二氧化碳浓度密切相关。在一定的光强范围内，随环境中的二氧化碳浓度的增加（0.03%～0.13%）或温度的提高（20～30℃）下，光合作用强度提高（杨其长和张成波，2005）。

表 3-3　蔬菜不同栽培阶段补光的适宜、补光强度和补光时间（周长吉等，2003）

蔬菜种类	幼苗		植株	
	光照度（lx）	光照时间（h）	光照度（lx）	光照时间（h）
番茄	3 000 ~ 6 000	16	3 000 ~ 7 000	16
生菜	3 000 ~ 6 000	12 ~ 24	3 000 ~ 7 000	12 ~ 24
黄瓜	3 000 ~ 6 000	12 ~ 24	3 000 ~ 7 000	12 ~ 24
芹菜	3 000 ~ 6 000	12 ~ 24	3 000 ~ 6 000	12 ~ 24
茄子	3 000 ~ 6 000	12 ~ 24	3 000 ~ 6 000	12 ~ 24
甜椒	3 000 ~ 6 000	12 ~ 24	3 000 ~ 7 000	12 ~ 24
花椰菜	3 000 ~ 6 000	12 ~ 24	3 000 ~ 6 000	16

3.2.2　植物的光周期需求

植物对光照昼夜长短的反应称为植物的光周期反应。植物各部分的生长发育，包括茎的伸长、根的发育、休眠、发芽、开花及结果等均与日照长度有密切关系。根据植物开花过程对日照长度反应的不同，可将植物分为三类：长日照植物、短日照植物和日中性植物。长日照植物要求较长的日照时间才能开花，一般 12 ~ 16h 甚至更长。蔬菜中的大多数叶菜，以及甘蓝、豌豆、蒜、葱等均属于长日照植物。短日照植物要求较短的日照时间才能开花，一般 8 ~ 12h。蔬菜中的扁豆、豇豆等属于短日照植物。日中性植物对光照时数不敏感，适应范围宽。蔬菜中的黄瓜、番茄、辣椒等属于日中性植物。光量子具有的能量与波长呈反比，不同光谱波长的光周期对植物的作用效应差异较大，如图 3-5 所示。

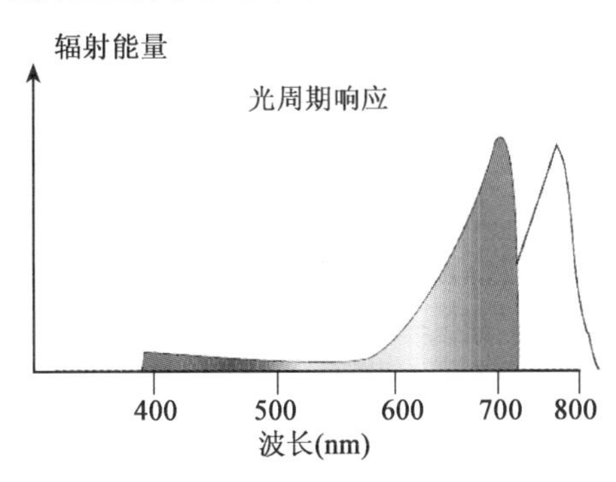

图 3-5　植物对光谱的光周期响应

3.2.3 植物的光质需求

光质又被称作光谱组成或光谱能量分布（Spectral Energy Distribution），是指光中影响植物光合与光形态建成的波长成分的组成情况。太阳光中大约有4%的紫外光，52%的红外辐射和44%的可见光（Moore等，2003）。太阳光谱为全光谱（图3－6，见彩色插图），其组分中的200～400nm紫外线（Ultraviolet light，UV）、400～700nm的可见光（有效光合辐射，PAR）和700～800nm（远红光，Far-red light，FR）具有重要的生物学效应，是植物光合能量和光信号，是光生物学研究的主要光谱波段。根据紫外线生物学特性/效应，将其分为3个波段：即波长为320～400nm长波紫外线（UV-A），波长280～320nm的中波紫外线（UV-B）和波长200～280nm的短波紫外线（UV-C）（Staplet，1992）。地表紫外辐射能量占太阳总辐射能的3%～5%。UV-C对生物有强烈影响，只有玉米小麦等有一定抵抗能力，但它被大气平流层中的臭氧全部吸收不能到达地面。大气臭氧层能部分吸收UV-B，其吸收程度随波长不同而异，波长越短吸收量越大，仅有10%左右的UV-B辐射到达地面。UV-A少量被臭氧层吸收，但UV-A的生物学效应有限，基本无杀伤作用，达到地面的UV中大约95%为UV-A（White and Jahnke，2002）。温室大棚中，无UV-C，膜和玻璃要滤掉大部分UV-A和UV-B（Klein，1979）和PAR，UV-A和UV-B显著降低，PAR减少，阴雨雪雾等恶劣天气条件下更低，造成光质组成的不平衡。在人工光设施栽培中（如植物工厂等），光源多采用荧光灯和光合有效辐射波段的LED灯，UV-A和UV-B更加缺乏，甚至完全缺失。

相关研究表明，植物光合作用在可见光光谱（380～760nm）范围内所吸收的光能约占其生理辐射光能的60%～65%，其中主要以波长610～720nm（波峰为660nm）的红、橙光（占生理辐射的55%左右）以及波长400～510nm（波峰为450nm）的蓝、紫光（占生理辐射的8%左右）为吸收峰值区域。绿光在光合作用中吸收最少，称为生理无效光。因此，人工光源除了发光效率要高外，光谱中应富含红光和蓝紫光。表3－4列出了紫外光到红外光范围内各种光质的名称、英文及其波长范围。

LED能够发出植物生长所需要的单色光（如波峰为450nm的蓝光、波峰为660nm的红光等），光谱域宽仅为±20nm，而且红、蓝光LED组合后，还能形成与植物光合作用与形态建成基本吻合的光谱，光能利用效率达80%～90%，节能效果极为显著。因此，利用LED的性能特点开发出植物所需的人工光源将会大大提高其光能利用效率。此外，在畜禽养殖领域的研究也表明，通过适当的 LED 光照调节，能显著促进肉鸡的生长发育和提高其生产性能，提高畜禽养殖的生产潜力。LED 在农业领域的应用范围正在不断拓宽，被认为是21 世纪现代农业领域最有前途的人工光源，具有良好的发展前景（表3－4）。

表3－4　不同光谱波长及对应光质名称与的区带（李合生，2000）

光谱类型	光谱名称	英文名称	波长（nm）
紫外光	UV-C	ultraviolet light	<280
	UV-B		280～320
	UV-A		320～380
可见光	紫光	Violet light	380～420
	蓝光	Blue light	420～450
	青光	Cyan	450～490
	蓝绿光	Blue-green light	490～500
	绿光	Green light	500～560
	黄绿光	Yellow-green light	560～580
	黄光	Yellow light	580～590
	橙光	Orange light	590～620
	红光	Red light	620～780
红外光	近红外光	Near infrared light	750～2 500
	中红外光	Medium infrared light	2 500～25 000
	远红外光	far infrared light	25 000～40 000

3.3　光质对园艺作物生长发育的影响机理

植物生长发育与产量品质定向调控是设施园艺光环境调控的最终目标，在光谱优化选择过程中植物的光合作用和光形态建成效应必须进行充分的考虑。随着 LED 技术的发展，低成本、超高亮度的 LED 商业化程度日益提高，使得通过 LED 组合优化光源光谱组成，调控特定植物生理过程的技术成为可能。

光影响植物生长发育与产量品质形成的机理有两类，其一是通过光受体影响植物的光形态建成；其二是通过光合色素调节植物光合作用，改变植物体内的碳氮代谢和光合产物的分配。除光强、光周期外，光质是光环境调控的重要内容。由于价格的降低，以及LED有效波长的增多，使得将LED纳入园艺生产实践中的可能性骤增，必须把光源光谱特征与植物光合及光形态建成需求相匹配。

3.3.1 环境信号

高等植物具有极其精细的光感受系统和信号转换系统，以监视光信号的方向、能量和光质，并调节其生长发育。这种调节通常通过生物膜系统结构、透性的变化或基因的表达，促进细胞的分裂、分化与生长来实现的，最终汇集到组织和器官的建成。这种由光调节植物生长、分化与发育的过程称为植物的光形态建成（Photomorphogenesis）。光形态建成至少需要4种类型的光受体，也叫做光敏色素、蓝光受体、UV-A受体和UV-B受体。这些光受体能够接收光质、光强和光照时间和光照方向等信号的变化，进而影响植物的光形态建成，也称为光敏受体（Photoreceptors）。该植物的向光性反应是由植物体内不同蓝光受体及其信号传导系统的协同作用完成的。

光形态建成（Photomorphogenesis）光控发育即依赖光控制细胞的分化、结构和功能的改变，最终汇集成组织和器官的建成。光敏色素（Phytochrome）及其调节植物发育的研究已有60余年的历史，它是蛋白质家族，由红光吸收型形态（Pr）和远红光吸收形态（Pfr）组成。Pr-红光吸收型（Red light-absorbing form），是生理失活型，吸收峰为660nm。Pfr-远红光吸收型（Far-red light-absorbing form），是生理激活型，吸收峰为730nm。图3－7表明，300～800nm波长范围内光敏色素Pr和Pfr形态的相对吸收光谱差异较大，前者在红光波段有吸收峰，后者在远红光波段有吸收峰。光敏色素对红光和远红光吸收有逆转效应，参与光形态建成，调节植物发育的色素蛋白。图3－8表明了Pr和Pfr形态转换关系，合成与分解过程。

植物个体的整个发育过程都离不开光敏色素的作用。经过一定时间的光照或660nm的光照射，Pr可转变为Pfr，Pr占优势时，可促进短日照植物、抑制长日照植物的生长发育；反之，当Pfr占优势时，可促进长日照植物、抑制短日照植物的生长发育。一般认为Pfr形态为活性形式，产生生物学作用（Smith和Whitelam，1990）。光敏色素对光的反应取决于光源光谱中660nm和730nm之间

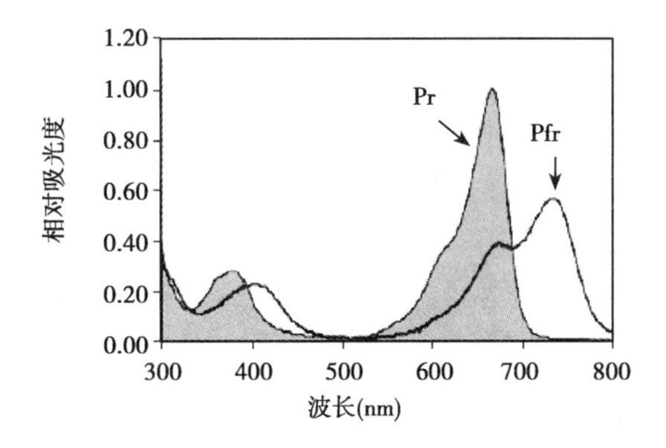

图3－7 Pr和Pfr对300～800nm相对吸收光谱，Sager等（1988）

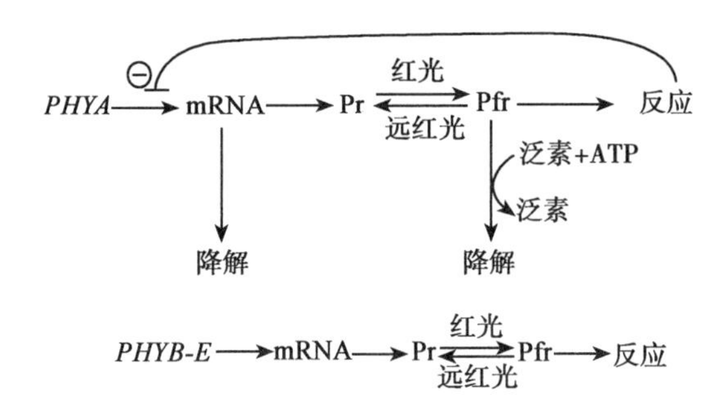

图3－8 植物主要光合色素的吸收光谱（王忠，2000）

的相对平衡，以及光照下活性组分Pfr形态所占比例，因为相对比例调节着光形态建成反应。

隐花色素又称蓝光受体或蓝光/紫外光A受体。它吸收蓝光（400～500nm）和近紫外光（320～400nm）而引起光形态建成反应的一类光敏受体。其作用光谱的特征是在蓝光区有3个吸收峰，即450nm、420nm和480nm左右。紫外光B受体是吸收280～320nm UV-B波长紫外光，引起光形态建成反应的光敏受体。紫外光对植物生长有抑制作用。表3－5表明了光敏色素、隐花色素（Cryptochrome）、向光素（Phototropin）和UV-B受体种类及光谱利用。植物已经进化出了精细的光环境感知与传导系统，影响生长发育，恰好LED光源在设施园艺中的应用具有精准调配光质、生物效应指向性高、精准控制等优势，从而使LED光源实施精准光环境调控提供了可能，为LED光源精准调控提供了生物学基础。

表 3-5　光受体蛋白种类及对光谱的利用

光受体种类	结构与名称	吸收光谱范围	功能与存在部位
光敏色素 Phytochrome	二聚体，色素与蛋白的复合物。两种形式，红光吸收型 Pr（γ_{max} = 660nm）和远红光吸收型 Pfr（γ_{max} = 730nm）	红光吸收型 Pr（γ_{max} = 660nm）和远红光吸收型 Pfr（γ_{max} = 730nm）	PHYA 存在于黄化组织中，单子叶植物中受红光或白光诱导减少；双子叶植物中短暂红光不会明显降低，但连续白光却有效；连续远红光反应，开花、种子萌发和一些酶的诱导 PHYB、C 存在于光照（绿色）组织中，单、双子叶中表达量基本不受光照影响；连续红光反应、茎伸长、叶子扩展和一些酶的诱导
隐花色素 Cryptochrome	蓝光受体 370nm 和 400 ~ 500nm 有三个吸收峰	蓝光（400 ~ 500nm）和近紫外光（320 ~ 380nm）的光受体。在蓝光区有 450nm、480nm 和 420nm 三个吸收峰	调节植物形态建成、新陈代谢变化及向光性反应的功能。蓝色影响植物的生长发育，蓝光反应包括抑制下胚轴伸长、刺激子叶扩展、调节开花时间、向光性弯曲、气孔开放、引导昼夜节律时钟和调节基因表达
向光素 Phototropin	蓝光受体	在相对高光照度的蓝光（100μmol/m^2·s）下，向光素和隐花色素协同作用使向光性反应减弱；而在相对低光照度的蓝光（<1.0μmol/m^2·s）下，向光素和隐花色素协同作用增强植物的向光性反应	随着蓝光照度的改变，向光素和隐花色素会相应地改变其对胚轴生长的刺激与抑制来调节向光性反应。植物向光性运动、叶绿体移动与气孔开放等反应
UV-B 受体	UV-B 受体	感受紫外光 B 区域的光	

3.3.2　光合作用能量

光合作用光能转变为化学能。光合作用（Photosynthesis），即光能合成作用，是植物、藻类和某些细菌，在可见光的照射下，经过光反应和暗反应，利用光合色素，将二氧化碳（或硫化氢）和水转化为有机物，并释放出氧气（或氢气）的生化过程。光合作用是一系列复杂的代谢反应的总和，是生物界赖以生存的基础，也是地球碳氧循环的重要媒介。

植物体内不同光合色素对光波的选择是植物在成期进化中形成的对生态环境的适应，使植物能利用各种不同波长的光进行光合作用。光强、光质、光周期影响品质的形成，甚至光照部位影响果实中抗坏血酸含量（Gautier 等，

2009)。植物对光谱是有选择性的，植物光合作用在可见光光谱（380~760nm）范围内所吸收的光能约占其生理辐射光能的60%~65%，其中主要以波长610~720nm（波峰为660nm）的红橙光以及波长400~510nm（波峰为450nm）的蓝紫光为吸收峰值区域，被称为植物的“光肥”。植物对510~610nm的黄绿光吸收较少。因此，开发这两个波段为主体的人工光源将会提高植物的光能利用效率。近年来，发光二级管（LED）技术的发展为实现这一目标提供了可能。LED能够发出植物生长所需要的单色光，单色光组合后，能形成植物光合作用与形态建成所需要的光谱。国际上，LED光源下植物光合生理和栽培效果研究方兴未艾（Bula等，1991；Tennessen等，1994）。LED为冷光源，节能明显，可克服设施弱光逆境，提高蔬菜产量，调节蔬菜品质，在温室补光中极具应用潜力。

叶片是植物光合作用的主要器官，叶绿体是光合作用的最重要的细胞器，而光合色素是光合作用中吸收光能的色素。光合色素主要有3种类型：叶绿素、类胡萝卜素和藻胆素，其结构域光谱吸收范围见表3-6，各种光合色素的主要光合色素的吸收光谱如图3-9（王忠，2000）所示。

表3-6 光合色素对光谱的利用

光合色素种类	结构	吸收光谱范围	颜色
叶绿素a Chlorophyll a	双羧酸酯，含氮和镁，比叶绿素b多二个氢少1个氧；892	波长640~660nm的红光部分和430~450nm蓝紫光部分，对橙光、黄光吸收较少，绿光吸收最少。叶绿素a在红光区吸收峰比叶绿素b高，而在蓝紫区吸收峰比叶绿素b的低。即叶绿素a吸收长波能力比叶绿素b强	蓝绿色
叶绿素b Chlorophyll b	双羧酸酯，含氮和镁；906		黄绿色
类胡萝卜素 Carotenoid	四萜（8个异戊二烯），含胡萝卜素（Carotene）和叶黄素（Xanthophyll）或胡萝卜醇（Carotenol）；比例2:1	类胡萝卜素吸收400~500nm的蓝紫光区，基本不吸收红、橙、黄，所以呈现出橙黄色或黄色	胡萝卜素为橙黄色和叶黄素为黄色
藻胆素 Phycobilin	红蓝藻中；四个吡咯环形成的共轭体系；含藻红蛋白、藻蓝蛋白和别藻蓝蛋白	藻蓝蛋白吸收峰在橙红光部分，而藻红蛋白吸收峰在绿光部分	红色和蓝色

光合有效辐射是对植物光合作用有效的可见光，光合作用还与照射到叶片表面的光合有效辐射有关。叶片截获的光合有效辐射在光合过程中存在必要的损失，最终转变为储存在碳水化合物中的化学能量最多仅占总光合有效辐射的5%（表3-7）。

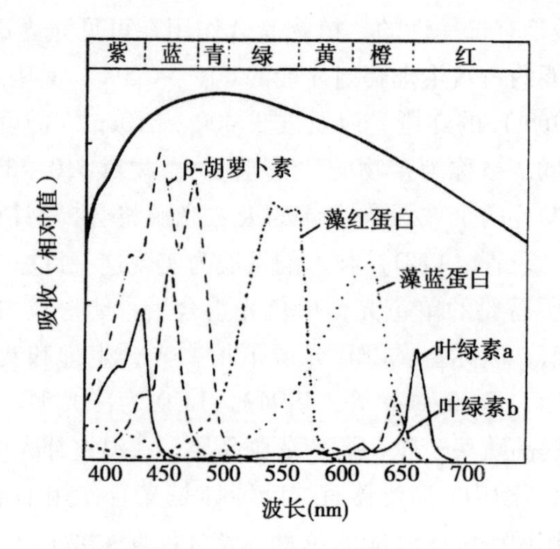

图3-9　主要光合色素的吸收光谱（葛培根，1991，稍加改动）

表3-7　照射到叶片表面日光全辐射在光合过程中的能量损耗（Hall，1987）

能量损耗	损耗占总能量的百分数（%）	留下光能的百分数（%）
到叶片表面的日光辐射	0	100
到叶片无效辐射（<400nm，>700nm）	47	53
吸收不完全（反射、透射）及非叶绿体组织吸收损失约30%	16	37
吸收的光能在传递到光合反应中心色素过程中损失约24%	9	28
反应中心色素激发态能量在转化成葡萄糖等过程中损失68%	19	9
光暗呼吸损失34%～45%	4	5
被光合作用固定的能量	5	0

通常把植物光合作用所积累的有机物中所含的化学能占光能投入量的百分比称为光能利用率。光合产量等于净同化速率乘以光合面积以及光照时间，因此，提高净同化速率，增加光合面积，延长光照时间，就能提高作物产量。净同化速率（Net assimilation rate，NAR），是指一昼夜中在1m^2叶面积上所积累的干物质质量，它实际上是单位叶面积上，白天的净光合生产量与夜间呼吸消耗量的差值。净光合速率与光合速率直接有关，受作物本身光合特性及环境的温、光、水、气、肥等因素的影响。

光合面积，指植物的绿色面积，主要是叶面积，它对产量影响最大，同时又是设施园艺生产中较易控制的一个因子。叶面积指数（Leaf area index，LAI）

是指作物的总叶面积和土地面积的比值。不同作物有各自适宜的 LAI，该条件下作物的干物质累积量或产量达到最大。提高复种指数，复种指数（Multiple crop index）指全年内作物的收获面积与耕地面积之比。

对于不同光质的光合有效辐射，其对光形成建成与光合作用的贡献不同，表 3－8 和图 3－10 分别标明了不同波段的光合有效辐射的相对量子效率（Relative quantum efficiency，RQE）和光敏色素光定态（Phytochrome phytostationary state，PPS）。

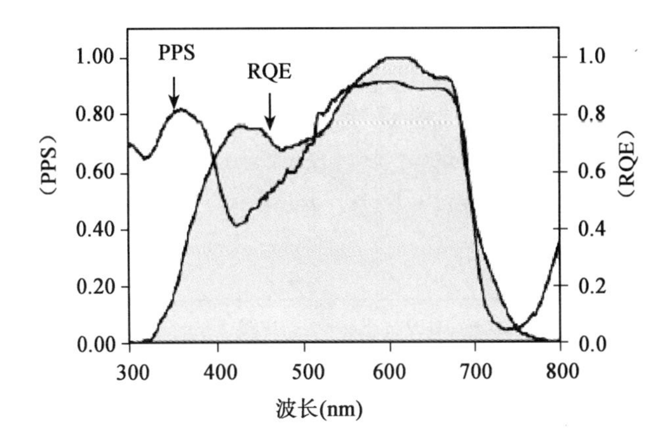

图 3－10 300～800nm 波长光的 PPS 和 RQE（Sager 和 McFarlane，1997）

表 3－8 300～800nm 光质相对量子效率（RQE）和光敏色素光定态（PPS）参数

波长（nm）	RQE	PPS	波长（nm）	RQE	PPS
310	0. 00	0. 68	560	0. 91	0. 90
320	0. 01	0. 66	570	0. 94	0. 90
330	0. 04	0. 69	580	0. 96	0. 91
340	0. 10	0. 76	590	0. 99	0. 92
350	0. 16	0. 80	600	1. 00	0. 92
360	0. 27	0. 82	610	1. 00	0. 92
370	0. 40	0. 81	620	1. 00	0. 90
380	0. 50	0. 77	630	0. 99	0. 89
390	0. 59	0. 73	640	0. 96	0. 89
400	0. 66	0. 62	650	0. 94	0. 89
410	0. 71	0. 50	660	0. 93	0. 89

（续表）

波长（nm）	RQE	PPS	波长（nm）	RQE	PPS
420	0.75	0.42	670	0.93	0.88
430	0.76	0.42	680	0.84	0.83
440	0.75	0.47	690	0.61	0.68
450	0.75	0.49	700	0.44	0.39
460	0.73	0.53	710	0.32	0.16
470	0.69	0.55	720	0.24	0.08
480	0.69	0.59	730	0.16	0.05
490	0.70	0.60	740	0.09	0.05
500	0.71	0.65	750	0.04	0.05
510	0.72	0.70	760	0.03	0.07
520	0.73	0.81	770	0.01	0.09
530	0.76	0.82	780	0.01	0.17
540	0.82	0.86	790	0.00	0.27
550	0.87	0.89	800	0.00	0.35

注：数据来于 Stutte，2009；McCree，1972；Sager 等，1988；Sager 和 McFarlane，1997；
RQE：Relative quantum efficiency 和 PPS：phytochrome phytostationary state

第四章　LED 光质对园艺作物生长发育的调控

园艺作物生长发育速率的高低及形态建成的优劣在一定程度上决定了设施园艺作物产品的商品价值，是设施园艺人工光调控的主要生物学过程与指标。本章主要总结论述了 LED 光源培养设施植物的发展历程与光质生物学效应的研究进展，重点论述了 LED 光质对组培苗、种苗、蔬菜（叶菜、果菜和苗菜）、粮食作物和药用植物等生长发育的影响。

至今，采用电光源栽培植物的历史已有 150 多年。事实上，植物照明与人类照明技术的发展紧密相关，照明发展整体上大致经过白炽灯照明（Incandescent lighting）、开放电弧照明（Open arc lighting）、封闭气体放电（Enclosed gaseous discharge）3 个阶段。1964 年，世界第一个红色 LED 研制成功，随后黄色、蓝色和绿色 LED 陆续问世，但因其亮度低、价格昂贵等原因一直无法作为通用光源推广应用。自 20 世纪 80 年代中期以来，快速发展的光电子技术（Optoelectronic technology）已大幅提高了 LED 的亮度和效率，为 LED 光源在普通照明和设施园艺照明中的应用创造了先决条件。作为半导体光源，LED 固有的体积小、坚固、寿命长、波长专一、发光面冷、电流与光输出线性相关等光电特性使得固态光源作为补充或唯一光源系统在地球与太空作物生产中具有应用潜力。已有报道表明，LED 被公认为可做为天基植物研究系统（Space-based plant research chamber）和生物再生式生命保障系统（Bioregenerative life support system）中的主要光源。

随着能源成本的攀升和气候变化的日益严重，使得设施园艺栽培向工厂化方向发展迅速，推动了 LED 光源在设施园艺中的应用进程。自 20 世纪 80 年代开始，发达国家（如美国、日本、荷兰等）开始了有关 LED 光源作为植物生长光源的可行性研究，重点开展了 LED 光质对植物组培苗、蔬菜和粮食作物的生长发育，甚至产量影响的相关研究工作。20 世纪 90 年代中期，NASA 开始筛选和发展 LED 光源用于植物栽培（Goins 等，1997；Kim 等，2005；Morrow，2008），发展出了许多专门用于航天飞机和国际太空站使用的光照系统。NASA 的这些研究结果为 LED 光源的设施园艺应用指明了方向，为设施园艺生产各领域研究的开展奠定了基础（Kim 等，2005；Morrow，2008）。进入 21 世纪，美国、日本、荷兰、中国、韩国、立陶宛等国家对 LED 光源设施园艺作物栽培种的应用技术开展了广泛的研究工作，实用化程度进一步提高。

LED 固态照明的应用是过去几十年来设施园艺照明的最大进步之一，其广泛应用具有里程碑式的意义。过去几十年，为了探明 LED 光源在设施园艺中应用的可行性，国内外学者开展了大量的研究工作。已有文献证实，LED 作为植物生长用光源是完全可行的，基本确立了以红蓝复合光做为基本光质的光源光谱模式，以及蓝光比例不少于 10% 的光谱特征。基于 LED 输出的单色光的波长比传统电光源发射光谱的波长要窄得多，因此利用 LED 光源生产植物产品的关键在于明确各种植物种类对光谱需求，设计并优化植物光照系统（Massa 等，2008）。人们认为，鉴于 LED 的能源效率，LED 光源下的可控农业与室内农业开辟了优化地球上或太空能源转换和营养供给新途径。

光是植物完成生命周期所必需的一种重要的环境信号和唯一的光合能量来源，通过调控光合色素、光受体来影响蔬菜的生长发育和产量品质的形成。过去，由于缺乏单色光光源，光环境调控植物生长发育的研究大多集中在光强和光周期上，而光质调控的研究报道相对较少。先前，许多研究人员采用间接方法（如转光膜、滤光膜、彩色荧光灯等）获得单色光质，研究光质对蔬菜生长发育和营养品质的调控机制进行了有益的探索，取得了许多具有指导意义的宝贵数据。LED 的出现，使研究人员可直接获得丰富且纯正的单色光质，有力地推动了光质调控园艺作物生长发育和营养品质的研究工作。过去十几年，大量有关 LED 光质对叶菜、果菜、芽苗菜生长发育和营养品质调控方面的研究报道，为人们展示了 LED 光源在设施园艺产业上应用的潜力。据报道，最早将 LED 光源用于植物栽培的是日本三菱公司，1982 年发表了有关波长 650nm 红光 LED 光源用于温室番茄补光的试验报告。此后，美国 NASA 研究中心将 LED 用于宇宙基地等闭锁式生命维持系统的照明。1992 年，日本开始用 LED 光源进行植物组培研究，1994 年 LED 光源被用于植物工厂植物栽培。Morrow（2008）总结了LED光源在设施园艺中的应用历程（表4-1）。Yeh等（2009）总结了LED发展历史，并全面概括了自1990年开始LED在室内植物培养中应用的情况。

表4-1　LED在园艺中应用的重要发展时间节点（Morrow，2008，略作修改）

年份	重要进展
1989～1990	LED植物生长研究；仅有660nm离散型LED
1993	LED用于太空植物栽培
1994～1995	LED用于植物研究设施中
1995～1996	高输出蓝光LED问世；NASA采用LED作为航天飞机及太空站的植物生产的光源
1999～2000	大功率LED单元（1W）出现；在日本出现了第一个商业化LED植物生产
2000～2001	商业化LED驱动模块出现
2001～2002	高亮度多光谱阵列装置出现
2003	LED商业化室内植物用灯具出现
2004	LED冠层照明出现
2004～2005	大功率LED单元（>1W）
2005～2006	适应型LED系统的发展
2005～2006	大型LED阵列装置
2006	高光效和性能的实现；温室LED补光原型出现
2008～2012	多种专用型设施园艺LED光源装置出现并在植物工厂、植物组织培养中应用

对光自养植物而言，400～700nm的光辐射能被认为是植物光合作用所需要的光谱能量，称为光合有效辐射（PAR）。理想条件下，人工光光源的光谱能量输出应该满足植物的光合和光形态建成的需求。可是，传统光源，如荧光灯、金属卤灯、高压钠灯和白炽灯等，所发出的PAR区域和红外光区域辐射流的比例不同，影响光合效率和栽培系统内的热平衡。LED光源的问世与发展使精准光质调控成为可能，增加了光环境调控的内涵，使之焕发出了新的活力，为设施蔬菜营养品质的调控开辟了新途径。1988年，Ignatius提出了一种基于LED的植物照明系统。研究表明，单色光能够精确调控植物生长、光形态建成、光合作用、物质代谢及基因表达等过程，LED光源具有明显的生物学效应和农艺效果。在光合有效辐射范围内，红光LED的电效率比荧光灯高（Yorio等，2001）。然而，众多生物学过程彼此之间受单色光影响的机制不同，部分过程是协同的，部分过程是离散的，甚至是背离的，如何正确地利用单色光的生物学功能，最大化提高园艺作物产量和营养品质是非常重要的课题，也是光质生物学追求的

目标之一。

截至2012年，LED光质生物学研究进入了一个新的阶段，需要对已有的研究有所梳理。自开展LED光源在植物栽培应用研究以来，已有一些重要的综述文章陆续发表，给大家展示了LED在设施园艺中应用的发展过程和前景。20年前，最早将LED作为唯一光源应用到生菜培养领域的是美国的Bula R. J.，1991年Bula等总结了LED作为唯一光源培养生菜的可行性。随后几年，Barta等（1992）、Kim等（2005）、Kim等（2005；2006）以及Folta和Maruhnich（2007）研究并总结了LED绿光在栽培园艺作物中的作用。2008年，国际著名的园艺期刊《HortScience》刊发了2007年ASHS在美国亚利桑那州斯科茨代尔市召开的主题为“LEDs in Horticulture”的研讨会的5篇LED相关论文（图4-1，见彩色插图）。文章题目包括：A historical background of plant lighting：an introduction to the workshop、An introduction to light-emitting diodes、LED lighting in horticulture、Plant productivity in response to LED lighting和Light as a growth regulator：controlling plant biology with narrow-bandwidth solid-state lighting systems。这些文章首次集中总结了LED光源在设施园艺中应用可行性、优势和当时的研究进展，具有里程碑式意义和及其重要的学术参考价值。迄今，具有影响的的综述文章较多，其中Bourget（2008）系统介绍了LED的特点、优势与发展史；Morrow（2008）综述了LED在园艺领域应用的优势和进展；Devlin等（2007）、Folta和Childers（2008）介绍了植物对光质的响应的研究进展。Massa等（2008）介绍了植物生产性能对LED光源的响应。Yeh和Chung（2009）综述了LED的发展史，重点总结了1990年以后LED在室内植物生产中的应用。Mitchell等（2012）论述了LED光源在温室中的应用现状与前景。Bergstrand和Schüssler（2012）论述了LED光源在园艺作物生产中的应用新进展。

更为重要的是，LED光质生物学已经越来越成为国际会议上的研讨热点。2011年，在日本筑波市举办了第六届“International symposium on light in horticulture”会议，有关LED光源及其应用相关研究的论文占到论文总数的相当比例，而2012年在荷兰瓦赫宁根大学举办的第七届“International symposium on light in horticultural systems”会议，从已收录70余篇论文来看LED光源相关研究有所增加，充分表明和预示了世界范围内LED在设施园艺中的应用研究日益重要和广泛。在国内，在中国农业工程学会设施园艺工程分会、中国园艺学会设施园艺分会举办的学术会议上、以及2年一次（分别在2009年和2011年已经举办了第1届和第2届）由中国农业科学院和寿光市人民政府共同举办的“中国·寿光国际设施园艺高层学术论坛”上 LED 光生物学研讨内容逐届递增，体现出国内该领域研究的热度。中国是设施园艺大国，栽培面积和产量居世界第一位，2011 年设施栽培面积达到 350 万 hm^2。然而，受成本投入和效益的考量，设施整体装备水平低，环境控制技术普及率极低，人工光环境调控基本没有实施，节能型低成本的 LED 人工光照装置的研发和推广具有较高的需求。

4.1　LED 光质对园艺作物生长发育的影响

20 多年来，国内外学者对 LED 光源在设施园艺中应用的可行性、光质生物学、光照系统设计与制造等方面进行了长期的摸索。截至到 2012 年，LED 光源在温室植物补光、人工蔬菜栽培、组培苗和种苗繁育、光周期调控、植物工厂以及航天航空植物栽培领域取得重要进展，LED 光源在植物栽培、种苗繁育、植物组织苗和苗菜繁育培养中的调控机制已经基本明确，应用可行性已毋庸置疑。迄今，LED 光源已成功地被应用于多种植物的栽培，园艺作物包括生菜（Bula 等，1991；Hoenecke 等，1992；Brown 和 Schuerger，1993；Yorio 等，1998，2001；Kim 等，2004；Johkan 等，2010；Martineau 等，2012；Zhou 等，2012a，2012b）、胡椒（Schuerger 和 Brown，1994；Brow 等，1995；Schuerger 等，1997）、黄瓜（Schuerger 和 Brown，1994；Wang 等，2009；王虹等，2010）、叶用莴苣（闻婧等，2009；许莉等，2010；闻婧等，2011）、番茄（Tennessen 等，1995；Liu 等，2011a，b）、萝卜（Yorio 等，1998；Yorio 等，2001）、菠菜（Yorio 等，1998，2001）、草莓（Yanagi 等，1996）、马铃薯、白鹤芋等。大田作物包括水稻（Matsuda 等，2004；Ohashi-Kaneko 等，2006）、小麦（Barta 等，1991；Morrow 等，1995；Goins 等，1997；Sood 等，2005）、大豆（Zhou 等，2005）、葛根（Tennessen 等，1992；1994）和 Brassica rapa（Morrow 等，1995）等。此外，LED 光源还被用于拟南芥植物（Stankovic 等，2002）和藻类（Lee 等，1996；Ladislav 等，1996；Park 和 Lee，2000）的培养。

LED 光源下还广泛研究了多种植物的组培苗、种苗及芽苗菜（特别是苗菜）的生长发育情况。在组培苗方面，植物种类包括甘薯（杨雅婷等，2010）、马铃薯（Aksenova 等，1994；Miyashita 等，1997；Croxdale 等，1997）、彩色马蹄莲（Jao 等，2005）、棉花（Li 等，2010）、白鹤芋（Nhut 等，2009）、菊花（Kim 等，2004d）等。种苗研究方面植物种类包括黄瓜苗（魏灵玲，2007；魏灵玲，2009）、南瓜苗（Yang 等，2012）等。更为可喜的是，我国学者发起有关 LED

光源对芽苗菜生长发育和营养品质调控作用方面的研究工作，成绩斐然。芽苗菜种类包括萝卜苗（张欢等，2009；张立伟等，2010c）、豌豆苗（Wu 等，2007；张立伟等，2010a；刘文科等，2012）、香椿苗（张立伟等，2010b）、油葵苗（邢泽南等，2012）、大豆芽（徐茂军等，2002；2003）等。

将 LED 光源应用于园艺作物栽培的研究大多针对两个目标：①调节植物的生长发育，使之高产，具有更好的商品或农学性状，譬如温室补光、组培苗和种苗繁育，以及蔬菜栽培光周期调控等；②利用 LED 光质进行营养品质的调控，提高有益化学物质的合成代谢，去除有害化学物质，提高营养保健价值，譬如设施蔬菜、芽苗菜和药用植物栽培。但所有研究总目的一致，即筛选并建立适宜的“光配方”，让光作为园艺作物的生长要素发挥最大的有益功能，降低负效应，为设施园艺生产的可持续发展提供技术支撑。

纵观当前研究进展，呈现下述特点：①相对设施蔬菜而言，设施花卉和设施果树光生物学的研究报道较少；②相对 LED 作为唯一光源人工光栽培研究而言，LED 光源温室补光研究较少；③多数研究停留在营养生长阶段和品质指标，涉及作物生殖生长阶段特别是产量形成的研究报道缺乏；④从光质种类来看，可见光（红光、蓝光、绿光）和远红光的生物学效应的研究较多，而对部分可见光（橙光、紫光、黄光）和紫外光对园艺作物生长发育和产量品质影响的研究鲜见报道。

4.1.1 LED 光质对植物组培苗生长发育的影响

植物组织培养（Plant Tissue Culture）是指在无菌条件下，将外植体（植物器官、组织、花药、花粉、体细胞等）接种到人工配制的培养基上培育成植株的技术，是一项可以通过规模化生产，在短时间内获得大量同品质种苗的快速繁殖技术。植物组织培养育苗具有繁育速度快，不受外界气候、地域和时间等条件的约束，已成为植物遗传育种、种质资源保护和脱毒快繁的重要手段。传统组培人工光源多为荧光灯，存在一些不足。其一，光谱范围广、生物光效低。荧光灯中的绿光、红外和远红外光的光谱比例较大，植物不能利用，造成电能的浪费和电能利用率的降低；其二，发热量大，有相当多的能量以热效应的方式传递到环境中，使环境温度升高，增加培养室空调制冷的耗电量；其三，由于光源发光面的温度较高，难以近距离照射植物，降低了植物组织培养的空间利用率，而且灯具散热引起结露，还会对组培苗生长造成不良影响。通常，在组培植株增殖与生根阶段生活在小型组培容器内，光需透过封口膜或容器壁才能照射到组培植株，此过程降低了植株接受到得光强，在一定程度上改变了光质，影响了植株的生长发育。荧光灯的上述缺点造成了组培苗繁育产业能耗较高的现状，一般条件下常规植物组培的能耗成本要占其运行费用的40%～50%，能耗已成为植物组培的突出问题。因此，减少能耗，降低运行成本已经成为植物组培领域研究的重要方向。

20世纪80年代末期，日本千叶大学的Kozai教授发明了一种新型植物组织培养方法，即植物无糖组织培养技术（Plant Sugar-Free Tissue Culture Technology），又称为光自养或光独立微繁殖技术（Photoautotrophic Micropropagation Technology）。该技术是指在组织培养过程中，培养基中不需加入糖，而是向培养容器中通入较高浓度的二氧化碳气体作为碳源，同时增加小植株的光照水平，促进植株光合作用，使试管苗由依赖外源碳水化合物的异养型转变为依赖自身光合作用的自养型。由此，植物无糖组织培养实现了培养容器的转变和突破，由试管、玻璃瓶等小容器改为几十升的箱式大容器培养，大幅增加了栽培面积，污染率显著降低，培养效率和移栽成活率显著提高。基于植物无糖组织培养采用固体基质，培养容器无菌和不加糖的技术特征，Liu和Yang（2008）提出了接种丛枝菌根真菌（Arbuscular mycorrhizal fungi）提高无糖组培苗活性和成活率的方法，并系统阐述了方法的可行性和相关试验结果。光是影响光合强度的主要因素，而丛枝菌根真菌是光合产物的竞争者，因此只要通过增加光环境质量，提高共生组培苗的光合强度才能建立健康互利的共生体，达到提高植株质量的目的。然而，关于无糖组培植株质量与光环境，尤其与LED单色光的关系尚未进行系统研究。植物无糖组织培养技术解决了传统植物组培苗生产中易污染、组培苗生理活性低、移栽成活率低等问题，但植物无糖组织培养技术中光照条件是非常重要的因素，也面临着光源能耗高，植株生长需要光环境调控的瓶颈问题。

在植物组织培养中，光合光量子通量密度（Photosynthetic Photon Flux Density，PPFD）、光照周期和光谱能量分布对植物的光合作用和形态建成起重要作用。因此，在植物组织培养中采用LED提供照明，调控光质和PPFD，不仅能够调控组培植株的生长发育和形态建成、缩短培养周期、提高组培苗质量，而且能够大大减少能耗，降低成本。多年来，国内外学者围绕LED光源在植物组织培养照明领域的应用进行了不懈的探索，取得了重要进展。总结而言，LED光质影响试管苗的生长发育、形态和器官分化主要进行了以下几个方面的研究工作：①LED红光—远红光对组培苗的影响及作用机理；②LED蓝光对组培植株生长的影响；③LED 红蓝光对组培植株生长发育的影响及红光与蓝光组合优化参数及生物效应。迄今为止，有不少报道认为，LED 红蓝复合光对组培植物的生长发育有积极影响，优于单色光处理。但是有关红蓝 LED 组合的配比，不同组培植物作为试验材料所获研究结果并不一致。由此可见，不同的植物对光质配比的敏感性不同，表现出不同的适应性。

光谱中红光与远红光光通量的比值（R/FR）对植物形态建成、调节植株高度具有重要影响。R/FR 比值已成为控制植株形态的一个重要光质评价参数。Fujiwara 等（1995）研究发现，LED 光源中，LED 红光和 LED 远红光光源比荧光灯更能影响组培苗的光形态建成和生长发育。Tanaka 等（1998）研究发现 LED 红光促进兰花组培苗叶片生长，但降低了叶绿素含量、茎和根的干重。Lian 等（2002）研究表明，在单独红光 LED 照射下，百合离体培养鳞茎的生长指标和干物质积累较低，这与单独红光导致的低 CO_2 同化作用有关。然而，有关红光或远红光 LED 对组培植物生长影响的报道并不一致。Miyashita 等（1997）研究发现，随着红光 LED 的 PPFD 增加（11 ~ 64μmol/m^2 · s），叶绿素含量也增加；与白色荧光灯相比，LED 红光促进了马铃薯组培苗茎的伸长，但叶面积和干重没有显著变化。

Aksenova 等（1994）发现马铃薯试管苗在红光下比蓝光下植株发育出了更长的茎和更高的根冠比。以管状荧光灯为主光源，LED 红光和远红光作为补光光源，马铃薯试管苗在相对较小的补光强度下也可被促进生长（Iwanami 等，1994）。Miyashita 等（1994）在相同的 PPFD 下，以红光 LED 为主光源，以管状荧光灯为补光条件下，马铃薯试管苗的形态而非生长（干重和叶面积）受到调控。Nhut 等（2003）的研究表明，在红光 LED 照射下，草莓组培苗叶片伸展、叶柄伸长和茎伸长明显，但叶绿素含量有所降低。Kim 等（2004d）研究认为，单独 LED 红光或 LED 红光 + LED 远红光处理下，菊花组培苗茎过分伸长导致茎秆脆弱，其他重要生长指标也降低了，总体上不利于植物的正常生长发育。Hahn 等（2000）发现了红光 LED 对毛地黄组培苗茎生长的抑制作用。研究结果表明，单色红光导致光系统Ⅰ和Ⅱ可利用的光能量分布不平衡，因此抑制茎的生长。此外，Tuong-Huan 和 Tannata（2004）在研究不同光质 LED 对兰花原球茎小块照射处理的研究结果中，发现红光 LED 处理对从原球茎片段中诱导愈伤组织是最有效的。

有报道认为，蓝光直接或间接影响植物胚轴的伸长、酶的调节和合成、气孔的张开、叶绿体的成熟和光形态建成（Senger，1982；Zeiger，1983）。Appelgen 等（1991）曾报道，红光增加天竺葵属植物试管苗地上部高度，蓝光强烈抑制天竺葵组培苗茎的伸长。Nhut 等（2003）的研究表明，经单一蓝光 LED 处理的草莓组培苗叶片数目最少，根长最短，抑制草莓组培苗生长，但没有蓝光 LED 照射会导致草莓组培苗生长和发育不平衡。在对马蹄莲组培苗光合兼养条件下生长效果的研究中发现，在 LED 处理之前，干物质和生长速率没有显著的差异，但是添加蓝光 LED 处理对叶绿素含量和株高指标有显著的正效应（Jao 等，2005）。Tanaka 等（2003）研究发现，LED 红光促进了兰花叶片的生长但降低了叶绿素的含量，然而蓝光 LED 却逆转这个效应。

LED 红蓝复合光有利于组培苗的生长发育。Hahn 等（2000）研究发现，经单一 LED 红光或 LED 蓝光处理的毛地黄组培苗出现徒长现象，但是在 LED 红蓝复合光下生长健壮。一种双蝴蝶属组培植物在 LED 红光下生根最好，在 LED 蓝光下生根最差；而在 LED 红蓝复合光照下，植物的根数、鲜重和叶绿素含量综合指标明显好于单色 LED 和荧光灯处理（Moon 等，2006）。有研究认为，LED 红蓝光组合可以通过增加净光合速率以提高植物的生长和发育是因为红光与蓝光的光谱能量分布与叶绿素吸收光谱相吻合（Goins 等，1997）。以色列卡纳塔克邦大学设施技术发展研究中心（2001）起用 LED 红光、蓝光及其组合对百合属植物的幼芽分化再生进行研究，结果表明 LED 红蓝光组合与其他光源相比更能促进花芽分化，更适合幼芽生长，植株大小和干、鲜重都有了明显的增长。Kim 等（2004d）研究发现，在 LED 红蓝复合光照射下的菊花组培苗净光合速率最高，鲜质量、干物质量和叶面积达到最大，气孔的数目最少，气孔开度最大。Tanaka 等（1998）报道指出，在 LED 红蓝复合光照射的兰花组培苗的鲜重和干重增加。Lian 等（2002）对百合离体培养鳞茎进行试验后得出，LED 红蓝复合光更适合鳞茎的生长，鳞茎的尺寸、鲜干重和根的数量最高。Nhut 等（2002a）采用 80% LED 红光 +20% LED 蓝光组合对香蕉组培苗生长和驯化移栽有明显促进效果。而一项对于桉树组培苗的研究发现，相同的红蓝 LED 配比（4∶1），并配合透气膜和岩棉基质能够实现其无糖培养。Nhut 等（2002b）又发现在 70% LED 红光 +30% LED 蓝光照射下，草莓组培苗的叶片数、根数、根长、鲜重、干物质值最大，移栽到土壤中长势也最好。随后，Nhut 等（2009）以白鹤芋组培苗为试材的试验也得到了相似的结果。Rueychi 和 Wei（2004）在对马铃薯组培苗的鲜重和干物质积累量指标的研究结果中发现，协同光照控制优于交替间歇光照控制，45% LED 红光 +55% LED 蓝光的处理对于马铃薯组培苗的生长效应是最佳的光质。此外，有研究发现，在 25% LED 红光 +75% LED 蓝光组合下，从兰花原球茎小块中诱导的愈伤组织中能够获得最高发生率的原球茎体（Tuong-Huan 和 Tanaka，2004）。

杨红飞等（2011）研究了LED不同光质对洋桔梗组培苗可溶性蛋白含量的影响，为植物组织培养专用LED光源的研发提供数据支持和理论依据。以切花洋桔梗组培苗为试材，在不同配比的LED光质下生长一段时间后，对叶片进行可溶性蛋白含量测定。试验结果表明：红蓝复合光处理的组培苗可溶性蛋白含量最高，红蓝绿光处理的组培苗可溶性蛋白含量最低，表明红蓝光最有利于洋桔梗组培苗可溶性蛋白的合成。Li 等（2010）研究了不同LED光源（12h光周期，光强 $50\mu mol/m^2 \cdot s$）对陆地棉（*Gossypium hirsutum* L.）试管苗生长的影响。棉花组培苗的鲜重、干重、茎长和第二节间长度以LED红蓝复合光（1∶1）处理最高，其次是LED蓝光处理，在荧光灯下最小；叶绿素含量、叶片厚度、栅栏组织长度（Palisade tissue length）以及叶和气孔面积以LED蓝光处理最高；根活力、蔗糖、淀粉和可溶性糖含量以LED红光处理最高。作者认为LED红光补充LED蓝光条件下棉花试管苗较为健康粗壮，LED红蓝光1∶1组合是光照系统最佳光源光质。

4.1.2 LED光质对嫁接苗和扦插苗生长发育的影响

蔬菜嫁接（Grafting）是获得高产，控制病虫害的重要方法。嫁接繁殖中，特别是对砧木植物而言，增加其下胚轴长度对提高嫁接速度，保护脆弱的接穗在移栽过程中不接触土壤具有实际意义（Chia 和 Cubota，2010）。而且，瓜类砧木苗嫁接（Cucurbit rootstock seedlings）常可实施无根嫁接（Grafted cuttings）增加嫁接效率，而后在愈伤过程中再生根（Lee 和 Oda，2003）。如此，苗的形态控制对温室移栽苗的生产非常重要，要求砧木植株具有较长的下胚轴，一般瓜类砧木下胚轴长度的商业标准为需大于7cm。更为重要的是，培育一致性好的砧木苗和接穗苗对提高机械化嫁接操作效率十分重要（Kubota 等，2008）。然而，温室环境下生产的砧木苗的下胚轴伸长速率受季节光照变化的影响，人工光干预调节十分必要。EOD（End-of-day）光质处理是有效控制茎和下胚轴伸长的有效技术方法，也是经济可行且无污染的控制植物形态的方法。已有的研究表明，EOD红光和远红光处理可抑制或促进茎和下胚轴的延伸速率，是植物光敏色素调节下的植物响应。

EOD光处理影响光敏色素调节响应，如株高。蔬菜嫁接需要生产长下胚轴的植株。Chia 和 Kubota（2010）研究了EOD红光和远红光比例、剂量对番茄砧木下胚轴伸长的影响。与无补光相比，EOD 白炽灯（R/FR = 0.47）处理增加了 Aloha 苗下胚轴长度达 20%。通过光质过滤的白炽灯处理（R/FR = 0.05）诱导更大的下胚轴延伸比白炽灯处理高出 44%。结果表明，采用低 R/FR 或更纯的 FR 光源进行 EOD 处理较好。在 EOD-FR 剂量响应试验中，增加 FR 强度或延长 FR 处理时间均可增加两种砧木苗下胚轴的长度（图 4 - 2，见彩色插图）。下胚轴长度对 FR 光照的剂量饱和曲线可用 Michaelis-Menten 型模型来描述。基于模型估算出两种砧木苗 90% 饱和 FR 剂量分别为 5 ~ 14mmol/m^2 · d 和 8 ~ 15mmol/m^2 · d，实际上饱和的剂量为 2 ~ 4 mmol/m^2 · d。EOD-FR 处理不影响植物的干重、茎粗等指标，所以下胚轴延长未损伤生长发育。Yang 等（2012）利用移动式和固定的光照装置，研究了 EOD-FR 处理对瓜类砧木下胚轴延伸的影响。南瓜苗移动式光源装置是 120cm 装有 FR-LED 的金属条，移动速度为（0.78mm/s 和 3.13mm/s）。FR 光剂量为 4.0mmol/m^2 · d 条件下，移动式和固定的光照装置两种处理的植株下胚轴延伸相同，与移动速度无关。补光处理下胚轴较对照伸长了 55% ~69%（表 4 - 2）。

表 4 - 2　南瓜砧木苗 EOD 远红光处理下胚轴长度（mm）

（Yang 等，2012，略作修改）

处理	EOD 远红光处理天数（d）				
	1	2	3	4	5
对照	31.4a	42.4a	48.1b	51.9b	53.0b
移动式补光	39.1a	58.7a	69.8a	79.0a	82.2a
固定式补光	39.0a	62.0a	75.1a	75.1a	89.6a

中国台湾在 LED 光源栽培光质生物学方面也有研究报道。台湾大学 Jao 和 Fang（2003）研制出了一种由红蓝 LED 组成的光源装置，可调节红和（或）蓝光光强、红蓝光强比例、频率（Frequency）和占空比（Duty ratio）。此装置与管状荧光灯相比，连续光照下两者培养的马铃薯组培苗无差异（Jao 和 Fang，2004a）。但间歇的（Intermittent）或光脉冲（Pulse light）处理提高了马铃薯组培苗的生长（Jao 和 Fang，2004b）。5.53 mol/ m^2 · d，16/8h 光周期调节下，LED 红蓝光并存比 LED 红蓝光交替更有利于马铃薯组培苗的生长（Jao 和 Fang，2004b）。Jao 等（2005）研究了 LED 红蓝光（80μmol/m^2 · s，16h 光周期）在相同日积累光量（daily light integral）条件照射下彩色马蹄莲组培苗瓶内生长和移栽后块茎形成的影响，处理如表 4 - 3 所示。结果表明，管状荧光灯（Tubular fluorescent lamp）处理下彩色马蹄莲的叶绿素含量和干重比 LED 光源处理高。不同 LED 光源处理间在植株干重、生长速率指标上无差异，但增加蓝光后植株的叶绿素含量和高度出现差异，表明蓝光参与了叶绿素和植物高度的形成机制（表4－4），所以蓝光是影响彩色马蹄莲试管苗高度和叶绿素形成的重要因素。植株移栽到温室生长，6 个月栽培期后各光质处理的彩色马蹄莲种球形成（Ttuber formation）无显著影响（表4－5）。作者认为当时蓝光 LED 成本比红光 LED 成本高许多，建议采用以 AC 供电的红光 LED 栽培彩色马蹄莲组培苗是可行的方法。

表4－3　几种光质处理明细（Jao 等，2005）

光源处理	红光 PPFD（μmol/m^2·s）	蓝光 PPFD（μmol/m^2·s）	频率（Hz）	占空比（%）	驱动使用情况
管状荧光灯	48	32	60	50	不使用
红光 LED-交流电	80	0	60	50	不使用
红光 LED-驱动产生直流电	80	0	N/A	100	使用
红蓝光 LED（1.5：1）	48	32	N/A	100	使用
红光 LED-驱动产生直流电	80	0	60	50	使用

表4－4　几种光质处理彩色马蹄莲组培苗叶绿素含量、株高和生物量（Jao 等，2005）

光源处理	叶绿素含量（SPAD）	地上部鲜重（g/株）	地上部干重（g/株）	植株高度（cm）
管状荧光灯	29.9a	0.289c	0.023a	6.3c
红光 LED-交流电	20.7c	0.433a	0.024a	9.8a
红光 LED-直流电	19.9c	0.391b	0.019b	10.5a
红蓝光 LED（1.5：1）	24.2b	0.312c	0.018b	8.5b
红光 LED-直流电	20.4c	0.301c	0.017b	9.9a

表4－5　彩色马蹄莲组培苗温室移栽6个月后种球形成分布情况（Jao 等，2005）

光源处理	块根大小（cm）	小于3cm 块根比例（%）	3～5cm 块根比例（%）	大于5cm 块根比例（%）
管状荧光灯	4.2a	0.0	93.3	6.7
红光 LED-交流电	4.1a	0.0	96.5	3.5
红光 LED-直流电	4.0a	7.1	85.8	7.1
红蓝光 LED（1.5：1）	4.5a	3.7	66.7	29.6
红光 LED-直流电	3.9a	7.8	79.3	12.9

4.1.3 LED 光质对蔬菜生长发育的影响

蔬菜的人工光栽培是LED光源研究与应用的最早的植物种类之一，尤其生菜，已成为LED光质生物学研究的模式植物。其原因：①生菜是绿色叶菜，是重要的鲜食蔬菜，也是西方色拉的主要原料；②生菜是较为适宜的太空食物，可食率高，垃圾产生率低；③生菜的品种多样，生长速率快，易于水培生长，叶色有绿色、红色、紫色等，既有皱叶型也有平滑叶型；④在植物化学物质累积上具有可调性，如硝酸盐和花青素含量等指标。至今，用于研究的蔬菜除了叶菜以外，还包括少量果菜（如番茄、黄瓜等）和芽苗菜。随着LED光源发光效率和功率的增加，使得LED光源替代传统的高压钠灯（High-pressure sodium，HPS）进行规模化水耕栽培生产已成为现实。

肯尼迪航天中心NASA生物科学办公室测试了几种电光源以用于为太空植物长期生长提供充足的光，包括荧光灯、高压钠灯、金属卤化物灯。但是，这些灯光质变化很大，将造成植物生长和形态学差异。当前，天基植物栽培光研究集中在LED光源和光质方面。红光和蓝光结合被证明是多种作物栽培的有效光源，但生长在红蓝光下的植物外观是略带紫色的灰色（Purplish gray），使得视觉评价植物健康很难。补充绿光可使植物叶片呈现正常的绿色，与自然条件白光下的植物叶片相似。与冷白荧光灯相比，在LED红蓝光中添加24% LED绿光（500~600nm）增加了生菜的生长。同时，添加绿光的植物外光上更具美感（Kim等，2004b）。

第一，人工光下的叶菜栽培。叶菜是LED光源栽培研究最多的植物材料。1991年Bula等利用660nm红光LED与蓝色荧光灯组合，进行了莴苣栽培试验，并获得成功。Bula等（1991）发现，生菜在325μmol/m^2·s LED红光+蓝光荧光灯下培养21d后，在叶形状、颜色和质地与生长于冷白荧光灯和白炽灯下的生菜无差别，但LED的电能转换效率约是荧光灯的2倍。Hoenecke等（1992）采用660nm红光LED（波段误差30nm）为光源，作为唯一光源或补充蓝光（采用波长范围为400~500nm的蓝光荧光灯，补充光强为15μmol/m^2·s）处理下，研究了生菜苗的子叶及子叶下胚轴的生长情况。结果表明，在660nm的LED红光下生菜苗的子叶及子叶下胚轴伸长更多，但在补充光强大于15 μmol/m^2·s的蓝光后子叶及子叶下胚轴伸长效应消失。而且，蓝光抑制伸长的效应与红光通量水平无关。

Yanagi等（1996b）发现，在LED红光下生长的生菜比蓝光下生长的生菜拥有更多的叶子和更长的茎。Yanagi 等（1997）使用 LED 红光与 LED 蓝光来研究光质与光量对莴苣生长与光形态建成的影响。LED 蓝光（170μmol/m^2·s）条件下栽培的莴苣植株显得更加矮壮和健康，但干物质量却小于 LED 红光或红蓝复合光下的植株。Bula 和 Tibbitts（1992）发现，波峰为660nm 的 LED 红光作为唯一光源培养生菜苗时，生菜苗的下胚轴（Hypocotyls）和较长的子叶（Cotyledons)，但采用蓝色荧光灯补充 400～500nm 的蓝光后上述效应消失，蓝光的上述生物作用与红光辐射水平无关。Yanagi 等（1997）研究表明，在超亮 LED 红光（620～700nm）下栽培的菠菜比生长在荧光灯下的菠菜（光强为125μmol/m^2·s）的干物质量及叶面积较小。Yorio 等（1998）研究表明，红蓝光组合下（补充 35μmol/m^2·s 蓝光）生菜、菠菜和萝卜的产量好于单独 LED 红光下栽培，与白色荧光灯产量相似。但是，蓝光的需求存在基因型差异，譬如在茎伸长指标上，这一点至少在马铃薯上得到了证实（Yorio 等，1998)。Yorio 等（1998）研究表明，小麦、马铃薯、大豆、生菜、萝卜正常生长发育所需光照中最少蓝光比例为 30μmol/m^2·s。缺乏蓝光将导致茎伸长、光合作用和产量下降等问题。宽光谱的光源（如金属卤化物灯和荧光灯）为植物正常的生长和形态建成提供了充足的光谱，但它们在电效率方面不如低压或高压钠灯。虽然低压或高压钠灯和 LED 具有较好的光合有效辐射，但缺乏蓝光，为此，LED 红光和低压或高压钠灯补充 LED 蓝光是必要的。

Okamoto 等（1997）使用超高亮度红光 LED 与蓝光 LED，在红蓝光比值为 2：1 时，可以正常培育莴苣。郭双生等（2003）研究发现，太空植株正常生长可采用红色和蓝色 LED 的一定组合，以 90% 红色 +10% 蓝色 LED 更为适宜。Kim 等（2004b）研究发现，24% 绿光 + 蓝光 + 红光（RGB）处理促进了生菜的生长，与冷白荧光灯处理组相比，RGB 处理组的生菜光合产量显著提高。Hirai 等（2006）研究了光强为 50μmol/m^2·s、100μmol/m^2·s 和 150μmol/m^2·s 的蓝光、蓝绿光、绿光和红光 LED 单色光（Monochromatic light）对茄子、生菜和向日葵幼苗生长的影响。蓝光下茄子和向日葵的茎伸长明显提高，在其他光质条件下略有提高。但是，生菜的茎伸长在红光、绿光和蓝绿光下增加了，但在蓝光下显著降低。而且，叶柄与叶长的比例变取决于植物种类和光质。

Johkan 等（2010）研究了不同 LED 光质（蓝光、红光、红蓝光）条件对生菜生长和产量的影响。光处理 1 周，处理包括白色荧光灯、100μmol/m^2·s 的蓝光 LED、50μmol/m^2·s 蓝光 LED 和 50μmol/m^2·s 的红光 LED、100μmol/m^2·s 的红光 LED。光处理结束时，即播种后 17d 后，与白色荧光灯相比，红光 LED

处理生菜苗的叶面积和地上部鲜重增加了33%和25%，含蓝光处理生菜的地上部和根系的干物质重增加了29%和83%，但含蓝光LED处理生菜的根冠比与比叶面积降低了。种植45d后，含蓝光处理生菜的叶面积和鲜重较高，蓝光和红光LED处理生菜叶绿素总量低于荧光灯处理，但叶绿素a与叶绿素b比率、类胡萝卜素含量在蓝光处理下增加了。种植17d后（光处理结束时），蓝光处理的生菜苗的多酚含量和总抗氧化性比荧光灯高，种植45d后降低。结果表明，采用蓝光育苗可促进生菜移栽后的生长，其原因在于移栽前生菜苗的地上部和根系生物量高、光合色素含量高、抗氧化活性高的缘故。蓝光LED培育的生菜苗形态紧凑有益于移栽操作。

张欢等（2010）发现，LED蓝光（460nm）处理显著提高了莴苣和番茄叶片中的叶绿素a含量。可见不同蔬菜种类和品种对补充光质处理的叶绿素含量以及光合速率的反应存在较大差异，这可能与光质的实现条件不同有关。蓝光影响植物的向光性、光形态发生、气孔开放以及叶片的光合作用（Whitelam和Halliday，2007）。蓝光LED灯（460nm）处理增大了叶用莴苣叶片气孔导度（李雯琳等，2010）；与荧光灯相比，LED光源对提高叶用莴苣叶片的光合能力作用明显。红蓝绿光LED组合灯照射下的叶用莴苣气孔导度低于白光荧光灯处理（Kim等，2004b），但干物质积累却高于白光荧光灯处理，表明气孔导度在这些光质条件下不会限制碳同化过程；红蓝光LED组合灯下的气孔导度高于红蓝绿光LED组合灯处理，这种绿光能逆转受蓝光刺激的气孔开放现象，在蚕豆、豌豆、洋葱等蔬菜作物上得到同样结果（Talbott等，2002）。黄光荧光灯处理叶用莴苣各生长指标最好（许莉等，2007），白光和黄光培养的彩色甜椒壮苗效果最好（杜洪涛等，2005）。这可能与不同的蔬菜种类对光质的反应不同有关。在红光基础上补充蓝光可提高叶用莴苣的叶面积、干物质产量，也能促进菠菜、萝卜和叶用莴苣的生长（Yorio等，2001；Dougher和Bugbee，2004）。但是，补充蓝光的促生效应具有植物种类差异，红光补充10%的蓝光条件下生菜的生长状况与白色荧光灯相似，但对菠菜和萝卜促生效应较小（Yorio等，2001）。Kim等（2006）研究表明，在LED红蓝光灯处理上补加24% LED绿光（500～600nm）处理，显著促进了叶用莴苣生长。

郑晓蕾等（2011）在日本千叶大学园艺学部附属农场的植物工厂内研究了植物工厂条件下不同光质白色荧光灯（310～750nm）、红光LED（660nm）、蓝光LED（460nm）、红蓝光LED（红蓝光强比89：11）在85μmol/m^2·s的光强下对散叶莴苣生长和营养品质的影响，为植物工厂内散叶莴苣优质高效生产的光源选择提供了一定的参考依据。结果表明，红蓝光 LED 能显著增加散叶莴苣的鲜重、叶数和叶面积，降低散叶莴苣的硝酸盐含量，但是没有降低烧边病情指数。红光 LED 能促进茎的伸长，显著降低烧边病情指数和硝酸盐含量，但是不利于干物质、AsA 的积累和叶面积的增加。蓝光 LED 则抑制散叶莴苣的生长，并增加硝酸盐含量，但能显著降低烧边病情指数。说明红光 LED 有利于植物工厂内散叶莴苣的生长和降低烧边发生（表 4 -6）。

表 4 -6　不同光质对散叶莴苣生长的影响（郑晓蕾等，2011）

光质	鲜重 (g)	叶数 (枚)	叶面积 (cm^2)	茎长 (cm)	根长 (cm)	叶片干物质率 (%)
白色荧光灯	31. 57bc	22. 8bc	122. 69b	1. 36b	4. 97a	4. 97a
LED 红光	33. 76ab	24. 8ab	112. 06b	3. 7a	4. 29b	4. 29b
LED 蓝光	27. 26c	21. 5c	89. 37c	1. 14b	5. 17a	5. 17a
LED 红蓝光	36. 95a	25. 8a	148. 53a	1. 52b	5. 09a	5. 09a

LED 红光处理下，供试散叶莴苣的鲜重、叶数、根长均高于对照，但差异不显著，LED 蓝光处理下，鲜重、叶数、根长均显著低于 LED 红光；LED 红蓝光处理下，鲜重、叶数、根长均达到最大值，与对照相比差异显著。LED 红光处理的鲜重、叶数、根长与 LED 红蓝光处理相比，无显著差异。不同光质对叶面积的影响表现为：LED 红蓝光 > 荧光灯 > LED 红光 > LED 蓝光，LED 红光处理与对照相比，差异不显著；LED 蓝光显著降低供试散叶莴苣品种的叶面积；LED 红蓝光处理散叶莴苣品种叶面积比对照增加 21%，差异显著。短缩茎长在 LED 红光处理下，显著高于对照；LED 红蓝光次之，LED 蓝光最低。LED 红光处理下供试散叶莴苣品种叶片干物质率显著低于其他处理，LED 蓝光处理下最高。

Martineau 等（2012）比较了 LED 和 HPS 做为温室生菜补光光源对生菜的生长情况的影响。处理为在日落前光照 2h，日落后光照 8. 5h，使光周期延长至 18h，HPS 和 LED 的平均总辐照强度为 71. 3mol/m^2 和 35. 8mol/m^2。HPS 光下生菜的地上部生物量与 LED 光照下的生菜相似，但 LED 仅补充了 1/2 强度的光照。并且，β 胡萝卜素、叶绿素、新黄素、叶黄素和玉米黄质之间无差异。但是，紫黄质含量在处理间略有差别，以 LED 补光处理最低。基于能量计算，LED 较 HPS 可节能 33. 8%。

第二，人工光下的果菜的栽培。与叶菜相比，果菜栽培不仅包括营养生长阶段还包括生殖生长阶段，LED 光质生物学的研究更具内涵，以果菜做为研究材料科获得更多的光质生物学信息。目前，有关 LED 光质对果菜生长发育的研究集中在番茄和黄瓜上，已发表的研究结果数量不多，是亟待加大研究力度的领域。

Brown 等（1995）研究了胡椒在红光 LED、红光 + 蓝光 LED、红光 + 远红光 LED 和金属卤灯（MH）光照下生长和干物质分配情况。结果表明，生长红光 LED 下的胡椒植株生物量小于生长在金属卤灯和红蓝复合光下的胡椒生物量（表 4 -7）。其原因可能是，在红光 LED 下植物叶片相对较低的二氧化碳同化速率。红光 + 远红光处理下胡椒比仅红光处理下的胡椒植株高大，茎生物量大。红光和红光 + 远红光照射下，胡椒叶子较少。这表明，红光 LED 与其他波段光合理结合在栽培植物中的应用是有潜力的。Yanagi 等（1996a）发现，LED 红光下草莓叶片的量子效率比 LED 蓝光下高。

刘晓英等（2010）在 LED 红光（660nm）和 LED 蓝光（450 ~ 470nm）组合基础上添加不同光质处理，对樱桃番茄生物量有显著影响，添加绿光（525nm）、黄光（590nm）、紫光（380 ~ 410nm）和黄紫光处理有利于植株地上部生长；添加不同光质处理也有利于植株光合色素的积累并提高光化学效率，红蓝黄绿紫复合光处理下光合色素含量最高。Liu 等（2011）研究了 320μmol/m^2 · s 光强下 7 种光辐射（镝灯对照、LED 红光、LED 蓝光、LED 橙光、LED 绿光、LED 红蓝复合光-RB、LED 红蓝绿复合光-RBG）对樱桃番茄苗叶绿体结构变化和光合机构活性的影响。与对照相比，B、RB 和 RBG 光质条件下樱桃番茄苗净光合速率增加，但在红光、绿光和橙光下显著降低。在 RB 光质下，叶绿体中的基粒和淀粉颗粒丰富，而且每平方毫米叶片内气孔数量在 B、RB 和 RBG 光质下增加。

Liu 等（2012）研究了 320μmol/m^2 · s 光强下 7 种光辐射（镝灯对照、LED 红光、LED 蓝光、LED 橙光、LED 绿光、LED 红蓝复合光-RB、LED 红蓝绿复合光）下培养 30d 对樱桃番茄苗生长和光合特征的影响。不同处理的植株的外观形态与叶片光合色素含量差异较大。与对照相比 RB 和 RBG 下栽培的植株较矮但茁壮，橙光、绿光、红光下植株高大但纤弱。含蓝光处理（B、RB 和 RBG）的植株叶片碳水化合物含量较高。含蓝光处理、对照和绿光处理的叶片光合色素含量较高，而红光和橙光处理的较低。叶片净光合速率（Pn）以 RB 和 RBG 最高，绿光下最低。与对照相比，R、RB 和 RBG 处理下植株的光补偿点和光饱和点增加，而橙光和绿光下植株上述指标却有所降低。电子传递速率、光合系统Ⅱ量子效率（ΦPSⅡ）、光化学淬灭（qP）和Fv′/Fm′等参数以B、RB和RBG处理较高，表明RB和RBG的LED光质组合对樱桃番茄生长与光合作用具有促进作用。

Hogewoning等（2010）用7个不同比例的红蓝光LED处理（450nm蓝光的光强比例分别为0%、7%、15%、22%、30%、50%、100%）黄瓜叶片，7%蓝光的光合能力是100%红光（638nm）处理的2倍；蓝光比例在0%～50%，光合能力随着蓝光比例的增加而增加，到100%蓝光时，光合能力下降但光合作用依旧正常；且在0%～50%光合能力的增加与叶面积、N含量、叶绿素含量、气孔导度等增加是相关的；认为蓝光不仅能够定性地满足黄瓜叶片正常的光合作用的需求，而且定量地介导叶片对光照强度的响应。

表4-7　生长42d的胡椒在各种光质处理21d后的生长参数

生长指标	不同光质处理			
	MH	660+BF	660	660+735
叶/茎（DW，干重）	3.0a	3.0a	2.3b	1.5c
茎/根系（DW）	3.4b	3.7ab	3.6ab	4.1a
叶干重/叶面积（g/m^2）	20a	13b	10c	11c
总叶面积（cm^2）	689ab	778a	573b	532b
植物干重/鲜重（%）	8.1a	7.5b	6.8c	7.3b

第三，人工光下的芽苗菜的栽培。芽苗菜是指用植物种子或其他营养体，在一定条件下培育出可供食用的嫩芽、芽苗、芽球、幼梢或幼茎等芽苗类蔬菜（王德槟和张德纯，1998）。目前，市场上常见的芽苗菜种类有黄豆芽、绿豆芽、香椿苗、萝卜苗、豌豆苗、黑豆苗、茴香苗、香芹苗、白菜苗、紫苏等20余个种类，芽苗菜营养丰富，风味独特，品质柔嫩，且种子萌发后营养价值提升，含有人体不可缺少的多种氨基酸和矿物质，安全卫生并具有一定的医疗保健作用（徐伟忠等，2006；张德纯，2006）。光环境调控技术采用物理手段调控植物生长，符合绿色农业的要求，在芽苗菜生产中具有广阔的应用前景。众多研究结果表明，LED光质对芽苗菜，尤其是苗菜的生长、生理特性和营养品质产生显著影响，光调控技术应用于绿化型或半绿化型芽苗类蔬菜生产实际中的可行性。利用LED光调控技术来培育苗菜是一项节能环保、经济且简便易行的新方

法，可有效提高芽苗菜产量和品质，产生显著的社会、经济效益，运用物理调控手段可实现蔬菜的无公害生产，保障食品安全。因此，深入研究芽苗菜的光质优化参数，以及光强、光质、光周期的协同作用、光形态建成机理以及光环境与其他环境因素对生长发育的影响等问题，不仅是光生物学理论研究的热点，也可为芽苗菜生产等设施栽培光环境调控提供技术支撑。

芽苗菜含有许多功能性生物活性物质，对防控疾病和保健具有重要价值。研究表明，十字花科芽苗菜的芥子油甙（Glucosinolates）的含量高于其成熟植株10～100倍，能诱导致激活癌物质净化酶系统（Carcinogen-detoxifying enzyme systems），有很强的保护功能（Fahey等，1997）。试验表明，十字花科和豆科芽苗菜能降低过氧化氢诱导的DNA损伤，可降低癌变风险（Gill等，2004）。抗氧化物质可降低慢性和变性疾病的发生几率，如心血管疾病（Cardiovascular diseases）和几种类型的癌症（Birt等，2001；Formica和Regelson，1995；Hu，2003）。这些物质可防止许多慢性或变性疾病（Chronic and degenerative diseases）的发生（Oh和Rajashekar，2009）。

Wu等（2007）对豌豆芽苗菜的研究表明，LED红光和LED蓝光分别控制豌豆苗的叶面积和质量增长。与白光相比，LED红光显著增加了茎长和叶面积，显著提高β-胡萝卜素含量和抗氧化酶活性，LED蓝光显著提高了幼苗的质量及叶绿素含量。有研究发现，对芽苗菜生长来说，光合作用所需的光照分为红光与蓝光两种，两种光质对叶绿素促进各有偏向，其中红光偏向于形成更多的叶绿素a，蓝光促进形成更多的叶绿素b，生产上以红光蓝光比为叶绿素a/叶绿素b=5∶1或3∶1为好；蓝光使芽苗菜更脆嫩，红光使芽苗菜产量更高、颜色更浓绿，两者科学结合为最好的光质搭配模式（池田彰，1992）。研究发现，光质对芽苗植物的形态建成和部分营养品质有一定的调控作用（张欢等，2009）。

与白光荧光灯（310～750nm）相比，LED红光（658nm）处理下萝卜芽苗菜（张欢等，2009）、香椿苗（张立伟等，2010）下胚轴长、子叶面积、植株干鲜质量均较大，且显著高于对照，而且照射红光（658nm）或蓝光（460nm）处理均能促进幼苗的生长，可见LED光质对芽苗菜的形态建成有一定的调控作用，但光质对不同芽苗菜及同种芽苗菜的不同形态学指标的影响不尽相同（马超等，2010），如豌豆苗在黄光处理下发生徒长，而黑豆苗在蓝光处理下的营养品质优于红光处理。含红光（波长集中在600～700nm）荧光灯处理（红光、红蓝光、绿红光）的紫苏幼苗（Nishimura等，2009）的干质量、叶片大小、叶片数均显著高于无红光荧光灯的处理（蓝光、蓝绿光、绿光）。

刘文科等（2012）以豌豆苗为材料，采用基质穴盘培养的方法，研究了不同LED光质处理（白光、红光、蓝光和红蓝光）对豌豆苗生长、光合色素（叶绿素a、b和类胡萝卜素）含量。结果表明，与白光相比蓝光与红蓝光处理显著提高了豌豆苗的地上部的生物量，而红光对豌豆苗地上部生物量无影响。不同光质处理在豌豆苗根系生物量和总生物量指标上无显著差异（表4－8）。与白光处理相比，红蓝光处理显著提高了豌豆苗叶片中叶绿素a、叶绿素b的含量，但对类胡萝卜素含量无影响。在4种处理中，红光处理的叶绿素a含量最低，而蓝光处理的叶绿素b最低。红光和蓝光处理茎叶中类胡萝卜素含量间无差异，均显著低于白光和红蓝光处理（表4－9）。

表4－8　不同LED光质处理下豌豆苗生物量鲜重（g，FW）

光质处理	地上部	根系	总生物量
W	4.39b	6.37a	10.76a
R	4.07b	6.03a	10.11a
B	5.34a	5.83a	11.17a
RB	4.61ab	6.32a	10.92a

表4－9　不同LED光质处理下豌豆苗叶片光合色素含量（mg/g，FW）

处理	叶绿素a含量	叶绿素b含量	类胡萝卜素含量
W	1.35ab	0.43ab	0.28a
R	1.20c	0.41ab	0.23b
B	1.28bc	0.37b	0.24b
RB	1.48a	0.45a	0.28a

LED被认为是在芽苗菜培养中有广阔应用前途的人工光源。中国学者率先开展了LED光源在芽苗菜栽培中应用的研究，取得了针对不同种类芽苗菜的光环境参数。今后，深入探究光量、光质、光周期的协调作用、光质参数的优化、植物光形态建成机理以及光环境结合其他环境因素对植物生长发育的影响等问题，不仅是光生物学理论研究的热点，也可为芽苗菜生产等设施栽培光环境调控技术的发展提供科学依据。

4.1.4　LED光质对种苗生长发育的影响

人工光育苗是规模化周年生产高品质种苗的有效方法，其中植物育苗工厂是一种重要的生产形式。LED 光源作为植物育苗工厂的重要组成组分，提供适宜的光环境对满足植物育苗生产的需要非常重要。LED 光源的育苗光环境优化参数的研究报道较少。依据植物对光的吸收特点，中国农业科学院农业环境与可持续发展研究所选择 660nm LED 红色与 450nm LED 蓝色组合光源（图 4－3，见彩色插图），进行了不同光强、不同 R/B 配比条件下的育苗试验，并以自然光与荧光灯为对照，探求适用于植物育苗的 LED 光环境优化参数，为 LED 植物育苗工厂的研制提供技术支撑。

试验比较了 LED 光源、荧光灯和温室自然光条件下黄瓜苗生长状况。结果表明，与荧光灯与温室自然光条件下所育黄瓜苗对比可知，LED 光源条件下黄瓜苗生长的综合指标最佳（表 4－10），具体表现为叶片的高，光合速率为 5.02μmol/m^2·s，达到了荧光灯的 363.8%（表 4－11）。LED 处理的植株生长速率明显高于其他处理，表现为叶面积大，叶片数多，叶片生长速度快，扎根深，植株生长整齐一致，明显优于荧光灯以及自然光处理；而温室育出的黄瓜苗出现徒长现象，叶面积小，根的生长速度较慢。

表 4－10　不同光源处理的黄瓜苗形态指标对比

处理	地上部鲜重（g）	根鲜重（g）	地上部干重（g）	根干重（g）	叶片数	叶面积（cm^2）	株高（cm）	根长（cm）
LED	3.59a	0.63cd	0.28a	0.030bc	3.0ab	39.3bc	7.1b	21.4a
荧光灯	3.56a	0.76bc	0.29a	0.035b	3.0ab	45.5ab	6.3bc	18.3ab
温室	4.02a	0.60d	0.32a	0.017c	2.4b	36.9c	13.5a	14.6b

表 4－11　密闭式植物苗工厂内人工光源与温室自然光条件下黄瓜苗生理指标对比

处理	光合速率（μmol/m^2·s）	气孔导度（mol/m^2·s）	胞间 CO_2 浓度（μmol/mol）	蒸腾速率（mol/m^2·s）
LED	5.02b	0.143a	898.9a	3.73a
荧光灯	1.38c	0.074b	921.1a	2.26b
温室	7.38a	0.120a	283.7c	3.21a

人工光条件下黄瓜育苗光质对照试验中，LED 光源 R/B＝7∶1 处理的黄瓜苗生长状况最佳（表 4－12），其光合速率最高，其次分别依次为 LED R/B＝5∶1、LED R/B＝9∶1 和 LED R/B＝20∶1 处理（表 4－13）。在 LED 光源与荧光灯进行的对照中，LED R/B＝7∶1 处理与 LF10 处理在光照强度相同

(150μmol/m^2·s) 的条件下，LED R/B = 7 : 1 处理条件下的光合速率为5.41μmolCO_2/m^2·s，远高于荧光灯处理的光合速率(2.73μmolCO_2/m^2·s)，说明在同一环境条件和光照强度下，LED作为人工光源培育黄瓜苗要明显优于荧光灯。因此，黄瓜育苗LED的光质比推荐R/B = 7 : 1较为适宜，也表明了在LED光源中蓝光的比例需不低于10%。

表4-12　不同光质处理下的黄瓜苗形态指标对比

处理	地上部鲜重 (g)	地上部干重 (g)	根长 (cm)	叶面积 (cm^2)	株高 (cm)	茎粗 (cm)
LED R/B = 5 : 1	1.56c	0.62b	14.76ab	38.29c	5.82c	0.19c
LED R/B = 7 : 1	2.83a	0.98a	15.44a	59.56a	8.28a	0.27a
LED R/B = 9 : 1	1.55c	0.54c	13.9b	45.11b	5.70c	0.21bc
LED R/B = 20 : 1	1.73b	0.39d	13.82b	47.18b	7.58b	0.21bc
荧光灯	1.50c	0.59bc	4.42c	41.92b	4.42d	0.25ab

表4-13　密闭式植物苗工厂内不同光质条件下黄瓜苗生理指标对比

处理	光合速率 (μmol CO_2/m^2·s)	气孔导度 (mol H_2O/m^2·s)	胞间CO_2浓度 (μmol CO_2/mol)	蒸腾速率 (mol H_2O/m^2·s)
LED R/B = 5 : 1	5.26a	0.036a	1 128c	1.35ab
LED R/B = 7 : 1	5.42a	0.021c	1 015c	0.84d
LED R/B = 9 : 1	3.66b	0.037a	1 433b	1.41a
LED R/B = 20 : 1	2.18c	0.023b	1 526b	0.91cd
荧光灯	2.73cd	0.031ab	2 332a	1.03c

光质对园艺作物苗期生长具有影响，存在适宜的红蓝光比例值。魏灵玲等(2007) 利用红色LED (660nm) +蓝色LED (450nm) 进行了黄瓜的育苗试验，结果表明，LED红蓝光比值为7 : 1时，黄瓜苗的各项生理指标最优，LED光源与荧光灯的能耗比为1 : 2.73，节能效果显著。

光质处理对番茄种苗移栽后的产量效应具有影响。Brazaityte等 (2009) 研究了不同LED及组合光照处理下 (L1-L5) 生长的番茄苗温室移栽后生长发育和产量形成情况。番茄苗生长在人工气候室内，光源为LED模组 (Module) 与补光LED组成 (表4-14)，光强为178～220μmol/m^2·s。结果表明，所有LED光质组合对番茄早期产量无显著影响，补照黄光降低了番茄的总产量 (图

4－4）。

表 4－14 五个大功率 LED 模组的光量子流密度（Brazaityte 等，2009）

处理	光源下 10cm 位置光量子流密度（μmol/m² · s）									
	380nm	447nm	520nm	595nm	622nm	638nm	660nm	669nm	731nm	总光强
L1	—	30	—	—	—	117	24	—	7	178
L2	9	31	—	—	—	130	—	23	7	200
L3	—	30	12	—	—	122	—	23	7	194
L4	—	31	—	15	—	130	—	23	7	206
L5	—	31	—	—	29	130	—	23	7	220

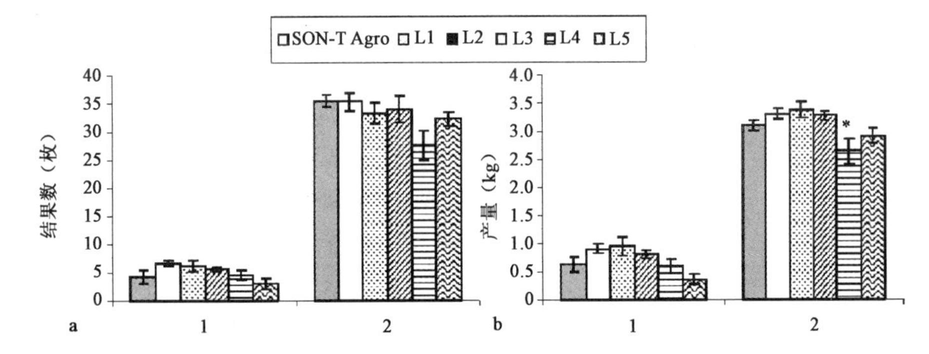

图 4－4 每株番茄移栽苗的结果数量和产量

（a 为 2 周后情况；b 为最终结果数量和总量）

注：SON－T Agro 指高压钠灯下的对照处理。＊表示该处理与对照间有显著性差异。

在苗期补充照射 LED 红光（658nm）或 LED 红蓝组合光，使黄瓜、辣椒和番茄幼苗茎粗、干鲜质量、壮苗指数均显著高于自然光对照处理（崔瑾等，2009）。

4.1.5 LED 光质对粮食作物生长发育的影响

LED 光源栽培粮食作物的可行性和效果一直是人们研究探讨的问题，对未来人工光粮食生产，替代耕地资源，保证粮食安全具有重要意义。LED 对粮食作物影响的研究报道涉及了苗期光响应，光合生理和产量形成等多个方面。Tripathy 和 Brown（1995）发现在 500μmol/m² · s 的 LED 红光下小麦苗不能产生叶绿素，但补充 30μmol/m² · s 的蓝光或将红光降低到 100μmol/m² · s 时恢复了叶绿素的合成。完全LED人工光条件下，不同光质对作物生长发育和产量形成的影响也进行了深入研究。Goins等（1997）以日光灯为对照，在光合有效辐射350μmol/m^2·s条件下，研究了LED红光、LED红光补充1%和10% LED蓝光照射下对小麦生长和种子生产的影响。结果表明，LED红光下小麦营养生长期内至开花期其主茎秆较小，但种植40d时其旗叶较长，收获时（70d）时其较大的主茎长度。补充蓝光增加了小麦的干物质重和净光合速率；收获时，较日光灯处理，LED红光下的小麦的二次分蘖较少，种子产量较低。而生长在LED红光+10% LED蓝光光源下的小麦，其干物质累积与中资产量与日光灯处理差距较小。因此，小麦可在LED红光光源下完成生命周期，但补充蓝光可增加小麦的生物量和种子产量（表4-15）。Goins等（1997）还发现，350 μmol/m^2·s、24h光周期下，小麦在红光下能够完成生命周期，添加蓝光可增加生物量和更多的种子，获得较高的干物质量、光合速率和气孔导度。1%的蓝光补充可满足茎叶和旗叶生长，10%的蓝光补充可获得相同数量的分蘖。相同PPFD条件下，LED红光补充LED蓝光可提高小麦的干物质重、分蘖数和种子产量。

表4-15　种植70d后生长在白色荧光灯和LED灯下的小麦种子产量（Goins等，1997）

测量指标	光源类型			
	日光灯	红光LED+10%蓝光荧光灯	红光LED+1%蓝光荧光灯	红光LED
种子干重（mg）	31.5a	25.6ab	21.7b	26.1ab
单株种子产量（g）	0.71a	0.54ab	0.27b	0.29b
单株种子数量（枚）	23.8a	22.3ab	12.8ab	11.5b

注：同一排中不同字母表示不同处理间的差异显著性，$P<0.05$。

Matsuda等（2004）发现生长在LED红蓝光下（660nm和470nm，光强比4∶1）的水稻比生长在LED红光下（660nm）的水稻叶片光合速率高，主要归因于补充蓝光增加了植株的氮含量。Ohashi-Kaneko等（2006）发现，两个水稻品种（Sasanishiki和Nipponbare）在380μmol/m^2·s的LED红光和LED红蓝复合光（4∶1）下，水稻生物量在LED红蓝光下较高，其原因在于净光合速率提高，而净光合速率的提高与单位面积叶片中氮含量、Rubisco酶含量和叶绿素含量较高有关。品种Sasanishiki较先发育叶片生物量，使之变得更宽更薄也有利于生物量的积累。但是，品种Nipponbare未发生了上述形态学变化。粮食作物的生理特征变化（如叶片的光合作用）和形态特征（叶片发育）是红蓝光调节下提高生物量的重要机制，但品种间存在差异。

除LED光源对粮食作物产量影响的研究报道外，有人研究了拟南芥植物(Arabidopsis)的籽粒生产对光质的响应。Goins等(1998)比较了175 μmol/m^2·s光强下，冷白色荧光灯、红光LED（包括0%、1%、10%蓝光荧光灯）栽培拟南芥植物的情况。结果表明，生长在红光LED灯下的拟南芥可以结出种子，但是抽薹时间随蓝光水平降低而延长，在仅红光条件下植物开花、产生种子的时间较白色荧光灯处理推迟了1倍。另外，LED红光补充10%蓝色荧光灯条件下，拟南芥种子的仅为白色荧光灯的50%，补充0%和1%蓝色荧光灯的处理产籽量仅为白色荧光灯的1/10。所有处理产生的种子萌发率都很高，与栽培生成的光环境无关。

4.1.6　LED光质对药用植物生长发育的影响

由于大量施肥和农药施用的增加，大田药材栽培效益逐年下降。药用植物的设施栽培成为研究的重要技术领域。其中环境因子（如光条件）对药用植生长发育及药用成分的调控作用是研究热点。杨红飞等（2011）以切花洋桔梗组培苗为试材，在不同配比的LED光质下生长一段时间后，对叶片进行可溶性蛋白含量测定。试验结果表明：红蓝复合光处理的组培苗可溶性蛋白含量最高，为14.3mg/g；红蓝绿光处理的组培苗可溶性蛋白含量最低，为8.1mg/g。红蓝复合光有利于洋桔梗组培苗可溶性蛋白的合成。作用光谱显示促进可溶性蛋白含量增加的最有效波长为460nm和370nm附近，蓝光有利于蛋白质含量的提高。究其原因主要有：一是蓝光促进了蛋白质的合成（李韶山和潘瑞炽，1995），二是蓝光阻止了蛋白质的损失（潘瑞炽和陈方毅，1992）。

除蔬菜、种苗、药用植物外，有关LED光源对果树和花卉调控方面也有研究报道。张微慧和张光伦（2007）研究发现，蓝光处理促进了果树果实中蛋白质含量的积累；倪德祥（1986）研究表明，蓝光能促进锦葵愈伤组织蛋白质含量提高；倪德祥（1985）研究表明，蓝光有利于康乃馨中蛋白质含量的提高。Heo等（2002）研究发现，荧光灯+红光LED，荧光灯+远红光LED复合光照处理，比单一荧光灯处理能显著提高万寿菊的气孔数量。Heo等（2002）研究了光质和光周期对仙客来（Cyclamen persicum）开花的影响。LED红光、LED红光+LED蓝光处理10h或12h每天。结果发现，LED红蓝复合光促进了仙客来花诱导，花芽和开花数量，LED红光+LED蓝光每天处理10h处理下的花芽和开花数量最高。单独LED红光或LED蓝光 处理降低了开花数量。花梗长度

(Peduncle length, lower stalk length) 和花期也受光质和光周期的调控。红光 LED 的 12h 光期处理下花梗长度为 23.8cm，荧光灯处理下只有 14cm。荧光灯处理下仙客来的花期仅有 20d，但在红光 LED 下（10h 每天）处理下花期为 40d。结果表明，仙客来的开花及花后生长受光质和光周期的调控。

4.2 UV-LED 对园艺作物生长发育的影响

温室和大棚中由于覆盖材料的吸收，太阳光中的紫外线部分将会被大幅度地削减。温室生长系统的一个重要特征是缺乏自然太阳光中的中波紫外线 UV-B (280～320nm)。这一现象的生理效应尚不明确。在太阳光下植物常发育出厚的叶表皮或蜡质层是对 UV 辐射的自我防护。温室植物从未发育这样的保护层因为温室覆盖材料保护了它们免受 UV 辐射的危害（Leonardi 等，2000）。此外，低 UV-B 辐射的环境下会造成植株徒长，还会阻碍植物色素的合成，不利于覆盖茄果类蔬菜生长发育。为了解决蔬菜设施栽培中存在的这些问题，我国一些学者发现，利用人工 UV-B 光源在设施内补充 UV-B 辐射可改善蔬菜的品质，取得了良好的效果。另外，目前设施人工光栽培蔬菜下以荧光灯和 LED 灯为唯一光源，很明显缺乏紫外光谱，因此园艺作物的品质调控问题必须依赖于补充 UV-A 和 UV-B 光的补充。设施内紫外光的缺失导致严重的生长和品质问题，补光优化光谱组成十分迫切。现今，部分波段的 UV-LED 已经研发成功，人工 UV 光在设施园艺光环境调控中的应用可由 UV-LED 来实施，可以用于生产实践。因此，总结 UV 辐射对设施植物生长发育的影响对采用 UV-LED 调控设施光环境是有指导与参考意义。

设施植物接收的光谱可通过覆盖的功能性塑料膜（改变化学组成）滤掉特定波长的光谱。Tsormpatsidis 等（2008）研究了不同 UV 辐射透过膜下生菜生长和花青素、类黄酮和酚类物质的产生情况。膜包括 UV 完全透过膜、可透过 320nm、350nm、370nm 和 380nm 的膜，以及完全不透过 UV 辐射的膜。结果表明，在完全不透 UV 的膜下（UV400）生菜的生物量干重为生长在 UV 完全透过膜下生菜的 2.2 倍；相反，完全透 UV 膜下生菜的花青素含量大约是 UV 完全不透膜下生菜的 8 倍。Casal 等（2009）研究了 UV 辐射对两个草莓品种的产量的影响。结果发现，两个草莓的产量在无 UV 辐射条件下增加了 30% 和 20%。采用 UV-B 阻断膜后延迟了草莓果实成熟，单果平均重量也是无 UV 辐射条件下最高。

研究发现，补充 UV-B 照射影响不结球白菜生长与品质及生理特性，补充适量的 UV-B 照射，可有效控制植株徒长，提高 AsA 含量，但不会造成产量显著下降。应用了人工控制 UV-B 光源在设施内补充 UV-B 辐射技术，可提高果实品质并防止植株徒长；能减少使用化学方法来来防止蔬菜徒长和改善蔬菜品质，是生产绿色有机食品的重要保证。可是，迄今对中长波段 UV-A 和 UV-B 紫外光补光对设施蔬菜营养品质，尤其是抗氧化物质的调控机制研究的报道较少，缺乏有效 UV 光环境管理与调控技术。

LED 已作为节能光源应用于人工光设施蔬菜栽培，UV-LED 应用潜力及光质生物学效应与灯具有待深入研发。LED 已成为温室补光和设施人工光蔬菜栽培的理想光源，也为探讨单色光的生理学作用提供了可能。目前，UV-LED 芯片和光源研究尚未达到商业化程度，尤其是 UV-B。但是，从传统滤光膜和紫外灯模拟研究结果也可清楚地看出，UV-A 和 UV-B 补光在调节温室或植物工厂植物生产中具有应用价值，需要进一步深入研究，为设施蔬菜特别是人工光栽培蔬菜的优质高产的光环境管理提供科学依据。

4.3 LED 光质对园艺作物生长发育调控作用

LED 作为单一光源或补光光源在设施园艺中具有巨大的应用潜力。同时，设施园艺产业也是 LED 光源农业应用的先锋领域。光质对植物生长发育、生理学、作物解剖学和形态学，以及营养吸收和病害发生均有显著的影响。由于 LED 所发出的单色光谱比传统电光源的要窄，因此，在优化设计植物光照系统时的最大挑战在于确定特定植物所必需的波长类型。基于 LED 的光电优势，通过筛选适宜的波长及其组合光谱，形成 LED 设施园艺专用光源，通过光环境管理调控园艺作物光合作用和光形态建成来优化生长发育，获得最佳的产量和品质。世界各国多家科研部门，尤其是美国 NASA 肯尼迪航天中心（Kennedy Space Center）在过去二十几年集中研究了植物正常生长所需的红蓝光比例，最佳的红光波长范围，以及红光和远红光组合比例。普度大学（Purdue University）在作物照明系统光传递提高能量利用效率几何学（Geometry）方面做了大量工作。其中，红光与远红光辐射对植物生长发育的影响研究一直是研究的重点之一，蓝光光谱区对植物生长和形态学也非常重要。

4.3.1 红光

红光是最早被用于作物栽培试验的光质，是作物正常生长的必需光质，生物需求数量居于各种单色光质之首，人工光源中最重要的光质。红光 LED 可发出窄谱红光（660nm，半高宽度 25nm），其波长接近叶绿素和光敏色素的最大吸收波长（McCree，1972），可满足作物光合作用和光形态建成的需要，完成包括粮食作物（如小麦和水稻等）在内的多种作物的生命周期。但是，与荧光灯和金属卤化物灯相比，仅红光 LED 照射栽培的植物存在一些缺陷，譬如形态学异样、缺乏生长活力等（Ohashi-Kaneko 等，2006）。Goins 等（1998）发现叶片边缘向下卷曲等，补充一定的蓝光后恢复正常形态。红光通过光敏色素在调控光形态建成上发挥作用。

4.3.2 蓝光

蓝光是红光用于作物栽培必要的补充光质，是作物正常生长的必须光质，光强生物用量仅次于红光。红蓝复合光条件下，叶片光合速率较高，可能与较高的氮吸收有关。高等植物典型的蓝光反应有向光性、抑制幼茎伸长、刺激气孔张开和调节基因表达。以红光为主，辅以蓝光可实现植物的正常生长发育与产量形成。不同植物种类所需要的蓝光数量或最优值一直是人们研究和必须弄清楚的问题。蓝光在植物光形态建成中具有许多重要作用，包括气孔控制（Schwartz 和 Zeiger，1984），气孔控制影响水关系和二氧化碳交换，以及茎延伸和向光性等。蓝光通过蓝光、UV 光受体在调控光形态建成上发挥作用（Barnes 和 Bugbee，1991）。蓝光影响植物的向光性、光形态发生、气孔开放以及叶片的光合作用（Whitelam 和 Halliday，2007）。相同 PPFD 条件下，LED 红光补充 LED 蓝光可提高小麦的干物质重、分蘖数和种子产量（Goins 等，1997），增加生菜的干物质重（Yorio 等，2001）。LED 蓝光显著抑制散叶莴苣茎的生长（Li 和 Kubota，2009），LED 红光促进葡萄茎的伸长（Puspa 等，2008）。蓝光可提高了吲哚乙酸氧化酶的活性，降低了生长素 IAA 水平，进而抑制了植物的伸长生长。红蓝光光谱能量分布与叶绿素吸收光谱相似，增加了净光合速率，加快了散叶莴苣的生长和发育。

4.3.3 绿光

许多研究表明，即使在红蓝 LED 复合光调节下植物生长依旧不如白光。一般在红蓝 LED 复合光下植物稍显略带紫灰色，使得病害和失调症状不易诊断。解决办法是补充少量的绿光。Kim 等（2004a）比较了红蓝 LED 复合光下补充绿光（5%，6μmol/m^2·s）对生菜生长的影响。研究发现，补充 5% 的绿光对生菜光合速率、地上部鲜重、叶面积和叶数量均无影响。为此，Kim 等（2004b）加大了绿光的补充强度，在 PPFD 为 150μmol/m^2·s，光周期为 18h 条件下，研究了红蓝 LED 复合、红蓝 LED 复合光 +24% 绿光（绿色荧光灯）、绿色荧光灯（86% 绿光）和冷白荧光灯（51% 绿色）照射下生菜的生长差异。研究结果表明，24% 绿光 + 蓝光 + 红光（RGB）处理促进了生菜的生长，与冷白荧光灯和红蓝 LED 复合光处理相比，RGB 处理的生菜的干鲜重、叶面积均较高。绿色荧光灯下生菜的生物量最小。Kim 等（2004c）研究上述处理条件下气孔导度（gs）差异。结果表明，冷白荧光灯下生菜的气孔导度比红蓝光、红蓝绿光和绿色荧光灯高，但干物质积累以红蓝绿光最高，作者认为，在该试验条件下气孔导度大小不限制碳同化。另外，气孔导度在不同窄波光下其变化可能截然相反。Kim 等（2006）认为，光源中含 50% 以上的绿光时某些植物的生长受到抑制，当绿光组分在 24% ~50% 时促进植物的生长。Kim 等（2005）在 LED 红蓝光中添加 24% 的绿光（500 ~600nm）外观品质得到了提高。

4.3.4 其他光质

黄光、紫光、绿光、橙光是重要的光合有效辐射，也是光质生物学需要探明的内容，但植物需求数量较小，相关研究报道不多。刘晓英等（2012）研究发现，在红蓝光的基础上添加紫光、黄光 + 紫光复合光、黄光 + 紫光 + 绿光复合光可以略增菠菜的叶柄长、叶面积、叶柄粗及根长等指标，但添加黄光可显著提高菠菜苗的生长。刘晓英等（2010）研究表明，红蓝光基础上增加添加绿光、黄光、紫光和黄紫光有利于番茄植株地上部的生长，而增加绿光和紫光抑制根系的生长。表明，添加一些特定的光质可促进红蓝复合光下植物的生长。光合色素吸收、传递和转换光能，为植物光合作用提供能量基础，光合色素质量分数和组成直接影响叶片的光合速率（郑洁等，2008）。黄光对提高叶用莴苣的营养品质效果最好，但蓝光更有利于显著提高叶用莴苣矿质元素的含量（许莉等，2010）。

橙光对园艺作物的影响略有报道。王虹等（2010）发现，与白光相比，紫光和蓝光提高了抗氧化酶的活性，延缓了植株的衰老；而红光、绿光和黄光抑制了抗氧化酶的活性，加速了植株的衰老进程。远红光对刺激长日照植物开花

(Deitzer 等，1979)、提高节间长度（Down，1956）具有重要作用。Schuerger 等(1997）比较了相同 PPFD 条件下，LED 红光、LED 红光 + LED 远红光、LED 红光 + 蓝光荧光灯、金属卤化物灯照射下胡椒叶解剖结构差异。结果表明，叶片厚度和每个细胞中的叶绿体数量更取决于蓝光水平而非红光和远红光之间的比例。含 20% 蓝光金属卤化物灯下胡椒植株的叶片厚度和叶绿体数量最高，红光补加 1% 的蓝光条件下居中，LED 红光和 LED 红光 + LED 远红光处理植株叶片的横切面面积最小。Li 和 Kubota（2009）研究了在冷白荧光灯为主光源的植物生长箱内，不同 LED 补光光质对高种植密度红叶生菜生长的影响。与白光相比，补充远红光条件下，生菜的鲜重、干重、茎长、叶长和叶宽分别增加了 28%、15%、14%、44% 和 15%，其原因可能是远红光增加了叶面积从而提高了光截获面积。

Rubisco 是光合碳同化的关键酶，其活性高低直接影响光合速率的大小。Ernstsen 等（1999）发现，低光强与低红光远红光比例下生长的菠菜叶片比低光强与高红光远红光比例光照条件下的叶片具有较高的 Rubisco 活性，可以认为高红光远红光比例对 Rubisco 有钝化作用。徐凯等（2005）发现，与白光相比绿光使草莓叶片羧化效率的降低幅度最大，红光和蓝光次之，黄光最小。许莉等(2007）在生菜上的研究也有类似发现。

Johnson 等（1996）研究了峰值波长为 916nm 和 958nm 的红外光 LED 照射黄化的燕麦苗的影响。与黑暗下生长的燕麦苗相比，生长在 916nm 条件下的燕麦株高较小，但比生长在 958nm 和黑暗条件下的燕麦苗有更多的叶片。生长在红外光和黑暗条件下，燕麦苗的中胚轴组织（Mesocotyl tissue）均较长，而茎尖组织（Coleoptile tissue）的比例较小。观察发现，红外光 LED 照射燕麦苗植株更加笔直，受重力矢量影响。作者认为，远红光激活了燕麦苗的“向地性光感知系统”，此系统也许与光敏色素有关。研究结果表明涉及光辐射与重力互作关系的波长范围应包括红外光。

4.4 LED 光质对园艺作物生长发育调控的影响因素

从研究进展来看，从苗期开始培养下红光 LED 能够完成植物的生命周期，但茎伸长出现形态学异常。红蓝复合光是较适宜的设施园艺栽培 LED 光源，但一般不如同等光强下的荧光灯生物量高，其中原因有待揭示。

4.4.1 植物种类与基因型

植物种类与基因型是影响植物对光质响应的重要因素之一。Almansa 等（2011）在培养箱内研究了节能灯（紧凑型荧光灯）、高效荧光灯、荧光灯和蓝光 LED 灯下 15 个品种苗的生长情况。作者发现，高效荧光灯具有最低的光合有效辐射与近红外光比，蓝光与红光比、蓝光与远红光比以及红光与远红光比率。Conquista、Velasco 和 Lynna 3 个品种对紫外光、蓝光、红光和远红光敏感。另有报道，不同叶色的生菜品种对同种光质的响应方式不同（Voipio 和 Autio，1995）。

4.4.2 环境条件

光质对设施园艺作物生长发育的影响与环境条件密切相关。光质条件与环境温度、二氧化碳浓度条件在园艺作物生长发育指标上的互作关系研究较少，有待深入研究揭示多元或三元因素之间的关系。

4.4.3 生长发育指标

不同生物学指标对光质响应的不一致性或不同步性是光质调控的重要特征，需要逐一指标的研究明确，不能彼此类推结果。

4.5 LED 光源对园艺作物生长发育调节的复杂性

众多研究结果表明，设施园艺生产各领域里，不同园艺作物种类及品种、植物不同生长发育阶段，以及不同组织或器官对同一光质的反应有所不同，表现出光生物学反应的复杂性。而且，光环境调控不仅包括光质，还包括光强、光周期等因素，继而增加了光质调控的复杂性。更令人担心的是，LED 光源应用效果并非全部对植物生长有益，茄属和豆科作物在窄波段 LED 光源下发育不正常，叶片和茎尖膨大生长（Massa 等，2008），红光促进而远红光抑制这种现象的发生（Morrow 和 Tibbitts，1988）。一般这种异样在宽泛波段光源下（包括紫外光）不会发生（Lang 和 Tibbitts，1983）。许多研究表明，即使在红蓝 LED 复合光调节下植物生长依旧不如白光。一般在红蓝 LED 复合光下植物稍显略带紫灰色，使得病害和失调症状不易诊断。因此，LED 光质调控设施园艺作物生长发育的作用具有复杂性，生物效应庞杂，需要系统研究和逐一解析，仔细区分有益作用和负效应，提高调控效果。

总之，LED 光源对园艺作物生长发育和产量品质形成的调控是有效的，具有商业应用前景。然而，目前对光生物学的研究尚不健全，未能摸清光环境参数的生物学响应机理，缺乏针对具体园艺作物特定生物学指标的光环境参数体系，光环境管控策略需要建立。从已有的研究结果可知，光质效应具有剂量（光强和光周期）效应，因植物种类和基因型、生长发育指标的差异而不同，将光质组合与光强、光周期有机结合，针对特定生长发育指标进行调制，制定光配方和光环境管理策略是必由之路。

第五章 LED光质对园艺产品营养品质的调控

设施园艺作物及其可食器官的品质是光环境调控的重要内容之一，除高产外，提高园艺产品的营养品质是LED光环境调控的另一主要目标。本章总结了设施园艺产品的种类、营养品质问题，LED光源的光质对蔬菜、苗菜的营养品质，以及药用植物的药用成分的调控作用，阐明了LED光质对营养品质的调控研究现状。

蔬菜含有丰富的营养物质，是人类膳食的重要组成部分和每天不可缺少的生活必需品。蔬菜产品的品质是指产品内在素质和外在形态的综合，包括外观品质（色泽、大小、形状、风味、口感、质地和新鲜度等）、营养品质（矿质营养元素、碳水化合物、维生素等营养成分的含量）、卫生品质（有害物质的含量，如农药、重金属、硝酸盐含量和致病微生物数量）和储藏加工品质（耐储存性和适用于各种特殊用途的属性）等。对设施园艺产品而言，营养品质和卫生品质的高低最为重要。显然，涉及到营养品质问题的设施园艺作物包括蔬菜（果菜、叶菜和芽苗菜）和药用植物。蔬菜营养物质的种类包括糖、有机酸、氨基酸、蛋白质、维生素、矿物质、膳食纤维、酚类化合物和类黄酮等。其中，酚类化合物包括简单酚类、酚酸、木质素、类黄酮、单宁（没食子酸、鞣花酸、儿茶酚）以及琨和萜类化合物（挥发油、类柠檬苦素、类胡萝卜素等）较为重要。类黄酮主要包含花青素、黄酮醇、槲皮素等。其中，有关蔬菜中AsA、类黄酮和酚类化合物的研究较多，研究内容涉及此类营养物质的含量、分布、影响因子及其调控措施。药用植物的营养品质主要指药用成分组成与含量，研究内容主要是药用成分累积特征及其与环境因子的关系。

设施园艺生产中利用环境因子可控优势调控园艺作物及其可食器官的营养品质问题一直是人们关注和研究的热点，尤其是光环境调控更是因LED光源的出现，方便可行，成为国际上的研究新焦点。除温室以外，蔬菜的生产还可在植物工厂中进行，有人将生产蔬菜的植物工厂也称为蔬菜工厂。目前，植物工厂栽培蔬菜以叶菜为主，常见的有生菜、菠菜、芹菜等。植物工厂是高度智能控制的密闭设施，内部洁净很少发生病虫害，微生物污染很难发生，无需使用农药，因此农药污染概率极小。另外，采用无土栽培方式，严格控制肥料质量及水质后，营养液中重金属含量较低，因此，蔬菜中重金属累积水平很低。因此，植物工厂生产的叶菜产品具有外观整洁、洁净无病虫害、一致性好、无污染和营养品质高等优点。所以，可以肯定的是植物工厂生产的蔬菜是无公害的、可鲜食的、安全程度很高的农产品。然而，由于设施蔬菜栽培养分水溶性高，肥料用量大，周年生产，环境因素控制局限等原因，蔬菜产品依然存在不足之处。

首先，因氮肥奢侈吸收造成的叶菜硝酸盐累积问题一直是较为严重的营养品质问题，困扰着设施园艺产业的可持续发展。蔬菜是喜氮作物，常奢侈吸收硝态氮，并积累在细胞液泡内，从而叶菜体内组织（尤其叶片和茎秆）中高水平累积，导致硝酸盐水平超标严重。蔬菜生长速率得益于高水肥供应，菜农在高产和早上市的心理驱动下常超量灌溉和施肥，造成蔬菜（特别是叶菜类，如菠菜、生菜、白菜、芹菜、油菜、韭菜、香菜和茴香等）硝酸盐高水平累积。蔬菜无土栽培条件下，营养液中氮完全供应以氨态氮形式供应易造成氨毒，所以硝态氮在营养液配方中不可缺少。另外，随着氮素浓度的提高，无土栽培蔬菜的产量提高，但同时叶菜中硝酸盐累积水平越高。现已证实，蔬菜是人体摄入硝酸盐的主要来源，其贡献率达到80%以上。过量硝酸盐进入人体后，可转化形成亚硝酸盐，导致高血红蛋白症发生；或者与二级胺结合还能形成强致癌物亚硝胺，诱发人体消化系统的癌变，对人类健康构成潜在危害。研究表明，硝酸盐的人体的危害对婴幼儿更加严重。为此，世界各国制定了蔬菜硝酸盐限制标准，以保障蔬菜品质安全和人类健康（表5－1）。国际上的蔬菜硝酸盐含量标准考虑了季节要素，并区分设施栽培与露地栽培两类种植类型。1973年世界卫生组织（WHO）和联合国粮农组织（FAO）制定的食品硝酸盐限量标准规定的ADI（Allowed Oaily Intake）值为3.65mg/kg（体质量）。以WHO和FAO制定的食品硝酸盐限量标准规定的ADI值作为基准，沈明珠等（1982）提出了蔬菜硝酸盐含量卫生评价分级标准，并根据蔬菜在经过盐渍、煮熟后硝酸盐含量分别减少45%和60%～70%进行折算与分级。GB18406—2001规定无公害蔬菜硝酸盐含量为：瓜果类≤600mg/kg，根茎类≤1 200mg/kg，叶菜类≤3 000mg/kg。此外，还规定了亚硝酸盐含量≤4mg/kg。根据报道，我国蔬菜硝酸盐累积的比较严重（Zhou 等，2000；Zhong 等，2002），例如，北京郊区农田土壤栽培的根茎类、绿叶菜类、瓜果类和白菜类硝酸盐超标率分别达到了 80.9%、37.9%、29.7%和 2.2%（杜连凤等，2009）。世界范围内，许多国家都有关于蔬菜硝酸盐超标的研究报道（Ysart 等，1999；Sušin 等，2006）。

表 5-1　世界各国主要蔬菜硝酸盐含量的最大指导或允许值规定（mg/kg，鲜重）

产品种类	德国（指导值）	荷兰（最大值）	瑞士（指导值）	澳大利亚（最大值）	俄罗斯（最大值）	欧共体（最大值）
生菜	3 000	3 000（S） 4 500（W）	3 500	3 000（S） 4 000（W）	2 000（O） 3 000（G）	3 500（4~10） 4 500（11~3） 2 500（O，5~8）
菠菜	2 000	3 500（S） 4 500（W） 2 500（1995）	3 500	2 000（<7） 3 000（>7）	2 000（O） 3 000（G）	2 500（4~10） 3 000（11~3） 2 000（P）
红甜菜	3 000	4 000（4~6） 3 500（7~3）	3 000	3 500（S） 4 500（W）		
萝卜	3 000			3 500（S） 4 500（W）		
菊莴苣		3 000（S）	875	2 500 1 500	900（S） 500（W）	
胡萝卜				1 500	400（S） 250（W）	

注：S 表示夏天；W 表示冬天；O 代表室外；G 代表温室；P 代表加工产品（防腐处理或冷冻）。<7 表示 7 月前收获；>7 表示 7 月后收获。1995 年表示从 1995 年起；4~10 表示 4 月 1 日到 10 月 31 日；11~翌年 3 表示从 11 月 1 日到翌年 3 月 31 日；5~8 表示 5 月 1 日到 8 月 31 日。数据来源于 Sohn 和 Yoneyama（1996）和 Maff UK（1999）。

抗坏血酸（Ascorbic acid，AsA），即维生素 C，是一种水溶性烯醇式己糖酸内酯化合物，还原性强，在动植物体内具有重要的代谢功能和抗氧化作用，更是维持人类生长、繁殖和保证人体健康所必需的营养物质。蔬菜中 AsA 含量偏低也是需要解决的营养品质问题。AsA 是植物组织内广泛存在的高丰度小分子物质，其生理功能十分重要。业已证明，AsA 含量与植物抗逆性、光保护和生长发育密切相关，它以作为辅酶、自由基清除剂、叶绿体和质膜电子供体或受体，以及草酸和酒石酸生物合成的底物等方式发挥作用。植物缺乏 AsA 将致使其抗逆性减弱，生长受到抑制。同样，AsA 在人体的一系列代谢过程中发挥着不可或缺的作用。它参与了胶原质的合成，在促进铁吸收、降低血液中的胆固醇，预防病毒和细菌感染，增强集体的免疫系统功能，防止致癌物质亚硝胺形成等方面发挥作用。更为重要的是，AsA是一种高效且副作用低的抗氧化剂，对癌症、心血管病等疾病具有一定的防护功能。然而，与植物和多数动物不同，人体因缺乏AsA合成的关键酶（古洛糖酸-1，4-内酯脱氢酶，GulLDH）已丧失AsA自行合成能力，只能从膳食中摄取，缺乏AsA将诱发坏血症。而且，AsA水溶性强无法在人体内储存，必须每日不断地摄取。因此，提高膳食中的AsA含量，对保证AsA稳定足量供应和人体健康至关重要。

蔬菜是人类摄取AsA的主要膳食来源，栽培生产和消费富含AsA的蔬菜产品是保证公众足量有效摄取AsA的重要保障。据报道，人类膳食中90%以上的AsA来自蔬菜和水果，AsA含量是衡量园艺产品品质的指标。我国居民有偏食蔬菜的饮食习惯，蔬菜尤其是叶菜消费比例较大，因此，蔬菜中AsA含量的高低在一定程度上决定着蔬菜源AsA摄入剂量。中国营养学会推荐的成人AsA的每日最低摄入量为100mg。而且，已颁布的行业标准（NY/T743）对绿色食品中绿叶类蔬菜中的AsA含量做了限定（生菜≥100mg/kg，菠菜≥300mg/kg）。因此，富含AsA的蔬菜产品对保证公众AsA充足摄取具有重要的社会价值和现实意义。然而，在高氮肥及设施弱光频发的栽培条件下，设施蔬菜（特别是叶菜）AsA偏低情况严重而且普遍。据报道，除蔬菜种类和基因型差异外，设施蔬菜的AsA含量与光照条件、施肥、灌溉和栽培措施有关。首先，设施光照不足是导致AsA累积水平低的重要原因之一。受骨架结构、覆盖材料及其洁净程度等多种因素影响，设施内相对光强一般只有露地的50%～70%，在阴雨雪雾天气条件下易发生弱光胁迫，冬春季节发生频率较高，常造成蔬菜大幅减产和品质恶化。据报道，低光强条件下菠菜中的AsA含量显著低于高光强条件的菠菜，王志敏等（2011）发现高光强栽培生菜的AsA含量显著高于低光强下栽培的生菜。光强影响蔬菜AsA累积的机理包括：①光强提高可诱导增加AsA合成关键酶活性；②高光强可促进蔬菜光合作用，增加AsA合成所需光合产物和能量的供给。其次，高氮肥供应是另一重要原因。高氮肥条件下，叶菜通常累积高水平的硝态氮，AsA含量相对较低。孙园园（2008）发现随着硝态氮供应水平的增加，菠菜叶片中AsA含量增加，但当营养液中氮水平达到10mmol/L后AsA含量下降。基于此，有人通过在收获前对水培高氮肥栽培菠菜和小白菜进行短期的中断氮供应处理，叶菜中AsA含量显著增加，而硝酸盐含量降低（Liu等，2012b）。

设施蔬菜抗氧化物质的含量有待提高。除AsA外，其他抗氧化物质均为次生代谢物质，如类黄酮、花青素和酚酸等，虽然与AsA相比含量较低但生理功能非常重要，但在预防癌症、心血管病等疾病具有一定的防护功能。譬如，类黄酮是一类供氢型自由基清除剂，具有广泛的生物活性和重要的药用价值，对人体健康有重要影响。花青素为是一类色素，具有很强的抗氧化活性（Ricee-vans 等，1995；Igarashi 等，2000；Youdim 等，2002）。设施园艺生产中，次生营养物质的调控是重要研究内容，具有应用前景。不仅 PAR 光质，UV 光对蔬菜产品的生长和营养品质形成也具有十分重要的作用。在实际生产中，有色农膜、转光膜和 UV 过滤膜的应用，可作为非化学手段来调节植物生长和园艺产品的营养品质。基于植物工厂营养液可调控、环境因子（尤其是光环境）可调控的优点，国内外优先对无土栽培植物工厂上述营养品质问题进行了研究，已取得可喜的进展。相关研究结果表明，通过营养液氮营养及管理策略调控和光环境调控，以及光环境与氮营养间协同调控，使叶菜硝酸盐大幅降低，而 AsA 等指标得以提高，使植物工厂蔬菜产品营养价值增加，为提高植物工厂的效益和推广应用提供了技术支撑。

5.1　LED 光质对蔬菜营养品质的影响

5.1.1　LED 光质对硝酸盐含量的影响

蔬菜中硝酸盐的累积是一个复杂的过程，受硝态氮吸收、还原同化的控制，受光照条件的影响。植物氮同化主要途径是硝态氮还原生成的氨直接参与氨基酸的合成与转化，期间硝酸还原酶等关建酶参与了催化和调节。以氨基酸为主要底物在细胞中合成蛋白质，再经过对蛋白质的修饰、分类、转运及储存等，成为植物有机体的组成部分，同时与植物的碳代谢等生理过程协调统一。光质影响植物的碳氮代谢过程，调节碳水化合物和蛋白质代谢（李承志等，2005）。红光下生长的植物碳水化合物含量较高，而蓝光生长下的植物蛋白质含量较高。蓝光对硝酸还原酶的调节是正向的，也可能是直接的。因为蓝光受体生色团中的黄素腺嘌呤二核苷酸（FAD）和嘌呤恰是硝酸还原酶的辅基（Campbell 等，1996），蓝光照射促进了硝酸盐的还原，增加了氨源的供应。此外，蓝光可促进菠菜和番茄等植物的氮代谢，与呼吸作用增强有关。蓝光显著促进线粒体的暗呼吸，糖酵解途径调节酶丙酮酸激酶及三羧酸循环中的许多酶受蓝光调节（Kowallik，1982），其中对 α-酮戊二酸脱氢酶活性有抑制作用。

齐连东等（2007）用彩色荧光灯得到红色、蓝色和黄色光源，研究不同光质对菠菜产量及硝酸盐积累的影响。研究表明，与白光和黄光相比，红光处理下生物量虽不高，但红光处理有利于干物质和碳水化合物的形成与积累，也可降低硝酸盐含量。Urbonavičiūte 等（2007）以荧光灯为对照，研究了 92% LED 红光（640nm）+8% 近紫外光、86% LED 红光 + 14% LED 蓝光、90% LED 红光 + 10% 青光对生菜生长和硝酸盐含量的影响。86% LED 红光 + 14% LED 蓝光处理的糖含量显著高于另外两个组合，也显著高于对照，但另外两个组合的糖含量显著低于对照。3 种处理中的硝酸盐含量均低于对照 15%~20%。红光在刺激硝化还原酶中起着关键的作用，红蓝光组合提升了植物中氮的吸收和同化。通过光质优化可降低 20% 以上的硝酸盐，但 3 种组合间硝酸盐的含量并无显著差异，表明对降低硝酸盐起主要作用的可能只是红光。

表 5-2　不同光质对散叶莴苣品质和养分吸收的影响

（基于郑晓蕾等（2011）数据整合而来）

光质	AsA 含量（mg/kg）	硝酸盐含量（mg/kg）	钙含量（mg/g）	镁含量（mg/g）	钾含量（mg/g）
白色荧光灯	100.25a	3 500a	8.42b	3.61a	74.70a
LED 红光	79.00b	2 350b	8.37b	3.69a	75.77a
LED 蓝光	93.25b	3 710a	9.88a	3.48a	72.48a
红光 + 蓝光	103.25a	2 174b	8.36b	3.72a	78.32a

由表 5-2 可知，LED 红光处理供试散叶莴苣品种 AsA 含量显著低于对照，LED 蓝光和 LED 红蓝光对 AsA 含量无影响。与对照相比，LED 红光和 LED 红蓝光处理显著降低供试散叶莴苣品种硝酸盐含量，但 LED 蓝光对生菜中硝酸盐含量无影响。LED 红光处理供试品种与对照相比，降低了叶片中的钙含量，但差异不显著。散叶莴苣叶片中钙含量在 LED 蓝光处理下达到最大值，显著高于对照，而红蓝光 LED 处理供试品种叶片钙含量与对照间无差异。不同 LED 光质对叶片全镁和全钾含量无显著影响（郑晓蕾等，2011）。

Samuoliene 等（2011）对温室内生长在高压钠灯下的 3 个生菜品种（红叶 Multired4、绿叶 Multigreen3 和浅绿叶品种 Multiblond2）受 LED 补光的影响进行了研究。采收前 3d，用 638nm 300μmol/m^2 · s 的 LED 红光补光 16h，这种采前处理显著降低了红色和绿叶生菜中的硝酸盐含量，分别降低了 56.2% 和 20.0%，但增加了浅绿叶生菜品种的硝酸盐含量达 6 倍。LED 补光处理增加了红叶和浅绿叶生菜中的总酚含量（52.7% 和 14.5%）和自由基去除能力（2.7% 和 16.4%），但绿叶生菜却有所降低。处理后仅红叶生菜中的 AsA 含量显著增加

(63.3%)。作者认为，红光影响生菜抗氧化能力的表达，揭示了光质对植物生理代谢过程影响，但红光补光效应因品种而异，各品种对光环境的敏感性受抗氧化物质在生菜叶片中的累积水平决定的。

5.1.2　LED光质对可溶性糖和可溶性蛋白质含量的影响

可溶性糖和可溶性蛋白质含量是蔬菜重要的营养品质指标。通常红光可促进园艺作物及其产品中的可溶性糖的含量，这与红光下生长的植物通常碳水化合物含量和光合速率较高相一致。据报道，用LED红光处理黄瓜、辣椒、番茄幼苗（崔瑾等，2009）、萝卜苗菜（张欢等，2009）的可溶性糖含量显著提高。张欢等（2010）研究发现，在LED红光处理中添加适量LED蓝光更利于莴苣幼苗碳水化合物的积累。红蓝混合光、蓝光处理下萝卜苗菜的蛋白质含量显著高于白光和红光处理（张立伟等，2010c）。同样，蓝光处理下豌豆苗的可溶性蛋白含量最高，红光处理下豌豆苗的可溶性糖含量显著高于对照和其他处理，但是红光显著抑制了可溶性蛋白的合成（张立伟等，2010a）。蓝光有利于蛋白质含量的提高，究其原因主要有：一是蓝光促进了蛋白质的合成（李韶山和潘瑞炽，1995），二是蓝光阻止了蛋白质的丧失（潘瑞炽和陈方毅，1992）。

5.1.3　LED光质对抗坏血酸含量的影响

由于人类缺乏AsA的合成能力而只能从蔬菜和水果中获取，因此AsA含量是衡量园艺产品品质的重要指标（李坤，2008）。L－半乳糖内酯脱氢酶（GalL-DH）是植物AsA生物合成途径中最后一步的关键酶（Emilio *et al.*，1999）。不少研究表明，GalLDH基因表达受光调控（俞乐等，2009）。Masanori等（2003）发现拟南芥幼苗GalLDH基因的表达水平在早晨较低，白天逐渐上升，在夜晚逐渐下降，GalLDH活性和AsA含量也表现出相似的变化。Irene等（2004）的研究发现甜瓜幼苗移至暗处后GalLDH的mRNA水平下降。本试验结果表明油葵苗中的AsA含量随光周期的延长而显著升高，可能与光照时间影响GalLDH基因表达有关。陈文昊等（2011）发现，与红光相比，蓝光和红蓝光照射下生菜的AsA含量显著提高，这与Ohashi-Kaneko等（2007）用彩色荧光灯照射生菜、菠菜和小松菜（Komatsuna）的试验结果一致。相似的研究结果在芽苗菜和果菜的光质试验中也得到了印证。与白光相比，蓝光及红蓝光组合处理增加了萝卜苗和青蒜苗的AsA累积，红光效果最差。陈强等（2009）发现，蓝光处理下转色期的番茄果实AsA含量最高，红蓝光次之，红光最低。另外，许莉等（2007）

发现，单色荧光灯对叶用莴苣照光25d后，黄光下AsA含量最高，依次是蓝光和红光，表明黄光可能是更有利于AsA累积的光质。与荧光灯处理相比，红蓝光LED灯照射能增加散叶莴苣的AsA含量（闻婧等，2009；Ohashi-Kaneko等，2007），LED红光显著降低散叶莴苣AsA含量。

蓝光处理下豌豆苗的AsA含量最高，但是，红光显著抑制了AsA的合成（张立伟等，2010c）。Xu等（2005）发现6种光质中紫外光对大豆芽苗的AsA含量有最大的提升作用，比黑暗处理提高了77%；而红光促进了大豆芽苗的生长，鲜重增加了16.6%；同时，12h紫外光（500lx）和12h红光（1 000lx）昼夜循环可最大程度地提高抗坏血酸含量和鲜重，增加幅度分别达到78.7%和17.4%。作者认为大豆萌发条件为12h紫外光（500lx）和12h红光（1 000lx）昼夜循环是有效提高大豆芽苗产量和品质的方法。樱桃番茄果实营养品质的累积最佳光源红蓝光比例存在一个阈值，在一定范围内，红蓝光比值对果实营养品质的影响无质的差异，当LED蓝光所占比例较大时，有利于营养物质的积累；蓝光占60%的红蓝组合光源可能是樱桃番茄果实品质相对较好的光源（刘晓英等，2010）。Samuoliene和Urbonavičiūte（2009）发现，与白光相比，红光连续光照3d，显著降低了基质培和水培菠菜中AsA含量，表明LED红光连续光照对AsA累积起抑制作用。

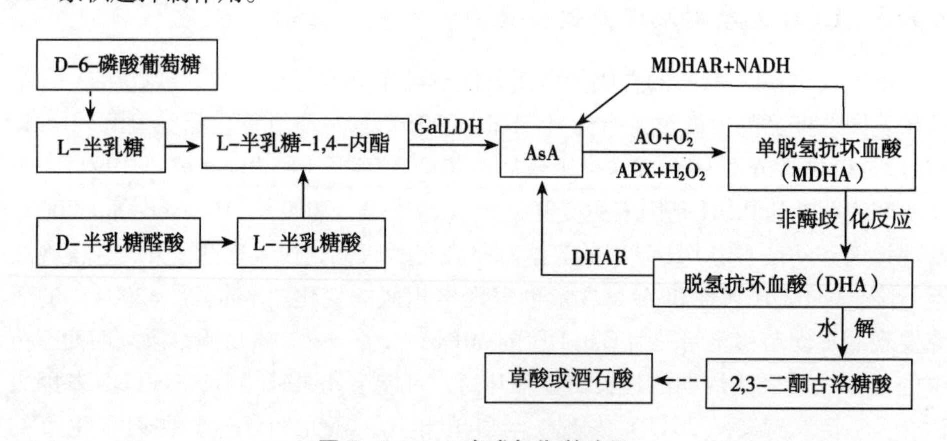

图5－1　AsA合成与代谢过程

植物体内AsA的累积水平受控于合成、氧化分解和AsA-GSH循环3个生理过程（图5－1和图5－2）。光质对AsA含量的影响与其合成分解酶活性有关。可是，高氮肥条件下，LED光质、光强与连续光照时间对叶菜AsA累积的影响及其代谢机理，以及AsA累积变化与抗氧化酶系统、叶片衰老的关系尚不清楚，国内外未见相关报道。一般认为，半乳糖途径是植物 AsA 生物合成的主要途径，L-半乳糖-1，4-内酯脱氢酶（GalLDH）为关键酶（安华明等，2005）。在 AsA 过氧化物酶（APX）和 AsA 氧化酶（AO）作用下，AsA 可被氧化形成脱氢 AsA（DHA），DHA 也可在脱氢 AsA 还原酶（DHAR）作用下，经 AsA-GSH 循环重新生成 AsA。同时，GSH 转变成氧化型谷胱甘肽 GSSG，GSSG 也可在谷胱甘肽还原酶（GR）作用下被 NADPH 还原为 GSH。迄今，研究人员已揭示了拟南芥、刺梨、猕猴桃、马铃薯、苹果以及甜椒等园艺植物叶片及产品器官中 AsA 累积特征及生理机制，以及氮营养、高低温对部分蔬菜 AsA 累积的影响机理。李坤等（2008）认为，甜椒、番茄、马铃薯、萝卜和黄瓜产品器官中 AsA 累积水平取决于 GalLDH 和 DHAR 活性。秦爱国等（2009）也发现马铃薯叶片和茎中 AsA 累积主要来自 GalLDH 催化的合成和 DHAR 催化的 DHA 还原。总结现有报道，LED 光质调控（无论是单一还是组合光质）对叶菜 AsA 累积的影响研究仍停留在表观数量阶段，未触及代谢机理与生理基础层面，国内外有关 LED 光质对叶菜 AsA 合成、代谢及相关生理过程影响的报道甚少。

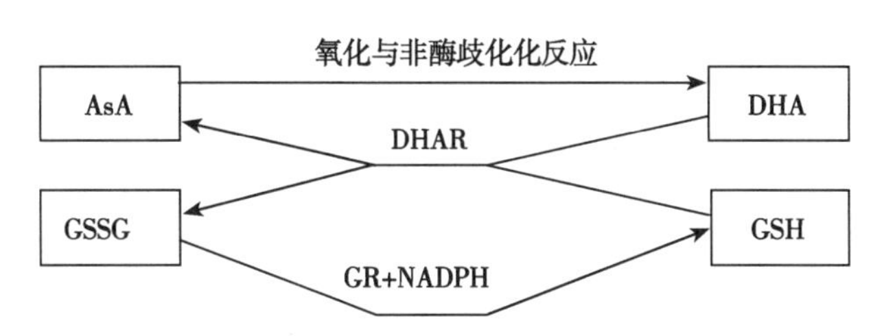

图 5－2　AsA-GSH 循环过程

光质影响蔬菜 AsA 累积的可能机理包括：①影响 AsA 的合成。徐茂军等（2002）发现，发芽大豆中 GalLDH 活性与 AsA 含量正相关。与黑暗处理相比，蓝光、白光和紫外光提高了 GalLDH 活性，而红光却降低了 GalLDH 活性。②影响 AsA 的氧化分解过程。③影响 AsA-GSH 循环。至今，有关光质对 GalLDH、AO、APX、DHAR、GR 活性的调控作用未见报道。众所周知，AsA 不仅是抗氧化物质，又作为信号物质协调细胞抗氧化保护机制。抗氧化酶、AO、APX 及 AsA-GSH 循环在活性氧清除中发挥着重要作用，AsA 和 GSH 被喻为氧化还原反应中心的心脏（Foyer 和 Noctor，2011），因此，AsA 代谢状态与抗氧化酶系统活性密切相关。新近研究结果给了我们一些启示，王虹等（2010）发现，与白光相比，紫光和蓝光提高了抗氧化酶的活性，延缓了植株的衰老；而红光、绿光和黄光抑制了抗氧化酶的活性，加速了植株的衰老进程。另外，高光强和连续光照处理也可能导致光胁迫，活性氧水平提高，AsA光保护功能启动，从而影响AsA的代谢。

可见光（光合有效辐射）中的蓝光、红蓝光组合在调控设施蔬菜营养品质方面作用明显，调控效果喜人，但除红光、蓝光外其他典型可见光质（黄光、绿光、橙光、紫光）的调控效果鲜见报道。许多研究表明，与白光相比，红光、蓝光及其组合在叶菜、芽苗菜和果菜营养品质调控方面作用明显，可选择性提高碳水化合物、蛋白质、AsA、β-胡萝卜素等指标的含量和抗氧化能力，降低硝态氮、草酸等有害物质含量。然而，不同光质调控作用差异明显，不同调控指标的最佳光质条件也有所不同。数据表明，LED蓝光和LED红蓝光在增加蔬菜AsA累积方面效果突出，而红光却降低了AsA的累积。陈文昊等（2009）发现，与红光相比，蓝光和红蓝光照射下生菜的AsA含量显著提高，这与Ohashi-Kaneko等（2007）用彩色荧光灯照射生菜、菠菜和小松菜的试验结果一致，而且相似的研究结果在芽苗菜和果菜光质试验中也得到了印证。与白光相比，蓝光及红蓝光组合处理增加了萝卜苗和青蒜苗的AsA累积，红光效果最差。陈强等（2009）发现，蓝光处理下转色期的番茄果实AsA含量最高，红蓝光次之，红光最低。另外，许莉等（2007）发现，单色荧光灯处理25d后，黄光下叶用莴苣的AsA含量最高，依次是蓝光和红光，表明黄光可能是更有利于AsA累积的光质。另外，增加蓝光、红蓝光的光强或实施短期连续光照（光周期为24h）可促进叶菜AsA累积。王志敏等（2011）通过增加LED红蓝光的光强提高了叶用莴苣的AsA含量，展现了光强在调控AsA累积中的有益作用。Samuoliene和Urbonavičiūte（2009）发现，与白光相比，红光连续光照3d，显著降低了基质培和水培菠菜中AsA含量，表明LED红光连续光照对AsA累积起抑制作用。总结现有报道，有关光质调控蔬菜AsA累积的相关报道多集中于白光、红光和蓝光及其组合上，其他光质（如黄光、绿光、紫光和橙光）及其二元组合对蔬菜AsA累积的调控作用国内外鲜见报道，光质资源仍有潜力可挖。

刘文科等（2012a）发现，LED红蓝光处理显著提高了豌豆苗叶片中的AsA的含量，而红光和蓝光均无影响。不同光质处理的豌豆苗茎叶中硝酸盐含量和类黄酮含量无差异（表5-3）。白光处理的豌豆苗茎叶中花青素含量最高，红光次之，红蓝光再次，蓝光处理最低。这表明，蓝光和红蓝光促进了豌豆苗地上部的生长，增加叶片中叶绿素a、b含量，红蓝光处理可提高豌豆苗叶片中的AsA的含量；白光和红蓝光处理下豌豆茎叶中类胡萝卜素含量较高，白光处理的豌豆苗茎叶中花青素含量最高。总之，蓝光、红蓝光有利于增加豌豆苗菜产量，而白光和红蓝光有利于提高豌豆苗的营养品质。另外，刘文科等（2012b）在温室条件下，采用土培盆栽的方法栽培生菜，在采收前在人工光培养箱内用不同光质的发光二极管（LED）光源进行6d连续光照处理（光周期为24h），探讨了采收前不同光质LED连续光照处理对土培生菜营养品质的影响，结果如表5－4所示。结果表明，与白光相比，LED红光和LED蓝光处理显著降低了生菜地上部中硝酸盐的含量，而红蓝光处理的生菜地上部中硝酸盐的含量略低于白光处理。4种光质处理中，红蓝光处理的AsA含量最高，红光处理次之，白光和蓝光最低。另外，与白光处理相比，红光处理显著提高了生菜地上部的花青素含量，蓝光处理生菜地上部花青素含量最低，白光与红蓝光略高。总之，采收前以LED红光或红蓝光进行连续光照处理对提高设施土培生菜的营养品质的效果较好。

表5－3 不同LED光质处理下豌豆苗营养品质指标含量（FW）

处理	AsA含量（mg/g）	硝酸盐含量（mg/kg）	花青素含量（ΔOD/g）	类黄酮含量（OD325/g）
白光	0.55b	396.5a	0.047a	1.96a
红光	0.49b	526.1a	0.033ab	1.66a
蓝光	0.56b	278.5a	0.014c	1.67a
红蓝光（2：1）	0.74a	708.4a	0.026bc	1.68a

表5－4 不同光质处理对土培生菜营养品质的影响（FW）

处理	硝酸盐含量（mg/kg）	AsA含量（mg/g）	类黄酮含量（OD325/g）	花青素含量（ΔOD/g）
白光	4 622a	0.083b	2.83a	0.0169ab
红光	3 618b	0.094ab	2.20a	0.0214a
蓝光	3 230b	0.061b	2.70a	0.0107b
红蓝光（4：1）	3 793ab	0.140a	2.07a	0.0164ab

光强、光质、光周期影响品质的形成，甚至光照部位影响果实中抗坏血酸含量。Gautier等（2009）研究了樱桃番茄果实和叶片遮荫对果实中AsA累积及其前体（Precursor）果实糖含量的影响。果实遮光在降低果实AsA含量方面最有效，成熟阶段果实AsA和糖含量相关且递增，减少果实光照显著降低了还原态AsA含量，但对糖含量无影响，所以糖和还原态AsA不再相关。叶片遮荫延迟了果实成熟，增加了绿色果实中氧化态AsA含量，但降低了橙色果实中还原态AsA含量，表明果实中AsA代谢依赖于叶片光照。总之，果实遮荫条件下果

实中糖与还原态 AsA 含量无相关性表明果实 AsA 合成不受叶片光合作用或糖底物的限制，但与果实光照密切相关。叶片遮荫影响果实 AsA 含量主要通过延迟果实成熟，说明果实 AsA 代谢受控于果实和叶片光照和果实成熟阶段。

5.1.4 LED 光质对次生抗氧化物质含量的影响

次生抗氧化物质的含量是评价蔬菜营养品质高低的重要指标。过去，相关研究集中在光质对次生抗氧化物质花青素、酚酸和类黄酮的累积与合成代谢机制上。光质对园艺作物花青素含量具有调控作用，尤其是 PAR 和 UV 光。蓝光和红蓝光促进番茄果实及非洲菊花青素的合成。蓝光能促进花青素的合成是由于其可诱导乙烯产生，乙烯可以增加细胞半透膜的透性使糖易于移动，当糖累积到一定浓度时促进花青素的形成；紫外光和蓝光可诱导乙烯的形成，增加膜透性，诱导丙氨酸解氨酶（Phenylalanine ammonia-lyase，PAL）的生成和 4-香豆酸 CoA 连接酶等酶蛋白的重新组合，而 PAL 使黄酮合成的关建梅，从而促进类黄酮的积累。Ensminger 等（1992）报道蓝光能促进欧芹等植物细胞中的 PAL 活性，红光则具有抑制作用。PLA 的主要作用是组织戊糖呼吸时产生的酸不致于氨结合形成蛋白质，而向花青素方向发展。红光有利于糖的积累也有助于花青素的合成。番茄转色前期类黄酮含量迅速增加，而花青素在转色后期显著增加是因为高含量的类黄酮是花青素合成的物质基础，随着果实的发育，果皮中的类黄酮转化为花青素（胡桂兵等，2000）。花青素属于类黄酮的一种，是广泛存在于植物中的一种水溶性色素，它所产生的颜色范围是从红色到紫色。先前报道显示，蓝光是调控番茄中花青素合成的有效光质（Ninu 等，1999；Giliberto 等，2005），补充蓝光增加了生菜叶片中的花青素含量。另有报道，单色蓝光增加了查耳酮合成酶（Chalcone synthase，CHS）和二氢黄酮-4-还原酶（Dihydroflavonol-4-reductase，DFR）基因的表达（Meng 等，2004）。另外，补充 UV-A 辐射可增加浆果皮中花青素的含量（Kataoka 等，2003），辐射强度由低递增到 0.4W/m^2 过程中花青素含量增加。可是，Tsormpatsidis 等（2008）报道，370 ~ 400nm 辐射对生菜中的花青素含量无影响。UV-B 比 UV-A 在促进花青素合成方面更有效（Khare 和 Guruprasad，1993），表明短波 UV 辐射可更有效地提高花青素的累积。但是，应用短波 UV 需要注意不能损伤工作人员的安全。

陈强（2009）发现蓝光或红蓝光处理促进了花青素的合成。Mizuno 等（2011）研究了 4 种 LED 单色光（monochromatic lights）处理（470nm 蓝光、500nm 蓝绿光、525nm 绿光和 660nm 红光）对两种甘蓝苗（绿叶 Kinshun 和红叶 Red Rookie）生长和叶片色素合成的影响。在 50μmol/m^2 · s PPFD 下栽培 30d。绿叶 Kinshun 的主茎和叶柄的延伸在蓝光下增加，红叶 Red Rookie 的响应却不同，蓝光促进其叶柄延伸但主茎长无显著影响。两个品种的鲜重不受光质处理的影响。红光增加了红叶 Red Rookie 中花青素的含量，但叶绿素无差异。另外，光质对绿叶 Kinshun 花青素含量无影响，但叶绿素含量以蓝光合蓝绿光下较高，而绿光和红光下较低。

温室生长系统的一个重要特征是缺乏自然太阳光中的中波紫外线 UV-B（280～320nm），这一现象的生理效应尚不明确。Tsormpatsidis 等（2008）研究了不同 UV 辐射透过膜下生菜生长和花青素、类黄酮和酚类物质的产生情况。膜包括 UV 完全透过膜、可透过 320nm、350nm、370nm 和 380nm 的膜，以及完全不透过 UV 辐射的膜。结果表明，在完全不透 UV 的膜下（UV400）的生菜其生物量干重为生长在 UV 完全透过膜下的生菜的 2.2 倍；相反，完全透 UV 膜下生菜的花青素含量大约是 UV 完全不透膜下生菜的 8 倍。而且，在花青素含量和切掉的 UV 波长间存在曲线关系，但在 370nm 花青素含量不再降低。

UV-A 辐射增加了生菜叶片中的硝酸盐含量，生菜中的花青素含量在高光强下，以及照射 UV-A 条件下增加（Voipio 和 Autio，1995）。UV-A 可诱导葡萄和生菜中的花青素的积累（Kataoka 等，2003；Tsormpatsidis 等，2008）。蓝光增加番茄中花青素的水平（Giliberto 等，2005），咖啡植物中类胡萝卜素含量（Ramalho 等，2002）和生菜及 Komatsuna 中 AsA 含量，但对菠菜中的 AsA 含量无影响（Ohashi-Kaneko 等，2007）。相反，红光有利于蔓越橘果实中花青素的积累（Zhou 和 Singh，2002）。另外，低红光和远红光比例或将减少许多植物种类中的花青素含量（Yanovsky 等，1998；Ramalho 等，2002；Alokam 等，2002），这些结果表明通过优化光质提高某一植物化学物质的含量是可行的，但最佳光质条件具有很大的变异性，因植物种类而异。花青素是积累在红叶生菜中的色素，具有很强的抗氧化活性（Riceevans 等，1995；Igarashi 等，2000；Youdim 等，2002；Stutte 等，2009）。

Li 和 Kubota（2009）研究了在冷白色荧光灯为主光源的植物生长箱内，不同 LED 补光光质对高种植密度红叶生菜中植物化学物质含量和生长的影响。与白光相比，补加的 UV-A、蓝光、绿光、红光和远红光 LED 的光子通量分别为 18μmol/m^2 · s、130μmol/m^2 · s、130μmol/m^2 · s、130μmol/m^2 · s 和 160 μmol/m^2 · s。光质处理 12d 后（出苗后 22d），植物化学物质含量受到显著影响（表 5－5 和表 5－6）。UV-A 和蓝光处理下，生菜花青素含量分别增加了 11% 和

31%，蓝光处理下生菜类胡萝卜素含量增加了12%，补加红光增加了酚类物质含量6%，然而补充远红光降低花青素、类胡萝卜素和叶绿素的量达40%、11%和14%。虽然不同补光光质对植物化学物质含量影响机制尚不清楚，但补光是提高白光下生长生菜营养价值和生长的有效策略。

表5-5　不同LED补光光质对生菜植物化学物质含量的影响（Li和Kubota，2009）

试验序号	处理	花青素含量（mg/g，DW）	叶黄素含量（mg/g，DW）	β-胡萝卜素（mg/g，FW）	叶绿素含量（mg/g，FW）	酚类物质含量（mg/g，DW）	AsA含量（mg/g，DW）
试验1	W1	3.31b	0.49a	0.25a	0.51a	43.47b	2.32a
	WUV-A	3.68a	0.50a	0.25a	0.53a	44.48b	2.42a
	WR	3.47ab	0.47ab	0.23ab	0.47a	46.24a	2.36a
	WFR	1.97c	0.43b	0.21b	0.45b	43.03b	2.27a
试验2	W2	3.20b	0.52b	0.26b	0.50a	43.156a	2.19a
	WB	4.18a	0.55a	0.28a	0.53a	44.54a	2.34a
	WG	2.95b	0.51b	0.26b	0.54a	42.56	2.07a

注：W为白色荧光灯；UV-A为UV-A LED；R表示红光LED；FR表示远红光LED；B为蓝光LED；G为绿光LED。

表5-6　不同LED补光光质对生菜植物化学物质含量的影响（Li和Kubota，2009）

试验序号	处理	鲜重（g）	干重（g）	真叶数量	茎长（cm）	叶长量（cm）	叶宽（cm）
试验1	W1	10.68b	0.62b	5.83a	0.56b	7.23b	3.70b
	WUV-A	10.53b	0.61b	5.67a	0.47c	7.20b	3.69b
	WR	11.29b	0.63b	6.00a	0.58b	7.30b	3.92ab
	WFR	13.69a	0.71a	5.50a	0.64a	10.40a	4.25a
试验2	W2	10.18a	0.59a	5.83a	0.54a	6.97a	3.7a
	WB	10.03a	0.58a	5.83a	0.36b	5.82b	3.83a
	WG	10.05a	0.57a	5.83a	0.56a	7.23a	3.65a

注：W为白色荧光灯；UV-A为UV-A LED；R表示红光LED；FR表示远红光LED；B为蓝光LED；G为绿光LED。

5.1.5　LED光质对蔬菜抗氧化能力的影响

众多研究表明，LED光质可调控园艺作物的抗氧化活性（Wu等，2007；Stutte等，2009）。Wu等（2007）研究了LED白光、红光和蓝光连续照射96h（光强112μmol/m^2·s）对TEAC（Trolox equivalent antioxidant capacity，TEAC，lM）的影响。结果表明，就50mg/ml乙醇浸提测定的豌豆TEAC值而言，LED红光LED处理显著高于白光、蓝光和黑暗处理，丙酮浸提测定TEAC值结果与乙醇浸提测定结果相一致。因此，红光辐射有利于提高豌豆苗的抗氧化能力。

Stutte 等（2009）研究发现，红叶生菜的抗氧化能力受光质的调控。在红叶生菜生长在 300mmol/m^2 · s 的光合有效辐射、1 200mmol/mol CO_2、光周期为 18h 环境可控的培养室内，用三基色荧光灯、LED 红蓝绿光、红蓝光、红光和红光 + 远红光进行照射培养生菜。结果表明，在叶片总抗氧化潜力（Oxygen radical absorbance capacity，ORAC）指标上，与红光处理相比，在增加蓝光处理（RGB 和 RB）可提高叶片总抗氧化潜力 20% 以上（图 5 - 3）。另外，光质对生菜体内的花青素含量具有调控作用，如图 5 - 4 所示红蓝绿复合光、红蓝光处理下生菜花青素含量较高，这种变化也表现在叶片的颜色上，如图 5 - 5（见彩色插图）所示。

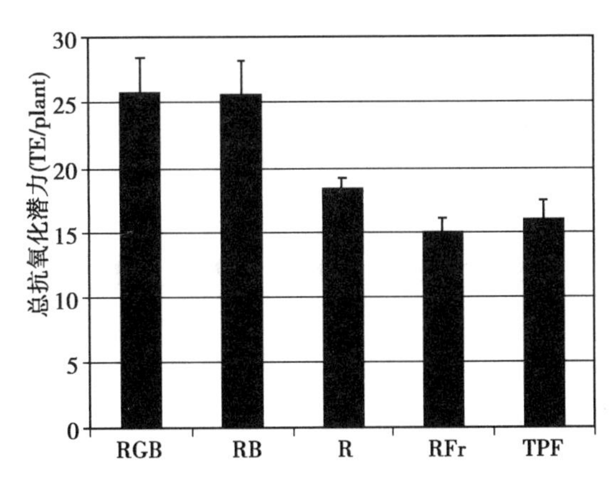

图 5 - 3　光质对 21d 生菜的抗氧化潜力的影响

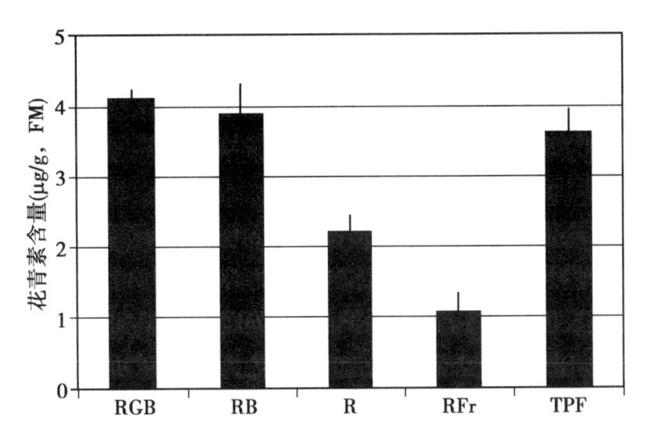

图 5 - 4　不同光质处理下生菜的花青素含量

5.1.6 LED 光质对蔬菜草酸与单宁含量的影响

菠菜（*Spinacia oleracea* L.）是一种重要的蔬菜，因其营养丰富、风味鲜美广受人们的喜爱。但是菠菜积累高量的硝酸盐，又是草酸累积型蔬菜。草酸是蔬菜中的一种和抗营养因子，人体长期摄入富含草酸的蔬菜可能起 Ca、Fe、Mg、Cu 等矿质素的缺乏（Baker 和 Gawish，1997；Vityakon 和 Standal，1989；Libert 和 Francechi，1987），并引起一系列的疾病。因此，降低蔬菜地上部分的硝酸盐酸和草酸含量，对于提高产品安全性至关重要。蔬菜中的草酸是对健康有害的物质，可在体内形成草酸钙泌尿系统结石，也影响人体对肠道对铁和钙的吸收。低光照强度条件下，蔬菜体内的硝酸盐、草酸累积数量较多，而 AsA 较少（Proietti 等，2004）。

植物硝酸盐的吸收还原导致氢氧根离子的形成，引起 pH 值较大变化，硝态氮在吸收转化过程中产生的一些有机酸如草酸来中和氢氧根离子；另外硝酸盐的吸收伴随着大量钠和钾离子的吸收，为中和这些阳离子，调节渗透压，菠菜体内大量草酸作为补偿离子形成草酸盐（张英鹏等，2004）。齐连东（2004）发现白光和黄光处理下叶片中草酸含量高于叶柄，而红光和蓝光下则相反。原因可能是叶片是生成草酸的主要场所，而红光和蓝光处理叶片草酸含量小于叶柄是红光和蓝光促进了草酸从合成部位向外部运输。

荧光灯红光能显著地降低菠菜的草酸含量（齐连东等，2007）。在光周期为 10h 条件下，菠菜在两种光强人工光下生长在 5 周后发现，低光强下菠菜叶片中抗坏血酸含量较低，但草酸和硝酸盐的含量较高。数据表明，低光强下菠菜的营养品质降低，菠菜的草酸含量取决于其分解代谢速率（Proietti 等，2004）。单宁是决定菠菜涩味程度的关键因素，其含量高低与菠菜口感影响很大。齐连东等（2007）发现，黄光处理下菠菜地上部的单宁含量低于其他处理。可能是乙醇脱氢酶的活性较高所致。有研究表明，乙醇脱氢酶将植物体内乙醇氧化为乙醛，乙醛直接与可溶性单宁缩合形成不溶性产物而是植物脱涩（杜建明，1993）。

5.1.7 LED 光质对类胡萝卜素含量的影响

果蔬中类胡萝卜素有约 300 余种，常见的有胡萝卜素、番茄红素、番茄黄素、玉米黄质等。类胡萝卜素可分为两类：一类为纯萜类化合物，另一类为含有羟基、环氧基、醛基等含氧基团的萜类化合物。番茄红素是一种重要的生理功能色素，具有抗癌作用。Alba 等（2000）发现红光照射番茄果实后番茄红素累积增加。LED 红光照射 96h 后增加了豌豆苗叶片的 β-胡萝卜素含量（Wu 等，2007）。可控环境下，通过控制光强和光质能够使蔬菜的营养品质达到最佳（Lefsrud *et al.*，2008）。红光提高叶绿素含量，蓝光和紫外光降低叶绿素含量（江明艳和潘远智，2006），但也有人认为叶绿素、类胡萝卜素含量与红蓝光比率呈负相关（狄秀茹等，2008）。

5.2 LED 光质对药用植物药用成分含量的影响

增加药用植物中药用成分的含量是设施环境调控的重要目标。圣约翰草（贯叶连翘）一种灌木、野生植物，花呈黄色，是重要的中草药。白色荧光灯下研究了其提取物已经用于许多偏方治疗和草药治疗 2000 年了。Zobayed 等（2005）在采收前在温度为 15℃、20℃、25℃、30℃和 35℃下处理圣约翰草，处理时间为 15d（图 5－6 和图 5－7，见彩色插图）。结果表明，15℃和 35℃处理使光合效率降低，CO_2 同化作用低，净光合速率和 PSⅡ最大量子效率显著降低。35℃高温下增加了总过氧化物酶活性（Peroxidase），并增加了地上部组织中的金丝桃素（Hypericin）、假金丝桃素（Pseudohypericin）和贯叶金丝桃素（Hyperforin）的浓度。此报道首次揭示了在可控环境里，收获前的温度控制可优化圣约翰草次生代谢物的产生。

干草甜素或干草酸（Glycyrrhizin）是乌拉尔甘草（Glycyrrhiza uralensis）主要的生物活性组分，用作天然甜味剂。近年来，干草甜素被发现具有抗肿瘤活性，在抑制 HIV-1 和 SARS 相关病毒复制方面活性很高，并展现出很多药理学作用。Afreen 等（2005）研究了光质（红光、蓝光、白光和 UV-B）对可控环境中干草中甘草甜素产生的影响。采用白色、蓝色和红色荧光灯为光源提供 300μmol/m^2·s 的光强，1.13W/m^2 的 UV-B（280～315nm）照射 3d 后植物叶片的净光合速率显著降低，在低强度 UV-B 辐射下（15d，0.43W/m^2）净光合速率同样显著降低，但下降速率较小。红光下生长的干草其根系中甘草甜素含量较高，无论水培还是基质培，并随培养时间延长而提高。UV-B 辐射增加了栽培 3 个月干草根系中甘草甜素的含量。结果还表明，基质（土壤混合物）培生长 3～6 个月的干草其根系中甘草甜素的含量比露地栽培 3～4 年的干草相同或略高，所以在可控环境中短时间里栽培干草可获得高干草甜素含量是可行的。图 5－8 是栽培 90d 后干草根系的生长情况。此外，红光荧光灯处理也能增加薄荷中的薄荷醇含量（Nishioka 等，2008），红光荧光灯处理（红光、红蓝光、绿红光）的紫苏幼苗的花青苷含量显著高于无红光荧光灯的处理（蓝光、蓝绿光、绿光）（Nishimura 等，2009）。

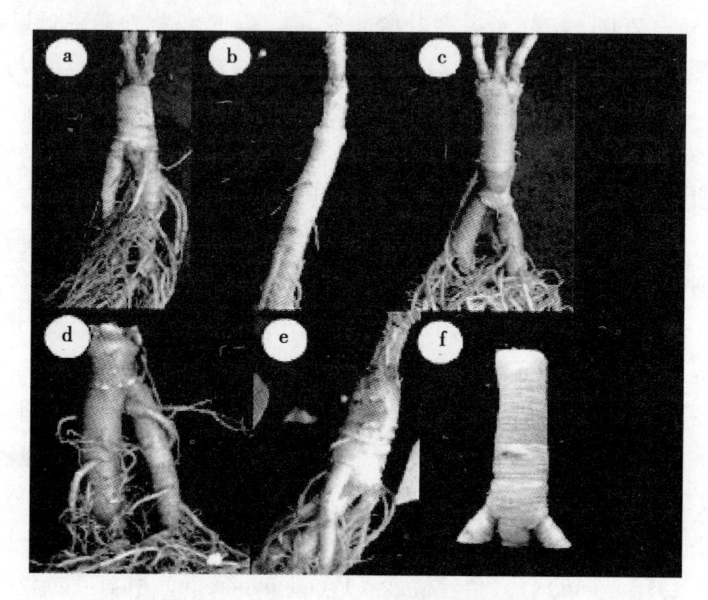

图 5－8　栽培 90d 后干草根系生长情况

注：a～c 分别表示水培条件下生长在红光、蓝光、白光窄谱荧光灯下的植株；d～f 为盆栽条件下生长在红光、蓝光、白光窄谱荧光灯下的植株（Afreen 等，2005）。

5.3　UV-LED 对蔬菜营养品质的影响

温室生长系统的一个重要特征是缺乏自然太阳光中的中波紫外线 UV-B（280～320nm）。这一现象的生理效应尚不明确。Li 和 Kubota（2009）发现荧光灯下不同 LED 光质明期补光对生菜营养品质有影响，增加 UV-A 提高了花青素的含量 11%。UV-A 导致叶绿 b 降低，类胡萝卜素增加（Yang 和 Yao，2008）。Tsormpatsidis 等（2008）研究了不同 UV 辐射透过膜下生菜生长和花青素、类黄酮和酚类物质的产生情况。膜包括 UV 完全透过膜、可透过 320nm、350nm、370nm 和 380nm 的膜，以及完全不透过 UV 辐射的膜。结果表明，在完全不透 UV 的膜下（UV400）的生菜其生物量干重为生长在 UV 完全透过膜下的生菜的 2.2 倍；相反，完全透 UV 膜下生菜的花青素含量大约是 UV 完全不透膜下生菜的8倍。而且，在花青素含量和切掉的UV波长间存在曲线关系，但在370nm花青素含量不再降低。通过UV-LED补光可对生菜的外观品质和营养品质产生影响，提高了生菜的商品价值和营养价值（图5-9，见彩色插图）。

但是，也有研究表明温室条件下补充UV-A和UV-B未能提高花卉花中的花青素含量，补充UV辐射对温室花卉生产没有经济价值（Klein，1990）。UV-B（1.7kJ/m^2·d）与CO_2倍增复合条件下，促进了黄瓜和番茄的生长，可提高AsA和可溶性糖含量（陈育平，2005）。低剂量UV-B（0.54kJ/m^2·d）可提高番茄AsA和番茄红素含量，低剂量UV-B与红光复合也可提高品质。

Li和Kubota（2009）发现荧光灯下不同LED光质明期补光对生菜营养品质有影响，增加UV-A提高了花青素的含量11%，蓝光增加花青素31%和类胡萝卜素12%，红光增加酚酸6%。萝卜（*Raphanus sativus* L.）和胡萝卜（*Daucus carota* L.）这些储藏器官在地下的植物生长在田间，两种处理常规环境条件下和太阳辐射中增加20% UV-B条件下直至块根产量阶段。增加UV-B辐射提高了萝卜的地上和根系的鲜重，提高叶绿素、类胡萝卜素、类黄酮和总蛋白含量，以及希尔反应速率和根产量。相反，胡萝卜的各项指标因UV-B提高而降低（Nithia等，2005）。

Caldwell和Britz（2006）研究了补充UV-A和UV-A+UV-B处理对8种绿叶和红叶生菜品种对类胡萝卜素和叶绿素影响。结果表明，UV-B增加了绿叶生菜类胡萝卜素和叶绿素的含量，但降低了红叶生菜中类胡萝卜素和叶绿素含量。绿红叶生菜响应UV-A和UV-B辐射的差异可能是酚醛植物化学水平光依赖性变化。由于酚醛植物化学物质受UV光辐射诱导将定位于叶表皮层并可屏蔽紫外辐射。红叶中UV诱导出相对于绿叶生菜显著高的酚醛植物化学物质可能降低了叶绿体中类胡萝卜素的光保护需求（Britz等，2005）。绿叶菜是饮食类胡萝卜素的主要来源，是亲脂性抗氧化剂，可减少眼睛白内障和黄斑变性的发生几率（Moeller等，2000）。品种间近十倍的类胡萝卜素含量差异表明品种筛选对温室生菜营养品质是有益的。给大棚番茄补充照射UV-B（40W灯）和红光。结果表明，红光可提高番茄果实糖、酸含量。高剂量UV-B（0.95 kJ/m^2·d，0.71kJ/m^2·d）降低番茄红素和AsA的含量，低剂量UV-B（0.54kJ/m^2·d，0.65 m^2·d）可提高番茄红素和AsA含量（王英利等，2000）。UV-B对番茄果实中糖酸含量无明显影响，对番茄红素和AsA含量则有显著影响。类胡萝卜素是植物果实和叶中重要色素，具有保护植物细胞免受强光破坏的作用（应初衍，1985）。番茄红素是番茄中决定果实色泽的一种类胡萝卜素。UV-B可提高植物类胡萝卜素含量（Rao Mulpuri 等，1995）。AsA 是植物体内一种抗氧化剂，在清除体内自由基和活性氧中具有重要作用。而 UV-B 可引起植物体内活性氧代谢紊乱，引起体内酶促和非酶促防卫系统的变化。

植物拥有许多防御系统来抵御过量 UV-B 辐射，一种机制是改变抗氧化物质的合成，如类黄酮、类胡萝卜素和抗坏血酸。抗氧化物质在人体代谢中健康提升作用已被广泛认可是提高。与大田植物相比，设施栽培下的植物接收到的 UV-B 光少，导致次生代谢物质的数量较大田作物少。所以许多学者认为，通过人工补充 UV-B 光将使设施植物获得更高数量的有益的抗氧化物质。Heuberger 等（2004）把 7 周龄的菠菜植株用 0kJ/m^2 · d、1kJ/m^2 · d、2kJ/m^2 · d 和 6kJ/m^2 · d 的 UV-B 辐射处理 2 周，并与 PAR 辐射和无辐射处理（仅有阳光）相比较。所有处理的总 PAR 为 14.9mmol/m^2 · d。菠菜的生物量随 PAR 和 UV-B 辐照剂量的增加而提高。叶绿素荧光测量表明，补充了 PAR 和中量 UV-B 提高了菠菜的光合能力，但当 UV-B 剂量增加到 6kJ/m^2 · d 时光合能力降低。类胡萝卜素含量、类黄酮含量和 AsA 含量在补充 PAR，1kJ/m^2 · d 和 2kJ/m^2 · d UV-B 条件下增加，但在 6kJ/m^2 · d 时降低。与补充 PAR 处理相比，类胡萝卜素提取液的抗氧化能力在中剂量 UV-B 条件下较高。结果表明，在高 PAR、中低 UV-B 辐射条件下可提高菠菜的生长和有益次生代谢物质的含量（Heuberger 等，2004）。

Nitz 和 Schnitzler（2004）研究了温室培养的 Sweet basil（*Ocimum basilicum* L. cv. *bageco*）苗到两片初生叶充分展开后，部分苗进行 15mol/m^2 · d 的光合有效辐射（400 ~ 700nm）处理，其中一半进行 2kJ/m^2 · d 的生物效应 UV-B 光（280 ~ 320nm）处理。处理 18d 后，GC-MS 分析了叶片中的挥发油含量。结果表明，增加辐射能量的增加挥发油总量显著提高，特别是 1，8-桉树脑、芳樟醇和丁子香酚。而且，甲基丁子香酚在 UV-B 辐射下显著降低。Nitz 等（2004）研究了细香葱（*Chive*，*Allium schoenoprasum* L.）在温室条件下补充用 15mol/m^2 · d 的 PAR 和 2kJ/m^2 · d 的 UV-B（280 ~ 320nm）2 周后对类黄酮的影响。主要类黄酮物质是黄酮醇、山柰酚和异鼠李亭均作为糖苷存在于细香葱中。对照植物中，类黄酮的组成比例为 4 : 1 : 2（黄酮醇：山柰酚：异鼠李亭），含量为 16.7mg/10g 鲜重。补充 PAR 照射使总含量增加了 30%，补充 UV-B 增加了 80% 以上。García-Macías 等（2007）研究了 3 种不同 UV 辐射透过率塑料膜（分别为阻挡 UV 膜、低 UV 透过膜和 UV 透过膜）下红叶生菜的生长及营养品质状况。随着 UV 辐射水平的增加，生菜叶片着色更深变红，总酚和主要类黄酮、槲皮素（Quercetin）、花青素糖苷（Cyanidin glycosides）、木犀草素和酚酸浓度增加。生菜的总酚含量在无 UV 透过膜下为 1.6mg 没食子酸每克鲜重，而在低 UV 和 UV 透过膜下含量为 2.9mg 和 3.5mg 没食子酸每克鲜重。生菜的抗氧化活性在 UV 辐射下较高，在无 UV 辐射和 UV 透过膜下的值分别为 25.4μmol 和 55.1μmol/生育酚等量值（Trolox equivalents）/克鲜重。随 UV 辐射的增加，生菜类黄酮糖苷含量随之增加。结果表明，塑料大棚采用 UV 透过膜是增加红叶生菜中有益类黄酮含量的有效方法。Josuttis 等（2010）也发现草莓的营养品质（AsA、花青素、酚类、类黄酮等物质的含量）受温室膜透过 UV-B 的能力的影响，响应程度因草莓品种而异。

5.4 LED 光质对叶菜外观品质的影响

人工光密闭环境中叶菜生产的产品，其外观品质尤为重要。植物工厂是密闭的空间，作为产品的散叶莴苣洁净无病虫害，但以荧光灯作为光源时，烧边发生较为严重，影响外观品质和口感，降低散叶莴苣的经济效益（王娟等，2005）。Goto 等（1992）认为，给散叶莴苣内叶供给气流可以有效地预防或者降低由于钙失调引起的烧边发生率。郑晓蕾等（2011）在日本千叶大学园艺学部附属农场的植物工厂内研究了植物工厂条件下不同光质白色荧光灯（310 ~ 750nm）、红光 LED（660nm）、蓝光 LED（460nm）、红蓝光 LED（红蓝光强比 89：11）在 85μmol/m^2 · s 的光强下对散叶莴苣生长和烧边（Tipburn）发生的影响。结果表明，与白色荧光灯处理先比，LED 红光和 LED 蓝光处理都显著降低了散叶莴苣烧边病情指数，LED 红蓝光处理无影响。主要是因为 LED 红光处理下的散叶莴苣茎较长，叶面积较小，使得叶片周围的空气流动和交换相对比较快，加速蒸腾，提高根对水和钙的吸收。由于蓝色 LED 抑制了散叶莴苣的生长速率和叶片扩大，根吸收的钙能满足叶片的需求，烧边不易发生。散叶莴苣叶片中钙含量和钾含量、镁含量呈现出相反的趋势，这与 Barta 等（2000）对散叶莴苣早期叶片扩大研究结果一致。镁的积累可能是由于烧边发生过程中引起的细胞功能紊乱，而叶缘中的钾积累导致需要更多钙去维持细胞膜的完整，从而加剧钙失调叶缘中钾积累导致需要更多的钙来维持细胞膜的完整，从而加剧钙失调（朱朋波等，2010；缪颖等，2000）。

5.5 LED光质对园艺作物营养品质调控作用的影响因素

5.5.1 植物种类与基因型

研究表明，园艺作物的营养品质调控的最佳光质组成因植物种类和品种而异。Ohashi-Kaneko等（2007）采用彩色荧光灯照射研究了光质（红光、蓝光和红光+蓝光）对生菜、菠菜和小松菜营养品质的影响。结果表明，红光、蓝光和红光+蓝光辐射降低了菠菜和生菜中的硝酸盐含量，而蓝光和红光+蓝光增加了生菜和小松菜中AsA的含量。但是，蓝光显著降低了菠菜地上部的生物量，但蓝光却能增加类胡萝卜素的含量。同时，叶色差异也可导致不同品种的园艺作物对光质组成的响应方式不同。Mizuno等（2011）研究了LED光质（蓝光、蓝绿光、绿光和红光）对两种叶色的卷心菜（绿叶品种Kinshun和红叶品种Red Rookie）苗生长和色素合成的影响。结果表明，不同叶色的生菜花青素含量对LED光质响应方式不同。

5.5.2 环境条件

光质对设施园艺作物营养品质的影响与环境条件密切相关。光质条件与环境温度、二氧化碳浓度条件在园艺作物营养品质指标上的互作的关系研究较少，有待深入研究揭示双因素或多因素之间的互作关系。

5.5.3 营养品质指标

园艺作物的不同营养品质指标对光质响应的不一致性或不同步性是光质调控的重要特征，需要逐一指标的研究明确，不能彼此类推结果。

5.6 LED光源对园艺作物营养品质调控的复杂性

与园艺作物生长发育的光环境调控相似，其营养品质的光环境调控也具有复杂性。众多研究结果表明，设施园艺生产各领域里，不同园艺作物种类及品种的不同营养品质指标对LED光质有特定的响应机制，具有复杂性。更何况，光环境调控不仅包括光质，还包括光强、光周期等因素，继而增加了光质调控的复杂性。更令人担心的是，LED光源应用效果并非全部营养指标同向变化，呈离散型响应方式。不同种类的植物、不同发育年龄或状态、不同组织或器官对同一光质的反应有所不同，表现出光生物学反应的复杂性（戴艳娇等，2010）。因此，LED 光质调控设施园艺作物生长发育的作用具有复杂性，生物效应庞杂，需要系统研究和逐一解析，仔细区分有益作用和负效应，提高调控效果。研究表明，光环境调控营养品质指标的协调统一性差，将来要建立合理的光环境管控策略，以协调各指标的光环境需求。

第六章　LED 光强与光周期对园艺作物生长发育及产量品质的调控

光质、光强和光周期是决定设施内光环境的重要因素。光质是影响园艺作物生长发育和产量品质形成的光照质量因子（光谱能量分布），而光强和光周期是决定光照的数量因子（累积光照或光照数量）。植物生长发育和产量品质形成受光强和光周期的影响。本章系统总结 LED 光源下光强与光周期对园艺作物生长发育以及产量和品质形成的影响研究进展，为设施园艺生产光强与光周期管理提供依据。

植物具有一套光感应器来跟踪光信号参数，包括有无光照、光谱、光强、光照方向和光照时间（Huq，2006），植物生长发育受光强、光质、持续时间、光周期的影响（Taiz 和 Zeiger，1991）。光质是光照条件的质量因子，光强与光周期是光照条件的数量因子，设施园艺作物生长发育和产量与品质形成既与光照条件的质量因子有关，又与数量因子有关。LED 人工光源能够调整设施环境中的光质，补充光照强度，也能延长光照时间。因此，要为设施园艺作物建立光配方和光环境管理策略必须明确光照数量因子对作物生长发育和产量品质形成的影响，以及光质与光照数量之间的互作关系。

6.1　LED 光强对园艺作物生长发育的影响

一般认为，在一定的光强范围内，高光强下植物具有较高的光合速率和呼吸速率，物质生产能力较高，干物质累积较多。补充人工光照提高光强或延长光照时间能增加作物光合强度和光合时间，促进作物生长发育。肯尼迪航天中心研究表明，在500μmol/m^2·s红光条件下萌发的小麦苗无法合成叶绿素，但补充30μmol/m^2·s的蓝光或将红光光强降低至100μmol/m^2·s后恢复叶绿素的合成（Tripathy和Brown，1995）。

Miyashita等（1997）研究了LED红光（660nm）和白色荧光灯组合光源对马铃薯组培苗生长的影响。LED红光光强设置有11μmol/m^2·s、15μmol/m^2·s、28μmol/m^2·s、47μmol/m^2·s和64μmol/m^2·s，PPFD为100μmol/m^2·s。在25度16h光周期下，当LED红光的光强由11μmol/m^2·s增至64μmol/m^2·s时，马铃薯试管苗的地上部高度和叶绿素含量增加了，而干物质量和叶面积与红光强度无关。

大多数草本观赏植物由种子或扦插繁殖而来，株型紧凑、茎厚、根量高和移栽后开花快被认为是高质量的移栽苗（Lopez和Runkle，2008）。光周期和光辐照度影响观赏花坛植物的苗期生长发育和后期的开花质量。Torres和Lopez（2011）采用高压钠灯和不同密度的遮荫布，研究了Tecoma种苗在13种日光合有效辐射积分（Photosynthetic daily light integrals，DLIs）处理下（0.75～25.2mol/m^2·d）的生长状况。播种35d后，随DLIs的增加植物的高度、茎粗、叶绿素含量、叶鲜重、叶数、总叶面积、地上和根系干重均有所增加，而平均节间长度和比叶表面积呈平方和线性降低。结果表明，在DLI为14～16mol/m^2·d光照下可获得高质量的Tecoma苗。

冬春季扦插苗生根受DLI水平较低的影响，补光能够促进扦插苗的生根和质量。先前多数研究集中在合理的DLI筛选上。Currey等（2012）研究了不同DLI（1.2～12.3mol/m^2·d）对花卉扦插苗生根过程中生长、形态和质量的影响。结果表明，地上部和根系干重随DLI的增加而提高，DLI值为8～12mol/m^2·d愈伤后促进生根扦插苗的生长和质量。迄今，有关LED光强对园艺植物生长发育及产量品质影响的研究报道较少，尤其是蔬菜、花卉和各种移栽苗方面。

Hamamoto等（2003）研究了每隔2～3d进行晚间光中断处理对菠菜（Spinacia oleracea）、生菜和Tsukena生长的影响。试验中，采用白炽灯在每天午夜对菠菜进行0.4～1.2mmol/m^2·s长度为51min的光照处理（连续处理）、或在周一、周三和周五分别进行2h的光照（间隔处理）。间隔光处理第26d菠菜无抽薹现象，但每晚处理下抽薹率达22%。白炽灯与LED灯下，间隔处理提高了菠菜的生长且不抽薹，并且菠菜的株高、叶片数、地上部干重比光不中断的处理高，但生菜和Tsukena却不受光中断处理的影响。

6.2 LED光强对园艺作物产量与品质的影响

光强是影响蔬菜中硝酸盐还原同化和AsA合成代谢强弱和速率。高光强下植物能为植物硝酸盐代谢提供充足的能量、还原物质和碳架，因此植物的硝酸盐同化速率更高，硝酸盐累积就相对较低。受光强变化的影响，蔬菜体内的硝酸盐还原同化表现出的昼夜节律反映出碳水化合物水平以及相应的还原物质和碳架供应情况的波动。譬如，有人通过协调光强与氮供给水平的关系，生产出低硝态氮的生菜。Demšar等（2004）开发出了一套由计算机控制的光依赖型硝酸盐施用的雾培系统，可根据光强大小供给含不同浓度硝酸盐的营养液，降低了生菜的硝酸盐含量，不影响产量，对光合速率和光合色素影响也较小。然而，这并不意味着光强越高越有利于提高调控效果，因为光强越高，调控所需的光源投入与能耗也越高；另一方面，植物的光合响应曲线也表明光强与硝酸盐的降低速率并非总是正相关。因此，需要通过试验确定最佳的光照强度，使其既可充分提高蔬菜的品质，也具有较高的投入回报率。一些报道指出，蔬菜中硝酸盐的降低常与AsA含量的提高相关联（Mozafar，1996；董晓英和李式军，2003）。譬如，减少或中断水培生菜的氮素供应可降低硝酸盐的含量，并增加AsA含量（Liu等，2012a），但处理效果受控于光强大小，高光强下生菜中硝酸盐含量降低与AsA含量增加幅度较高（Liu等，2012b）。王志敏等（2011）通过增加LED红蓝光的光强提高了叶用莴苣的AsA含量，展现了光强在调控AsA累积中的有益作用。

周晚来（2010）采用LED光源研究了连续光照条件下，不同光强和光质对水培生菜营养品质的影响的系列试验。试验一在红蓝光比例为4的条件下，对水培生菜实施连续48h的不同光强的LED光照，以探明光照强度对短期连续光照调控效果的影响，确定最佳的光强。试验于2010年3～5月在中国农业科学院农业环境与可持续发展研究所植物工厂中完成。试验用植物材料为奶油生菜。生菜育苗在玻璃温室内进行，3月5日播种于蛭石基质苗盘，育苗期间间隔浇灌1/2的营养液和清水。3月30日选择整齐一致的生菜移栽至人工光植物工厂中的水培架上进行前期培养。前期培养期间采用10h光期和14h暗期的昼夜交替光照，采用荧光灯作为连续光照光源，通过调整灯管密度和高度保持生菜植株高度处的光子照度为（150±10）$\mu mol/m^2 \cdot s$，采用光纤光谱仪（型号：AvaSpec-

2048-USB2）测定光子照度，植物工厂内温度设定为21℃/15℃（光期/暗期）。5月2日选择27株整齐一致的生菜用作试验试材，从中随机取3株用作初始值的测试，剩余的24株移栽到采用LED作为人工光源的水培栽培系统中进行连续光照处理，期间植物工厂内的温度设定为21℃。生菜前期培养及连续光照试验期间均采用深液流（DFT）水培技术，计算机控制间隔循环供液，不同时期所使用的营养液组成一致。

试验共设置了4个不同光强的LED连续光照处理（表6－1），其R/B都为4，每个处理光照下各有6株生菜。试验中所用的LED光源由波峰为630nm的红色LED及460nm的蓝色LED组成。通过光源自带的控制系统调节并采用光纤光谱仪确定各处理的光强。

表6－1　各光照处理的光强及其LED红蓝光光谱组成

处理	总光子照度（μmol/m^2·s）	光子照度（μmol/m^2·s）	
		红	蓝
处理1	50	40	10
处理2	100	80	20
处理3	150	120	30
处理4	200	160	40

从图6－1可以看出，连续48h LED光照后，不同光强处理中水培生菜硝酸盐含量存在一定的差异，随着光照强度的增加，其硝酸盐含量相对初始值的降低量逐步增加，叶片中从173.5～780.8mg/kg，而叶柄中则从395.7～1 769.8mg/kg。需要注意的是，在光强为50μmol/m^2·s时，生菜叶片和叶柄中的硝酸盐降低量都很低，当光强增加到100μmol/m^2·s时，硝酸盐降低量急剧增加，在叶片中是669.7mg/kg，叶柄中是1 304.5mg/kg，分别为光强为50μmol/m^2·s时的3.9倍和3.3倍，此后随着光强的增加，硝酸盐降低量缓慢增加，且增加幅度渐小，显示在光强大于100μmol/m^2·s后，增加光强对降低水培生菜硝酸盐含量的效果的边际效益逐渐减小。

不同光强连续光照下水培生菜中可溶性糖含量的变化如图6－2所示。数据表明，连续48h LED光照后，不同光强处理中水培生菜可溶性糖含量存在一定的差异，随着光照强度的增加，其可溶性糖含量相对初始值的增加量逐步增加，其中，叶片中的绝对增加幅度从0.29%～2.47%，而叶柄中则从0.94%到

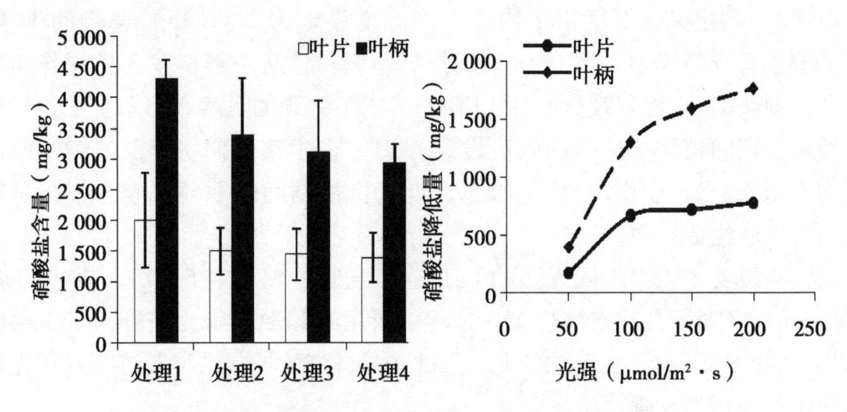

图6-1　不同光强连续LED光照下生菜中硝酸盐含量（左）及其相对初始值的降低量（右）

2.24%。不同于硝酸盐，在光强从50μmol/m²·s增加到200μmol/m²·s的过程中，可溶性糖增加量以近似恒定的速率增加，可以预测随着光强的进一步提高，可溶性糖增加量还可能会大幅增加。

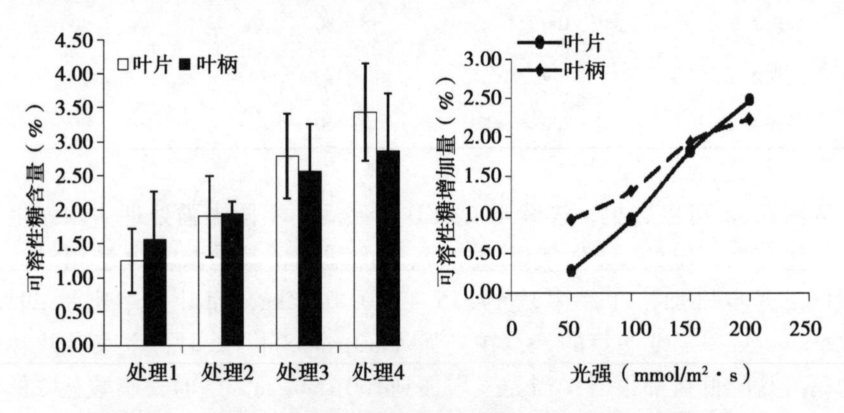

图6-2　不同光强连续LED光照下生菜中可溶性糖含量（左）及其相对初始值的增加量（右）

不同光强连续光照下水培生菜中AsA含量的变化如图6-3所示。可以看出，连续48h LED光照后，不同光强处理中水培生菜AsA含量存在一定的差异，随着光照强度的增加，其AsA含量相对初始值的增加量逐步增加，叶片中从0.137mg/g到0.232mg/g，而叶柄中则从0.013mg/g到0.060mg/g。类似于硝酸盐，当光照强度从50μmol/m²·s提高到100μmol/m²·s时，生菜AsA含量的增加幅度较大，其后随着光强的提高，AsA增加量缓慢提高，显示在光强大于100μmol/m²·s后，增加光强对提高水培生菜AsA含量的效果的边际效益逐渐减小。不同光强连续LED光照下水培生菜硝酸盐、可溶性糖及AsA含量的相关性分析。由表6－2可以看出，不同光强连续LED光照下水培生菜硝酸盐含量与可溶性糖及AsA含量都呈显著负相关。在叶片中，硝酸盐含量与可溶性糖及AsA含量的相关系数分别是－0.55和－0.50（n＝15），叶柄中分别是－0.85和－0.76（n＝15），并都达到显著或极显著水平。

表6－2 连续LED光照下水培生菜硝酸盐、可溶性糖及AsA含量的相关性

	叶片（n＝15）		叶柄（n＝15）	
	可溶性糖	AsA	可溶性糖	AsA
硝酸盐	－0.55*	－0.50*	－0.85**	－0.76**

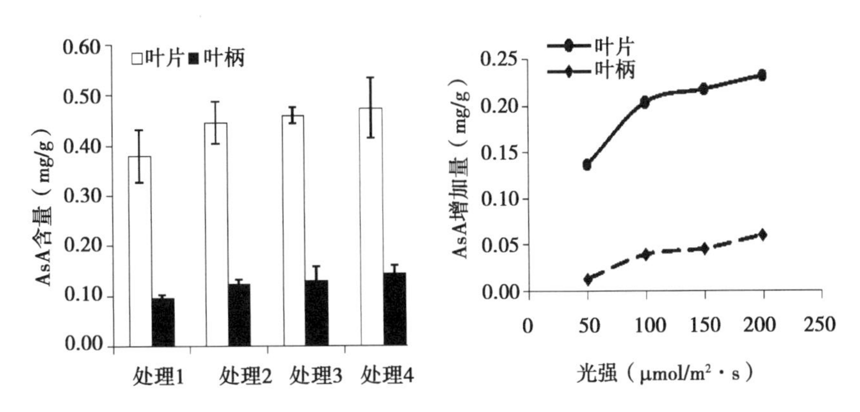

图6－3 不同光强连续LED光照下生菜中AsA含量（左）及其相对初始值的增加量（右）

光强显著影响短期连续光照对水培生菜品质的调控效果。在光强为50μmol/m²·s时，生菜的硝酸盐降低量及可溶性糖增加量都极低，说明适于水培生菜的短期连续光照强度至少应大于50μmol/m²·s。在光强从50μmol/m²·s增加到200μmol/m²·s的过程中，水培生菜的硝酸盐降低量、可溶性糖及AsA增加量都逐步增加，显示在此光强范围内提高光强可显著提升对水培生菜品质的调控效果。随着光照强度的提高，可溶性糖含量的增加的速率近似恒定，但当光强超过100μmol/m²·s时，增加光强对降低水培生菜硝酸盐含量以及提高AsA含量的效果的边际效益逐渐减小，故而，从经济效益的角度考虑，100～150μmol/m^2·s 是最适于采收前短期连续光照调控水培生菜品质的光照强度。

水培生菜的硝酸盐降低量、可溶性糖及 AsA 增加量都随着光强的增加而逐步增加，这应是由于生菜体内相关代谢活动随着光强的增加而更加旺盛所致。而在光强超过 100μmol/m^2·s 时，增加光强对降低水培生菜硝酸盐含量以及提高 AsA 含量的效果的边际效益逐渐减小，则可能在于，从植物生理的角度看，植物体内的重要代谢物质含量不能无限低，也不能无限高，其都应有一个浓度范围，生菜体内的硝酸盐含量具有下限值，对于本研究条件下的生菜，其叶片硝酸盐含量下限值可能在 1 000mg/kg，而叶柄硝酸盐含量下限值可能在 3 000mg/kg，从试验结果可以看出，在连续 48h 100μmol/m^2·s的光照下，水培生菜中硝酸盐含量（叶片 1 503. 8mg/kg，叶柄 3 396. 6mg/kg）已经接近其下限值。类似，生菜体内的 AsA 含量可能具有上限值，在连续 48h 100μmol/m^2·s 的光照下，水培生菜 AsA 含量已经接近其上限值，此后硝酸盐含量的降低及 AsA 含量的增加都逐渐变得困难，故而增加光强的边际效益逐渐降低。

6. 3 LED 光周期对园艺作物生长发育的影响

张欢等（2012）采用精确调制 630nm LED 红光的光强及光周期，研究不同光周期 LED 红光对油葵芽苗菜生长和品质的影响。结果表明，随着光周期从 0h 增加到 12h，油葵芽苗菜下胚轴长显著降低，子叶面积显著增加，而且芽苗菜叶绿素和类胡萝卜素含量显著提高，全株鲜质量和淀粉含量在光周期为 16h 时较高；AsA 的含量随光周期延长呈现逐渐提高的趋势，而游离氨基酸含量、SOD 和 CAT 活性均呈现降低趋势。总体而言，红光光周期设置在 16h 时有利于促进油葵芽苗菜生长和部分品质改善。Toida 等（2005）研究了在 280μmol/m^2·s 光强下 3 种光周期管理模式（12h 光周期，17h 光周期每日减少 1h，7h 光周期每日增加 1h，11d 总计 132h 光照）对番茄苗生长的影响。结果表明，7h 光周期每日增加 1h 光周期模式下所培养番茄苗的干物质量最高，花芽分化最早。因此，在不增加电能消耗的条件下通过逐渐延长每天的光周期缩短暗期可提高番茄苗的生长发育。Wu 等（2007）发现连续光照条件下，LED 红光显著提高了豌豆苗的叶面积和茎粗，蓝光增加了豌豆苗的鲜重（表 6－3）。

表 6-3 LED 光源连续照射 96h 对豌豆苗的生长和形态的影响

光照情况	茎长（cm）	茎粗（cm）	叶面积（cm^2）	鲜重（g）
黑暗	22.88 ±1.70a	2.55 ±0.17ab	0.52 ± 0.14c	1.50 ±0.12bc
蓝光	21.38 ±1.91b	2.44 ±0.09ab	0.91 ±0.19b	1.67 ±0.27a
红光	21.18 ±1.05b	2.62 ±0.10a	1.48 ± 0.27a	1.53 ±0.13b
白光	16.38 ±0.30c	2.43 ±0.06ab	1.11 ± 0.19b	1.37 ±0.16cd

注：白光 135.86lx；红光（625～630nm），128lx；蓝光（465～470nm），112.29lx。

抽薹是菠菜夏季生产的主要问题，可通过苗期光周期调节得以解决。图 6-4（见彩色插图）是生菜抽薹后节间伸长的现象。Chun 等（2000）比较了在人工光下栽培短日照（光周期为 8h 和 12h）低温调节下和自然光下常温调节下菠菜苗移栽后的生长情况。为了考察抽薹特征，菠菜苗被移植到温室水培系统中进行生长，移栽后 14d 人工光处理的菠菜移栽苗约有 5% 的植株抽薹，花柄长度为 0.3cm，并未降低菠菜的市场价值。但是，自然光处理的移栽苗 85% 的植株抽薹，花柄长度为 2.8cm，失去市场价值。所以，菠菜抽薹现象可通过调控移栽苗生产过程的日照长度和温度来防止，此结果具有应用价值。

Ohyama 等（2005）研究比较了 17.3mol/m^2 的日累积光照条件下，200μmol/m^2·s 光强、24h 光周期（连续光照）和 300μmol/m^2·s 光强、16h 光周期处理下，密闭移栽苗生产系统中番茄穴盘苗生长的差异。室温前 16h 为 28℃，后 8h 为 16℃。结果表明，24h 光周期处理番茄苗的鲜重、干重和叶面积比 16h 光周期高出 41%、25% 和 64%，生理失调（如叶片失绿症和坏疽）在 24h 光周期处理中未发生，其原因可能是分段式温度管理。两种处理移栽苗的花发育无显著差异，但 24h 光周期处理的电能利用率提高了 9%，表明 24h 光周期条件下采用低 PPFD 培养因可减少灯的数量而能降低初期投入和运行操作的成本。

已有报道表明，与高 PPFD、短光周期相比，在低 PPFD 和长光周期下移栽苗可积累更多的干物质，在生菜和萝卜苗上已有报道（Kitaya 等，1998；Craker 等，1983）。已有研究表明，在较短光周期和低气温条件下培养的菠菜移栽苗可推迟抽薹和减少收获时的花柄长度（Chun *et al.*，2000a）。为了证实上述结果是否由光周期缩短本身或降低的累积光合有效辐射（Integrated photosynthetic photon flux）造成的，Chun 等（2001）研究表明随着累积光合有效辐射的增加，移栽苗的地上部和根系干重显著提高，但与光周期无关。然而，移栽苗的花发育指标在16h光周期下比10h和13h的高，但与着累积光合有效辐射无关。随光周期延长，移栽3d后抽薹植株比例增加（10h光周期时为0%，16h光周期时是85%）。花柄长度随光周期增加而提高（移栽后14d，短光周期处理15mm，16h光周期80mm），但不受累积光合有效辐射影响。结果表明，移栽苗的培养过程中光周期缩短造成的抽薹延迟其原因是花的发育延迟而非因累积光合有效辐射降低导致的植物生长阻碍（图6－5）。

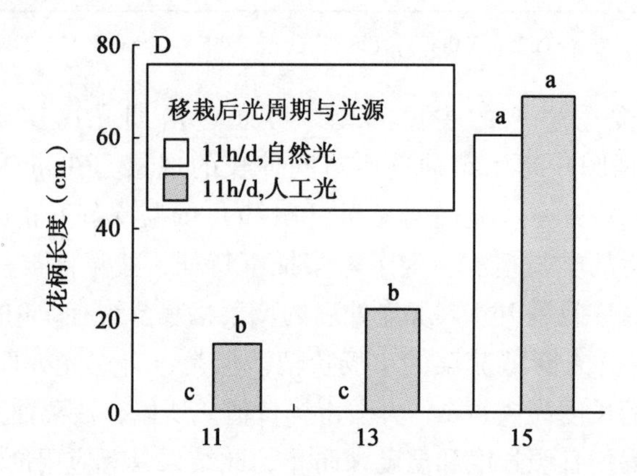

图6－5 菠菜移栽苗生长期三种光周期处理（11h、13h和15h）和移栽后两种光周期处理（11h和16h）后收货时的花柄长度（Chun等，2000）

Kim等（2000）研究表明，花形成速率受光周期的控制，但花的发端不受影响；短光周期处理（8h或12h）延迟了花的发育和花柄的延伸（抽苔），延迟效果在移栽到温室依旧有效。在移栽苗生产过程中，采用短光周期处理可在移栽后降低抽苔数量。Chun等（2000）研究了3种光周期（11h、13h和15h）培养的菠菜苗移栽后生长在自然光短日照（11h）和人工光长日照（16h）条件下对其抽苔的影响。结果表明，移栽时长光周期条件下因累积的光合光量子通量较高，促进了菠菜的营养生长；移栽苗生产期内长光周期处理菠菜收获时的花柄较长，移栽后长光周期和高温处理导致花柄伸长（图6－5），菠菜抽薹发端与光周期间存在定量关系，光周期的临界值在13～15h，因此在移栽苗培养阶段采用小于临界值的光周期将有助于降低花柄的延伸，保持市场价值，这种效果与移栽后的光周期和温度条件关系不大。

6.4 LED光周期对园艺作物产量与品质的影响

没有暗期的连续光照有利于植物硝酸盐的降低和碳水化合物的累积。采收前短期连续光照调控（Pre-harvest Short-term Continuous Lighting，PSCL）的方法，即对邻近采收的蔬菜施以一个连续的光照，也就是只有光期没有暗期的光照以降低其硝酸盐含量，相对植物的整个生长周期而言，该连续光照的持续时间是短期的，根据不同的植物，其长度可能为2～5d。不同R/B的48h连续LED光照下水培生菜中硝酸盐及可溶性糖含量的差异。图6－6连续光照条件下，LED红光显著提高了豌豆苗的β-胡萝卜素含量和抗氧化活性，具有较高的营养和保健促进作用（Wu等，2007）。

前人的研究表明，在工光栽培中，红蓝光比在8附近的光照下生菜生长速度最快，硝酸盐含量也最低。然前人的这些研究都是在昼夜交替光照下，人工光照贯穿植物的全生长周期，最佳R/B体现的是长期生长过程中的综合效果，在短期连续光照下，为了降低水培生菜中硝酸盐含量及提高营养物质的含量，其最佳R/B可能有所不同。将研究连续光照下光质对水培生菜硝酸盐及营养物质的含量的影响，以得出短期连续光照调控水培生菜硝酸盐含量的最佳R/B。

前期培养期间采用10h光期/14h暗期的昼夜交替光照，采用荧光灯作为连续光照光源，通过调整灯管密度和高度保持生菜植株高度处的光子照度为（150±10）$\mu mol/m^2 \cdot s$，采用光纤光谱仪测定光子照度，植物工厂内温度设定为21℃/15℃（光期/暗期）。采用LED作为人工光源的水培栽培系统中进行连续光照处理，期间植物工厂内的温度设定为21℃。生菜前期培养及连续光照试验期间均采用深液流（DFT）水培技术，计算机控制间隔循环供液，不同时期所使用的营养液组成一致。

试验共设置了4个不同R/B的LED连续光照处理（表6－4），每个处理光照下各有6株生菜。试验中所用的LED光源由波峰为630nm的红色LED及460nm的蓝色LED组成。

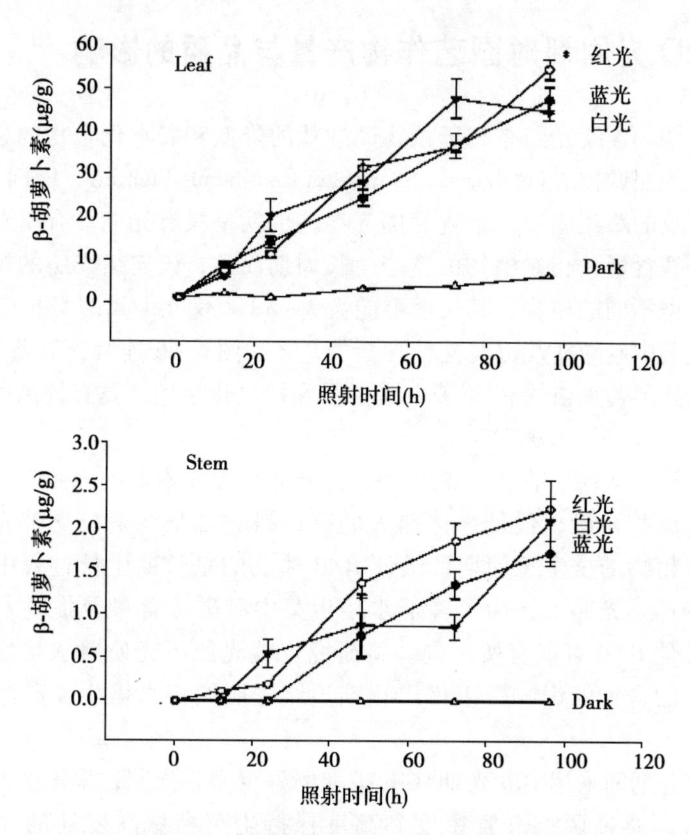

图 6－6　连续光照下豌豆苗叶片和茎中 β-胡萝卜素含量的变化

表 6－4　各光照处理的红蓝光光谱组成

处理	R/B	光子照度（μmol/m²·s）	
		红	蓝
LED1	2	100	50
LED2	4	120	30
LED3	8	133	17
LED4	—	150	0

试验中连续光照处理起始于上一个光照周期的暗期结束。分别在连续光照开始的时候从 27 株挑选的生菜中随机取 3 株用作初始值的测定以及连续光照 48h 后，从各处理中随机取 3 株生菜用作终值的测定。

连续48h LED光照下水培生菜各指标的变化见表6-5可以看出，连续48h LED连续光照下，水培生菜单株叶片鲜重显著增加，而单株叶柄鲜重并没有显著增加。在叶片中，硝酸盐含量降低了1 807.9mg/kg，相对降幅为57.8%，与此同时，可溶性糖含量增加了1.97%，最终达到了初始值的15倍之多。相比而言，叶柄中硝酸盐含量的降幅要小，为1 438.9mg/kg，叶柄可溶性糖含量的增加量也略小于叶片，为1.59%。该试验进一步证明了短期连续光照可以显著降低水培生菜的硝酸盐含量而提高其可溶性糖含量，从而大大提高其综合营养品质。

表6-5　连续48h LED光照前后水培生菜鲜重、硝酸盐及可溶性糖含量的变化

类别	叶片			叶柄		
	鲜重（g）	硝酸盐含量（mg/kg）	可溶性糖含量（%）	鲜重（g）	硝酸盐含量（mg/kg）	可溶性糖含量（%）
初始值	10.75b	3 125.7a	0.14b	7.09a	5 099.6a	0.47b
终值	15.17a	1 317.8b	2.11a	8.36a	3 660.7b	2.06a

注：初始值是光照开始时3株生菜样本的平均，终值是连续光照末期12株生菜样本的平均。同一列里不同字母代表显著性差异（$P<0.05$，LSD）。

连续48h LED红蓝光照射下水培生菜鲜重的差异见图6-7。图6-7表明，在48h连续LED光照中，不同处理间单株叶片及叶柄鲜重没有显著差异，可见在48h的连续光照中，R/B对水培生菜鲜重的影响并不显著。

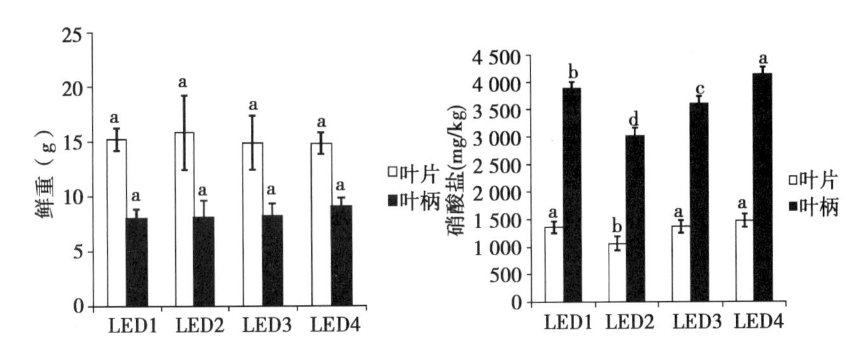

图6-7　不同R/B连续48h LED光照后水培生菜鲜重（左）和硝酸盐含量（右）

不同R/B连续48h LED光照下水培生菜硝酸盐含量的差异。48h的连续LED光照后，不同R/B光照处理下水培生菜叶片和叶柄中硝酸盐含量差异显著

(图6-7)。以降低幅度比较，各光质处理下叶片中硝酸盐含量的降低幅度从1 648.0 mg/kg 到 2 061.1 mg/kg，而叶柄的降幅则从 962.9mg/kg 到 2 090.3mg/kg。LED1、LED2 和 LED3 处理下叶片中的硝酸盐含量显著低于LED4下的，此外，LED1、LED2 和 LED3 处理下叶柄中的硝酸盐含量也低于LED4下的，换言之，LED1、LED2 和 LED3 处理中硝酸盐含量的降低幅度要大于LED4的，这说明了红蓝混合光更有利于促进硝酸盐含量的降低。无论是在叶片还是叶柄中，在 LED2（R/B =4）的处理中硝酸盐含量最低，相比初始值，其叶片中硝酸盐含量降低了2 061.1mg/kg，相对降幅为65.9%，叶柄中降低了2 090.3mg/kg，相对降幅为41.0%。连续48h LED 红蓝光照射下水培生菜可溶性糖含量的差异（图6-8）。

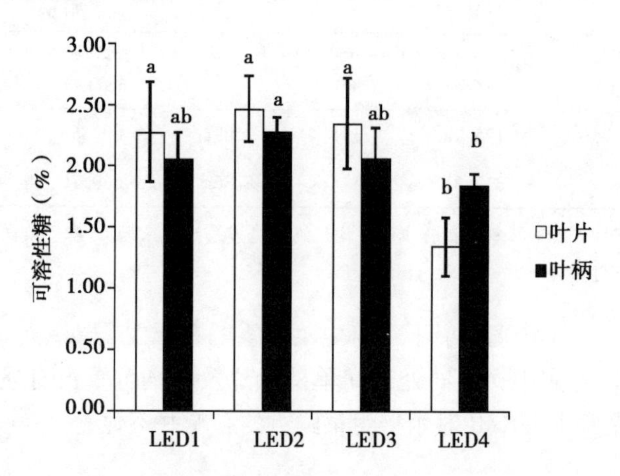

图6-8　不同 R/B 连续 48h LED 光照下水培生菜可溶性糖含量

图6-8表明，48h 连续光照中不同 R/B 处理下水培生菜中可溶性糖含量也存在显著差异。相比于初始值，不同 R/B 光照处理下叶片可溶性糖含量增加了8.3倍到16.1倍，而叶柄可溶性糖含量则增加了2.9倍到3.8倍，叶柄中的增加倍数显著低于叶片，主要是由于叶柄中初始的可溶性糖含量是叶片的3倍多。从图6-8还可以看出，红蓝混合光处理（LED1，LED2，LED3）下的可溶性糖含量显著高于红色单色光处理（LED4），这种差异在叶片中尤为突出，显示红蓝混合光更有利于可溶性糖含量的累积。尤其值得注意的是，在 LED2（R/B =4）的处理中，叶片和叶柄的可溶性糖含量都是最高的，同一处理中其硝酸盐含量则是最低的，显示 R/B =4 的连续光照处理可以达到低硝酸盐与高可溶性糖的完美统一。连续 48h LED 光照下水培生菜硝酸盐、可

溶性糖及 AsA 含量的相关性分析。从表 6－6 可以看出，不同光质连续 48h LED 光照下水培生菜硝酸盐含量与可溶性糖含量呈显著负相关，叶片和叶柄中的硝酸盐含量与可溶性糖含量的相关系数分别是 －0.89 和 －0.90（n = 15），并都达到极显著水平。

表 6－6　连续 48h LED 光照下水培生菜硝酸盐和可溶性糖含量的相关性

指标	叶片可溶性糖（n = 15）	叶柄可溶性糖（n = 15）
硝酸盐	－0.89 **	－0.90 **

试验结果再次验证了连续光照在调控水培生菜硝酸盐及可溶性糖含量上的积极效果，同时还表明，即使在短短 48h 的连续光照中，光质也显著影响了水培生菜中硝酸盐及可溶性糖含量的累积。相比红色单色光，红蓝混合光更有利于硝酸盐含量的降低和可溶性糖含量的累积，特别是在 R/B =4 的连续光照下，水培生菜硝酸盐含量最低而可溶性糖含量最高，说明了 R/B =4 的连续光照处理可以达到低硝酸盐与高可溶性糖的完美统一。

前人的研究表明，在长期的生产人工光栽培中，红蓝光比在 8 附近的光照下生菜生长速度最快，硝酸盐含量也最低，而上一试验则表明在 48h 连续 LED 光照中，R/B 为 4 最有利于降低水培生菜中的硝酸盐含量而提高其可溶性糖含量，这暗示着光质的影响可能会随着光照时间的延长而发生变化，继而需要对不同 R/B 连续 LED 光照下水培生菜中相关指标做一个连续的监测，探索光质的影响会否随着时间的延长而变化。为了进一步研究短期连续光照下光质对调控效果的影响，周晚来（2010）研究了 72h 连续光照处理对生菜营养品质的影响。

试验于 2010 年 8 ~9 月在中国农业科学院农业环境与可持续发展研究所内温室及植物工厂中完成。试验用植物材料为奶油生菜。生菜育苗及前期培养均在玻璃温室内进行，8 月 3 日播种于蛭石基质苗盘，8 月 28 日移栽至水培装置。9 月 25 日下午选择 75 株整齐一致的生菜用作试验试材，从中随机取 3 株用作初始值的测试，剩余的 72 株移栽到采用 LED 作为人工光源的水培栽培系统中进行连续光照处理，期间植物工厂内的温度设定为 21℃。生菜前期培养及连续光照试验期间均采用深液流（DFT）水培技术，计算机控制间隔循环供液。

表 6－7　各光照处理的红蓝光光谱组成

处理	R/B	光子照度（μmol/m²·s）	
		红	蓝
LED1	2	100	50
LED2	4	120	30
LED3	8	133	17
LED4	—	150	0

如表 6－7 所示，试验共设置了 4 个不同 R/B 的 LED 连续光照处理，3 次重复，每个处理重复中有 6 株生菜。试验中所用的 LED 光源由波峰为 630nm 的红色 LED 及 460nm 的蓝色 LED 组成，通过光源自带的控制系统调节并采用光纤光谱仪测定各色光的光子照度。

试验中连续光照处理起始于上一个光照周期的暗期结束。在连续光照开始的时候从 75 株挑选的生菜（如前面所述）中随机取 3 株用作初始值的测定，此后分别在连续光照的第 10h、24h、48h、72h 从各重复中随机取 1 株生菜并去掉根部，随后立即进行相关指标的分析测试。测试指标包括叶片和叶柄鲜重、硝酸盐、可溶性糖及 AsA 含量，各指标的测试方法如前面所述。图 6－9和图 6－10分别显示了不同 R/B 连续 LED 光照下水培生菜叶片和叶柄中硝酸盐含量的变化，其中，折线图指示的是不同 R/B 处理下硝酸盐含量平均值随连续光照时间的变化。

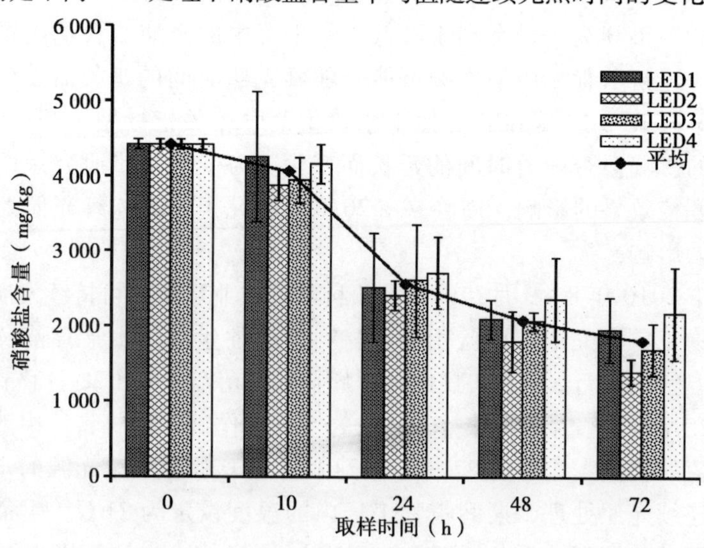

图 6－9　不同 R/B 连续 LED 光照下生菜叶片硝酸盐含量及其变化

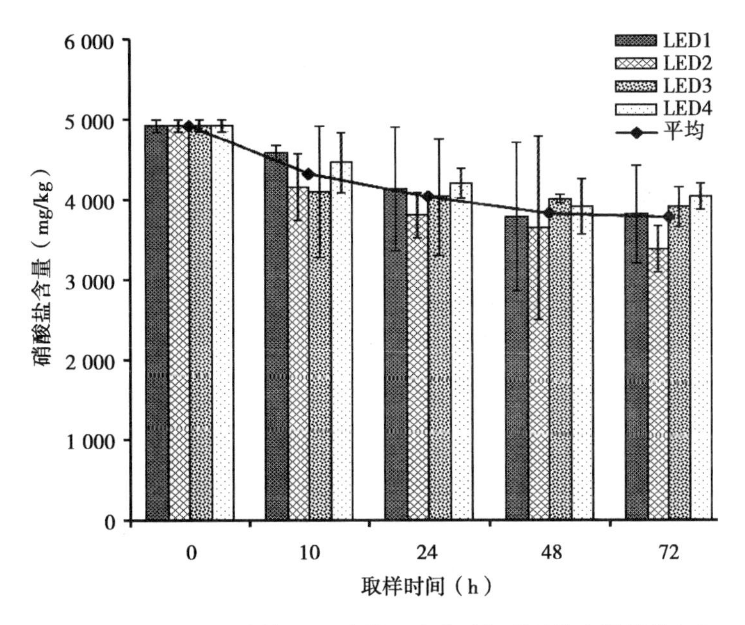

图 6－10　不同 R/B 连续 LED 光照下生菜叶柄硝酸盐含量及其变化

从图 6－9 和图 6－10 中可以看出，连续 LED 光照下硝酸盐含量大幅下降，不同 R/B 的 72h 连续光照处理下叶片中硝酸盐含量降低了 2 239. 7mg/kg 到 3 016. 7mg/kg，而叶柄中则下降了 880. 4mg/kg 到 1 534. 7mg/kg。不同 R/B 处理下的变化过程基本一致，都表现为在连续光照的前 24h 中迅速下降，此后下降速度逐渐趋于缓慢，硝酸盐含量逐渐趋于稳定，从各处理下硝酸盐含量平均值的变化上来看，在前 24h 中，叶片中硝酸盐含量平均值从 4 415. 9mg/kg下降到了 2 560. 3mg/kg，降幅占到了 72h 连续光照下全部降幅的 71. 1%，叶柄中硝酸盐含量平均值从 4 919. 0mg/kg 下降到了 4 041. 2mg/kg，降幅占到了 72h 连续光照下全部降幅的 77. 5%。

结果表明，在 72h 连续光照下不同 R/B 处理间差异明显且相对稳定，并不随着连续光照时间的延长而变化。在连续光照后的不同采样时期，LED1、LED2 和 LED3 处理下叶片中的硝酸盐含量都低于 LED4 下的，此外，尽管存在个别例外，LED1、LED2 和 LED3 处理下叶柄中的硝酸盐含量也低于 LED4 下的，换言之，LED1、LED2 和 LED3 处理中硝酸盐含量的降低幅度要大于 LED4 的，这说明了红蓝混合光更有利于促进硝酸盐含量的降低。在连续光照后的各次采样测试中，在 LED2（R/B＝4）的处理中叶片硝酸盐含量都是最低的，而在叶柄中，尽管存在个别例外数据，连续光照下其硝酸盐含量也具有相似的规律。

不同 R/B 连续 LED 光照下水培生菜可溶性糖含量的变化情况如图 6 - 11 和图 6 - 12 所示。分别显示了不同 R/B 连续 LED 光照下水培生菜叶片和叶柄中可溶性糖含量的变化，其中，折线图指示的是不同 R/B 处理下可溶性糖含量平均值随连续光照时间的变化。

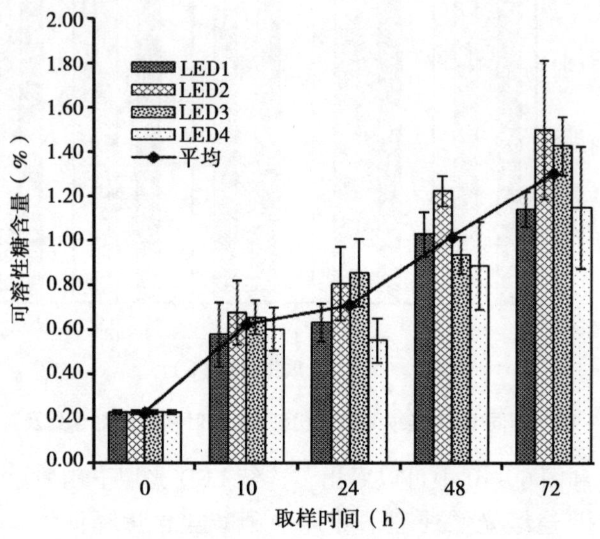

图 6 - 11　不同 R/B 连续 LED 光照下生菜叶柄可溶性糖含量及其变化

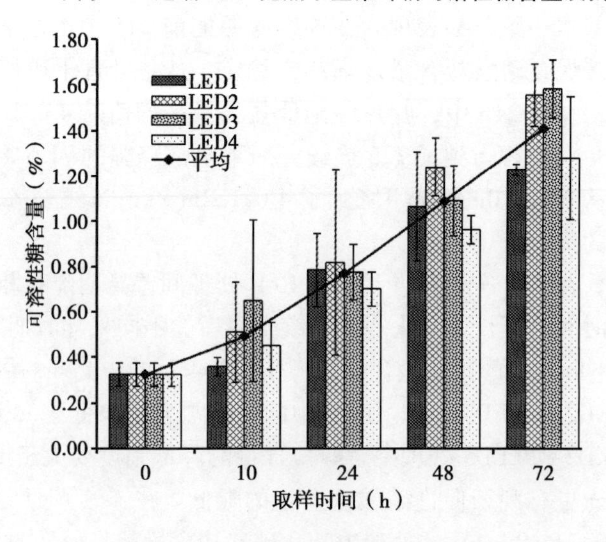

图 6 - 12　不同 R/B 连续 LED 光照下生菜叶片可溶性糖含量及其变化

总体上看来，在各个 R/B 连续 LED 光照下，无论是叶片还是叶柄中，可溶性糖含量都以近似恒定的速率迅速提高。不同 R/B 的连续 72h 光照处理下生菜叶片中可溶性糖含量增加了 3.99 倍到 5.55 倍，而叶柄中则增加了 2.79 倍到 3.88 倍，但需注意的是，由于叶柄中可溶性糖含量的初始值为叶片中的 1.42 倍，因此尽管叶柄中的增加倍数要小于叶片中，但叶片和叶柄中可溶性糖含量的绝对增加幅度却没有显著差异。不同于硝酸盐含量的变化，在 72h 连续光照下可溶性糖含量的增加速率近似恒定，即使在连续光照处理的末期也没有显现任何变缓的趋势。

叶片和叶柄中可溶性糖含量在不同 R/B 光照处理下存在较大差异，且在几次取样测试中不同 R/B 处理间的差异基本一致。整体上看来，在连续光照过程中，无论是在叶片还是叶柄中，红色单色光处理（LED4）下可溶性糖含量都是最低的，显示红蓝混合光更有利可溶性糖的累积，而在另外 3 种红蓝混合光处理中，尽管在不同时期取样测试中出现了一些例外，总体上说来 LED2（R/B = 4）处理下可溶性糖含量是相对最高的。

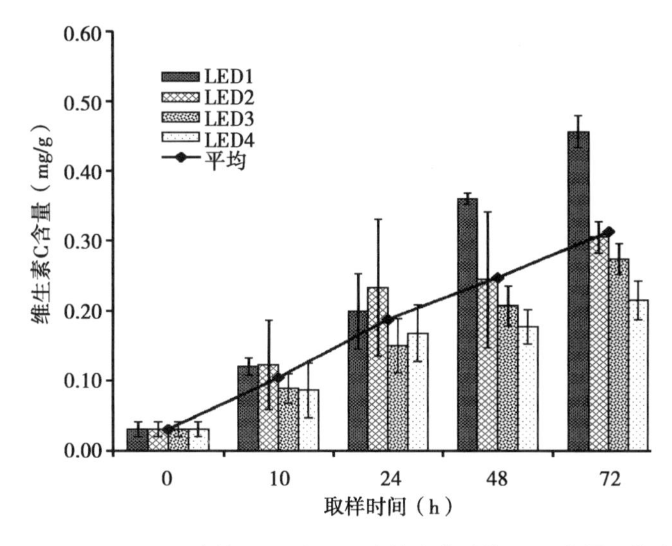

图 6－13 不同 R/B 连续 LED 光照下水培生菜叶片 AsA 含量及其变化

不同 R/B 连续 LED 光照下水培生菜 AsA 含量的变化如图 6－13和图 6－14 所示。结果表明，不同 R/B 连续 LED 光照下水培生菜叶片和叶柄中 AsA 含量的变化，其中，折线图指示的是不同 R/B 处理下 AsA 含量平均值随连续光照时间的变化。可以看出，在各个 R/B 连续 LED 光照下，无论是叶片还是叶柄

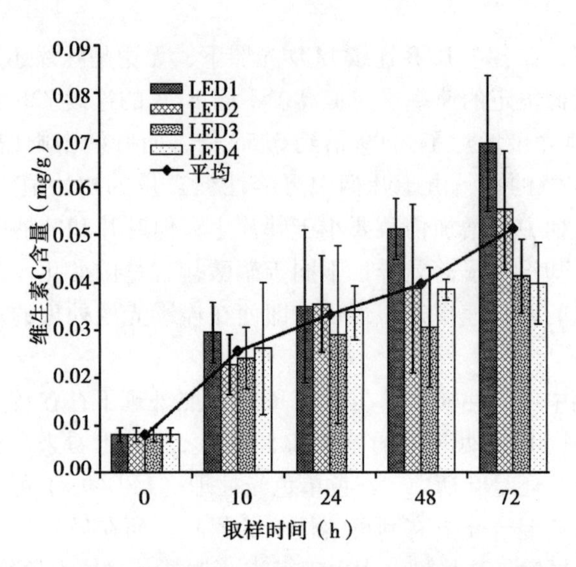

图 6－14　不同 R/B 连续 LED 光照下生菜叶柄维生素 C 含量及其变化

中，AsA 含量都以近似恒定的速率迅速提高，在 72h 连续光照末期没有任何变缓的趋势，这与可溶性糖含量的变化趋势极为类似。而且，光质显著影响水培生菜的 AsA 含量，在 72h 连续光照中，不同 R/B 光照处理下生菜叶片 AsA 含量曾加了 0.184～0.425mg/g，而叶柄中则增加了 0.032～0.061mg/g，且随着 R/B 值的增加，AsA 含量增加幅度有提高的趋势，随着光照时间的延长这一趋势更为明显，显示在短期连续光照处理中增加蓝光成分有利于提高水培生菜 AsA 含量。此外，连续光照下生菜叶片中 AsA 含量的绝对增加量远远高于叶柄中的，叶片中的最终 AsA 含量也远高于叶柄中的，暗示连续光照下叶片中合成的 AsA 含量基本上没有转移到叶柄中或者转移量非常少。

表 6－8　连续 LED 光照下水培生菜硝酸盐、可溶性糖及 AsA 含量的相关性

指标	叶片（n＝17）		叶柄（n＝17）	
	可溶性糖	AsA	可溶性糖	AsA
硝酸盐	－0.85**	－0.80**	－0.82**	－0.76**

从表 6－8 可以看出，不同 R/B 连续 LED 光照下水培生菜硝酸盐含量与可溶性糖及 AsA 含量都呈显著负相关。在叶片中，硝酸盐含量与可溶性糖及 AsA 含量的相关系数分别是－0.85 和－0.80（n＝17），叶柄中分别是－0.82 和－0.76（n＝17），并都达到极显著水平。

连续 LED 光照下水培生菜中硝酸盐、可溶性糖及 AsA 含量的变化趋势与连续荧光灯光照下的基本一致。不同 R/B 的连续 72h LED 光照下，硝酸盐含量大幅降低，在光照初期降低速率最快，最初 24h 的降低量占到了 72h 中全部降低量的 70% 以上，此后降低速率逐渐趋于缓慢，硝酸盐含量逐渐趋于稳定；在同样的光照下，可溶性糖和 AsA 含量则以近似恒定的速率迅速增加，在 72h 连续光照末期并没有显现任何变缓的趋势。短期连续光照下，R/B 显著影响各种物质的累积，相比红色单色光，红蓝混合光更有利于降低硝酸盐含量而提高可溶性糖含量，在 R/B 为 4 的连续光照下，硝酸盐含量最低，而可溶性糖含量最高，不同 R/B 光照处理间生菜硝酸盐和可溶性糖含量的相对差异没有随着光照时间的延长而变化；不同于硝酸盐及可溶性糖含量，随着连续光照中蓝光成分的增加，AsA 含量有提高的趋势，且随着光照时间的延长这一趋势更加明显，显示增加蓝光有利于提高水培生菜的 AsA 含量。

关于光照下植物中硝酸盐含量的变化趋势已有一定的研究，林志刚等（1993）通过每隔 2h 取样测试，发现在晴天从 8：00 到 16：00 菠菜中硝酸盐含量持续下降，然而其硝酸盐降低幅度非常有限，不足以满足生产低硝酸盐蔬菜的要求。Scaife 和 Schloemer（1994）用人工光源进一步延长光照至 24h，发现菠菜中硝酸盐含量仍具有这种下降趋势。本研究中的连续荧光灯光照试验则进一步说明了在 72h 连续光照下，水培生菜硝酸盐含量持续降低而可溶性糖及 AsA 含量持续快速升高，不同 R/B 的连续 72h 的 LED 光照试验也得出了相同的结论。

连续光照下硝酸盐与可溶性糖及 AsA 含量的变化可能与光对相关代谢酶活性的协同促进作用有关。光照下植物光合作用持续进行，大量生成碳水化合物，使得可溶性糖含量迅速升高。硝酸还原酶是植物硝酸盐代谢过程中的关键酶，光可诱导硝酸还原酶编码基因的表达并提高硝酸还原酶活性从而促进植物硝酸盐同化（Lillo，2004）。此外，光合产物除了提供植物硝酸盐同化所需的能量和碳架，叶片内糖类的累积也提高了 NR 活性（Huber 等，1992），这些都促进植物硝酸盐还原同化从而使得硝酸盐含量降低。近年来的研究表明，AsA 合成代谢中多种酶编码基因也具有光诱导性，在 24h 连续光照或强光条件下，均能检测到这些基因的诱导表达和相应酶活性的增加（Tamaoki 等，2003；Yabuta 等，2007；Maruta 等，2008），从而使 AsA 合成代谢加快，AsA 含量增加。

连续荧光灯光照试验结果表明，尽管 72h 连续光照下水培生菜中硝酸盐含量持续降低，但在连续光照的不同阶段，硝酸盐的降低速率各不相同。在叶片中，0~24h 内的降低速度最快，在该阶段硝酸盐含量的降低量为 2 085.7mg/kg，占 72h 内总降低量的 87.7%，此后叶片中的硝酸盐含量趋于稳定。叶柄中的快速降低滞后于叶片 24h，为 24~48h，该时期内的降低量占 72h 内总降低量的 60.0%，在连续光照 48h 后，叶柄中硝酸盐含量也趋于稳定。连续 LED 光照试验得出了基本一致的结果，即在光照初期硝酸盐含量降低速率最快，最初 24h 的降低量占到了 72h 中全部降低量的 70% 以上，此后降低速率逐渐趋于缓慢，硝酸盐含量逐渐趋于稳定。

研究表明，植物内的硝酸盐不仅是一种营养物质，作为一种信号物质，在调节侧根生长、养分吸收、氮素代谢和有机酸代谢等过程中也起重要作用（田华等，2009），除此，NO_3^- 在维持植物细胞渗透压平衡上也具有重要意义（Blom-Zandstra 和 Lampe，1985），因此植物体内必须维持一定量的硝酸盐以保证正常的生长发育，也就是说，植物体内的硝酸盐含量存在下限值，该下限值与植物的种类、器官、营养及各种环境因子密切相关。从本研究数个试验结果分析，对于本研究条件下的生菜，其叶片硝酸盐含量下限值可能在 1 000mg/kg 左右，而叶柄硝酸盐含量下限值可能在 3 000mg/kg 左右，这在一定程度上解释连续 72h 光照末期生菜中硝酸盐含量趋向稳定的生理机制。

无论是在连续 72h 的荧光灯光照还是 LED 光照下，无论是水培生菜叶片还是叶柄中，可溶性糖和 AsA 含量的增加速度均比较稳定，在 72h 连续光照后期并没有出现减缓的趋势，可以预测，若将连续光照继续延长一段时间，生菜中的可溶性糖及 AsA 含量将继续升高。从经济的角度考虑，由于连续 24h 光照后水培生菜中硝酸盐含量降低速率迅速降低，也就是说延长光照时间对降低硝酸盐含量的边际效益逐渐减小，因此，若仅为了降低生菜中的硝酸盐含量则连续光照 48h 即可，若为了进一步提高其中的可溶性糖及 AsA 含量则可进一步延长连续光照时间。

晴天自然光照条件下，温室内水培生菜叶片中的硝酸盐含量有一个持续的下降过程，而叶柄中硝酸盐含量并无显著下降，甚至在光照早期及末期都略有上升，显示叶片中的硝酸盐含量要先于叶柄中降低，在连续 72h 荧光灯光照及 LED 光照下也具有相似的规律。在短期连续光照下，相比叶柄，叶片中的硝酸盐含量下降幅度更大，如在 72h 连续荧光灯光照下，叶片中硝酸盐含量下降了 2 378.1mg/kg，而叶柄中仅下降了 1 569.7mg/kg，在 72h 连续 LED 光照下，叶片中最高下降了 3 016.7mg/kg，而叶柄中最高仅下降了 1 534.7mg/kg。

叶柄中硝酸还原酶分布较少、潜在硝酸还原酶活性的实际表达程度低、细

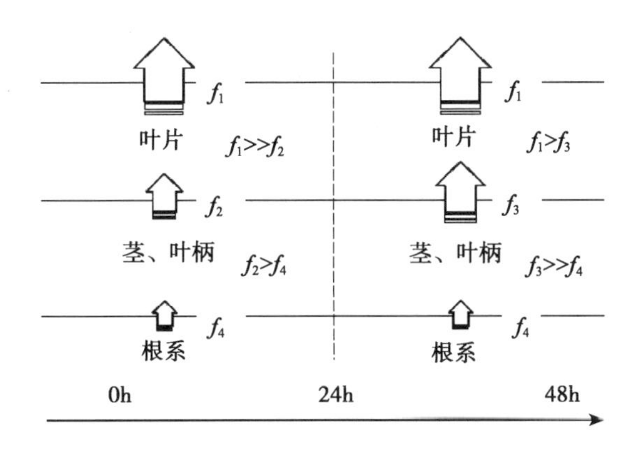

图 6－15　不同光照时期硝酸盐在叶片和叶柄中转运示意图

注：f_1 代表硝酸盐在叶片中的代谢量，f_2、f_3 代表了从叶柄转运至叶片的硝酸盐量，f_4 代表了从根系转运至叶柄的硝酸盐量；＞表示大于，＞＞表示远大于。

胞液泡大，造成了硝酸盐难以在叶柄中被还原，植物吸收的硝酸盐绝大部分是在叶片中被代谢（刘忠等，2006）。由此，光照初期叶片中硝酸盐含量迅速下降而叶柄中下降速度相对缓慢，说明了在光照初期生菜代谢的主要是叶片中原本积累的硝酸盐，一定时间（约 24h）后叶片中硝酸盐含量趋向稳定而叶柄中迅速下降说明了此时叶柄中有大量硝酸盐开始净流出到叶片中参与代谢，由此推测不同光照时期叶片和叶柄中硝酸盐转运情况如图 6－15 所示。从图 6－15 中可以看出，在光照初期叶片中硝酸盐同化量远大于从叶柄到叶片的转移量，故而，叶片中硝酸盐含量迅速下降，而在一定时间（约 24h）后，从叶柄到叶片的转移量增大，远大于从根系到叶柄的转移量，使得叶柄中硝酸盐含量迅速下降。

研究结果表明，即使在短短的 2～3d 连续光照中，光质也显著影响了水培生菜内硝酸盐、可溶性糖及 AsA 的代谢。相比红色单色光，红蓝混合光更有利于降低硝酸盐含量而提高可溶性糖含量，在 R/B 为 4 的连续光照下，硝酸盐含量最低，而可溶性糖含量最高，不同 R/B 光照处理间生菜硝酸盐和可溶性糖含量的相对差异没有随着光照时间的延长而变化。不同于硝酸盐及可溶性糖含量，随着连续光照中蓝光成分的增加，AsA 含量有提高的趋势，且随着光照时间的延长这一趋势更加明显，显示增加蓝光有利于提高水培生菜的 AsA 含量。从本研究的结果综合看来，适用于水培生菜的短期连续光照调控的 R/B 应为 4。

前人已有研究表明，红光中添加蓝光可以促进植物氮代谢（Ohashi-Kaneko 等，2006），红蓝混合光更有利于植物生长发育（Yorio 等，2001；Matsuda 等，

2004)。闻婧等（2009）报道，生菜中的硝酸盐含量在 R/B 等于 8 的时候最低，Urbonaviciut 等（2007）研究也发现在 86% 的红光和 14% 的蓝光组合下生菜的硝酸盐含量相对较低。然而，根据研究结果，为了降低生菜中的硝酸盐含量，最佳的 R/B 应该是 4。造成这种差异的原因可能是由于前面的研究中光照处理都是贯穿植物全生长周期的，最佳 R/B 体现的是光质对植物生长发育影响的长期效应，而短期控制方法可能更强调促进植物氮代谢，而植物氮代谢是显著受蓝光促进的（史宏志等，1999；邓江明等，2000）。

第七章　LED 照明系统与设施园艺应用

在明确了 LED 光质的生物学效应后，LED 光源设施园艺应用的前提是研发适合设施园艺生产各领域运用的 LED 光源装置、光源控制系统和散热系统。世界范围内，从事 LED 植物应用研究的机构逐年增加，多个国家（尤其是荷兰）已经研发出了 LED 光源装置或 LED 灯以及照明系统，并且已将 LED 照明系统应用于设施园艺生产的各种领域。当前，LED 在温室中的应用存在价格昂贵的问题，但 LED 应用在周年人工光需求量大，电费较贵且园艺产品价格较高的国家或地区已有经济效益。本章总结了 LED 种类与分类方法、LED 灯的研发现状、LED 光源控制系统、LED 光源散热系统，以及光配方概念、内涵及光环境管理策略。

多年来，各国学者已经明确了多种园艺作物 LED 光质的生物学效应，初步确定了园艺作物人工光的光谱需求以及光强和光周期优化参数，为 LED 光源的设施园艺应用奠定了坚实的基础。研究表明，红光和蓝光是植物正常生长发育所需要的大量光质，其他 PAR 为微量光谱，UV 和远红光为有益光质，白光也是满足植物生长需求的复合光质。随着 LED 制造技术的发展，LED 芯片可实现大量光质、微量光质和有益光质的多个谱段的光源。Bergstrand 和 Schüssler（2012）认为，从经济上 LED 技术用于园艺照明变得日益可行，因为 LED 技术的快速发展不断将更便宜更高效的 LED 产品投放市场。按照设施园艺各生产领域的光环境调控需求，通过不同 LED 光源的组合，研发了适合设施园艺生产各领域运用的 LED 光源装置或灯具、光源控制系统和散热系统。现今，LED 植物生长灯已可以为不同植物、不同植物的不同生长期量身定制光照策略与光谱成分，不但可以提供最适合植物生长的光谱，而且易于调控，从而帮助种植者找出最适合作物在各个生长阶段的光环境，以满足不同植物的独特需求。

近年来，人们继续扩大研究植物的种类及其吸收光谱，以求LED光源装置或灯具发射光谱最大程度地接近植物的吸收光谱以产生共振吸收，促进植物光合作用高效进行。美国在温室补光LED灯，荷兰在植物组培灯、花期灯，日本和中国在植物组培灯、植物工厂LED光源和补光灯等方面均有产品问世，部分已应用于生产实践。最终的研发目标，开发出适宜于设施园艺各种生产领域应用需求的LED灯，按植物需求设计灯的形状、大小、光强和光谱组成，以及控制系统，使之能最大程度地为植物提供光合有效辐射，节省能源消耗，改善园艺产品的营养品质，提高设施园艺产业的供给能力，保障食物安全。

7.1 设施园艺用LED灯种类

7.1.1 按照光质类型分类

按照LED光源所发射的光质类型来分类可分为白光、单色和复合光设施园艺用LED灯。

（1）白光设施园艺用LED灯。白光LED光源的实现可由3个途径。①二基色荧光粉转换白光LED光源。二基色白光LED是利用蓝光LED芯片和YAG荧光粉制成的。一般使用的蓝光芯片是InGaN芯片，另外也可以使用A1InGaN芯片。蓝光芯片LED配YAG荧光粉方法的优点是：结构简单，成本较低，制作工艺相对简单，而且YAG荧光粉在荧光灯中应用了许多年，工艺比较成熟。其缺点是，蓝光LED效率不够高，致使LED效率较低；荧光粉自身存在能量损耗；荧光粉与封装材料随着时间老化，导致色温漂移和寿命缩短等。②三基色荧光粉转换白光LED光源。得到三基色白光LED的最常用办法是，利用紫外光LED激发一组可被辐射有效的三基色荧光粉。这种类型的白光LED具有高显色性，光色和色温可调，使用高转换效率的荧光粉可以提高LED的光效。不过，紫外LED+三基色荧光粉的方法还存在一定的缺陷，譬如荧光粉在转换紫外辐射时效率较低，粉体混合较为困难，封装材料在紫外光照射下容易老化，寿命较短等。③多芯片白光LED光源。将红、绿、蓝三色LED芯片封装在一起，将它们发出的光混合在一起，也可以得到白光。这种类型的白光LED光源，称为多芯片白光LED光源。与荧光粉转换白光LED相比，这种类型LED的好处是避免了荧光粉在光转换过程中的能量损耗，可以得到较高的光效；而且可以分开控制不同光色LED的光强，达到全彩变色效果，并可通过LED的波长和强度的选择得到较好的显色性。此方法弊端在于，不同光色的LED芯片的半导体材质相差很大，量子效率不同，光色随驱动电流和温度变化不一致，随时间的衰减速度也不同。为了保持颜色的稳定性，需要对3种颜色的LED分别加反馈电路进行补偿和调节，这就使得电路过于复杂。另外，散热技术也是困扰多芯片白光LED光源研制的主要问题。

（2）单色设施园艺用LED灯。按照发射光颜色，如红光LED灯、蓝光LED灯、绿光LED灯、黄光LED灯、紫光LED灯、橙光LED灯和紫外光LED灯等，以及过渡颜色的LED灯。

（3）复合设施园艺用LED灯。主要包括红光、蓝光、橙光、绿光、紫光、黄光、紫外光相互交叉构成的双色或多色LED灯，其中红蓝光LED灯为最常用的复合光LED灯，而其他组合多为进行光生物学试验而研制的试验光源。

7.1.2 按照形状类型分类

设施园艺用LED灯的种类有多种分类方法。首先，按照形状来分可分为球泡灯、面板灯、柔性灯带、灯管、灯柱、灯条、筒灯等几大类，分别适用于设施园艺的不同生产系统和植物种类（表7－1）。各种形状的灯具有各自的照明优势，譬如面板灯的受光面光强较均匀，覆盖面积大，光强和光质及光周期都便于调控，适宜于进行固定位置低矮园艺作物的栽培，如植物工厂蔬菜和种苗培育、植物组织培养等。球泡灯和灯管的光强大，密度可控，覆盖面积大，便于调节高度，适宜于固定或可调栽培植物的栽培，如植物工厂、温室补光和植物组织培养。灯带、内置LED光源的组培容器是较适宜于植物组织培养使用的LED灯，前者可对组培容器进行侧面光照，并且灯带易于变换方向；后者将LED光源固定于组培容器的盖子上，消除了容器盖或透气膜对光源的遮挡作用，增加了组培苗的受光强度，减少了光损失。筒灯主要用于温室补光，具有一定的发光弧度和照射面积，能够控制光强和光质，可根据温室光环境变化进行针对性地精准补光。

表 7－1　设施园艺用 LED 灯种类及应用领域

设施园艺生产领域	LED 光源类型
植物组织培养	灯管、灯带、内置 LED 光源组培容器、面板灯
植物工厂	灯管、面板灯、面板补光灯
温室补光	面板补光灯、幕帘灯、灯柱、灯条、筒灯
种苗工厂化	灯管、面板灯、面板补光灯、球泡灯

7.1.3　按照应用领域分类

按照 LED 灯的应用领域可分为植物组织培养灯、植物工厂 LED 灯、补光灯（冠层补光灯和顶端补光灯）、花期灯等类型。

7.1.4　按照功率分类

按照采用的 LED 芯片功率分类，可分为大功率 LED 灯和小功率 LED 灯。

7.2　设施园艺用 LED 灯的研发现状

7.2.1　植物组培 LED 灯

植物组织培养是一项通过规模化生产，在短时间内获得大量同品质种苗的快速繁育技术，组织培养技术由于繁育速度快，不受外界气候、地势、地域和时间等条件的约束，已经成为植物遗传育种、种质资源保护和种苗脱毒快繁的重要手段之一。由于植物组织培养需要在全封闭的环境内完成，人工光成为其生产必须而且唯一的光能来源。目前，植物组织培养采用的人工光源主要为荧光灯，普遍存在着光效低、发热量大、能耗成本高等缺点。据农业部统计，我国植物组织培养设施面积已达 2 000万 m^2 以上，仅人工光源—荧光灯的年耗电总量就达 1 075亿度以上。

植物组织培养因植株及其培养容器较小，植株生长发育所需光强较小，容器透光性高等特征，能采用的 LED 灯类型最为丰富，包括 LED 球泡灯、LED 面板灯、LED 柔性灯带、LED 灯管均可用于此领域植物培养，其中以后三者应用较多，效果较好。中国农业科学院农业环境与可持续发展研究所研制了一种将 LED 面板灯嵌在组培瓶盖上的 LED 光源装置（图 7－1，见彩色插图）。该装置是针对组培瓶盖对植株的遮光问题，同时也利用 LED 光源可近距离照射植物的特征，将光源直接设置于组培瓶盖内侧进行照射，大大缩短了光照距离，提高了光照的均衡度与光照效率，降低了能耗，同时还可以通过对灯珠的调节，自由控制容器内光质、光强等参数，促进植株生长。而且，瓶内照射实现了独立控制每个容器的光照提供了便利条件。更为有益的是，由于每个透明容器自带光源，因此，避免了容器间对光源的相互遮挡，可相应提高容器的摆放密度，提高空间利用率。该装置耐高温可多次高温消毒，解决了组培容器盖遮光的问题。

所研制的带 LED 光源的组培容器由透明容器（组培瓶）、带 LED 光源的组培瓶盖、外接电源端口、控制器件等部分组成，其关键核心部件是带 LED 光源的组培瓶盖，瓶盖上设置有用于组培容器内照明的 LED 光源体，该光源体由 660nm 红光 LED 和 450nm 蓝光 LED 灯珠按组培植物需要的 R/B 进行配置，并通过一个支架设定在瓶盖上，由电子驱动电路、安装电路板与外接电源连接而成。该组培容器可进行多次高温湿热消毒处理，光衰幅度较小，能够长期使用。

灯管是另一种适宜于植物组织培养应用的 LED 灯。针对目前所有的组培光源均为 T8、T5 荧光灯管的现实，研发 LED 灯管替代 T8、T5 荧光灯管，以方便地实现植物组培光源的通用与更换。一般，LED 灯管照明系统由灯架、变压器、灯头等部分组成，灯架内安装有特定的变压器，可直接将 220V 交流电转化成可供 LED 使用的 12V 直流电，灯架两端各封接一个电极，并设置与普通荧光灯管同样标准的灯头，在完全不改变其他结构的条件下，就可用管状 LED 光源直接替换现有的荧光灯，安装使用方便。如今，LED 灯管已实现了与 T5 和 T8 灯管灯具的互通共用，使用方便（图 7－2 和图 7－3，见彩色插图）。

现有的组培容器多是由玻璃或透明塑料制成，但容器盖多是由不透明的材料制作而成，有些是用半透明的塑料制品制成，这两种组培容器盖都会对瓶内的组培苗形成不同程度的遮光，另有一些组培容器不使用瓶盖，透明薄膜制成的透气膜存在也会形成遮光，因此，组培瓶盖对植株的遮光已经成为组培光源系统设计的重要难题。针对这一现实问题，除上面提到的带 LED 光源的组培容器外，国内研发出了一种可放置于组培瓶侧面或侧下方进行照明的 LED 柔性灯带，用以减少瓶盖或透气膜的遮光损失（图 7－4，见彩色插图）。所研制的组培 LED 柔性灯带由灯带固定线、带电源线的柔性绝缘带、LED 灯珠等部分组成，电源线设计在柔性绝缘灯带内部，LED 灯珠可直接与电源线连接，灯珠由 660nm 红色 LED 和 450nm 蓝色 LED 按组培植物需要的 R/B 比相间布局。LED 柔性灯带的长度可根据组培架的长度进行设计，其一端完全密封，另一端并联连接电源插头，使用时将 LED 柔性灯带悬吊于组培瓶盖侧下方，纵向穿插于组培容器之间。由于 LED 柔性灯带大幅缩短了光照距离，可显著提高光能利用效率。

研制开发的 LED 柔性灯带可独立用作植物组培光源，也可与荧光灯组合使用，配合荧光灯管进行组培苗的生产。相关研究表明，LED 柔性灯带与一根荧光灯管联合使用进行侧面补光时，能明显地促进组培植物的生长，尤其能显著地促进根部生长。柔性 LED 灯带是近几年开发的 LED 光源产品，具有独特的光照优势，它能够从侧面、上面进行光照，避开了组培瓶盖的遮挡作用，增加植物获得光的能力。

针对植物组培对节能光源的迫切需求，结合植物光合吸收光谱特性，即植物对 400～510nm 蓝紫光段、610～720nm 红橙光和 720～780nm 远红光反应最为敏感，其中可吸收的波长主要集中在蓝紫光段（波峰为 450nm）和红橙光段（波峰为 660nm）。中国农业科学院农业环境与可持续发展研究所与中国科学院半导体研究所合作研制开发的两种类型 LED 光源板（LEDA 型和 LEDB 型植物生长光源），开展了两种光源对蔬菜栽培光环境参数进行了系统研究。LEDA 型光源板由波峰为 660nm 的红光 LED 与 450nm 的蓝光 LED 组合而成，LEDB 型光源板由波峰为 630nm 的红光 LED 与 460nm 的蓝光 LED 组合而成（表7－2）。LEDA 型与 LEDB 型两种光源均可以根据试验需要调节红蓝光比例、光强、光周期及灯板距作物距离等参数。两种光源的基本参数如表 7－2 所示。

表 7－2　LED 光源板的性能参数

LED 光源参数		LED 波峰	灯珠密度（只/cm^2）	光强（μmol/$m^2 \cdot s$）	电能转化效率（%）	发光面尺寸（cm）	重量（kg）
LEDA 型光源	红光	660	1.82	288	6.7	L54 × W28	15
	蓝光	450	0.20	29	13		
LEDB 型光源	红光	630	0.14	256	28	L54 × W28	10
	蓝光	460	0.11	42	18		

光源辐射光谱的波长及其红蓝光配比是影响作物产量及品质最重要的光环境参数之一，是研制 LED 植物生长光源的重要依据。选择红蓝 LED 为光源材料，研究了 LED 对组培苗生长发育的影响及其适宜的光环境参数，探明适宜于植物组培的 LED 光源优化指标是 LED 光源装置或灯具必需解决的问题，是过去几年研究重点内容。

为了探明 LED 光源对组培植物生长发育的影响及其适宜于植物组培的优化

光环境参数，选取660nm LED红光和450nm LED蓝光、637nm LED红光和460nm LED蓝光、637nm LED红光和荧光灯3种组合光源进行试验，分析这3种组合光源下不同的红蓝光质比（R/B）、不同的光强等光环境要素对组培苗发育的影响机理，探明适用于植物组培的经济型LED光源的组合方式，以及植物组培LED光源装置开发的关键技术参数。

相关试验表明：与荧光灯相比，LED光源有抑制植株徒长、降低地上含水率、提高根冠比的作用。在660nm红光LED和450nm蓝光LED组合光源中，R/B=8时（表7-3），甘薯组培苗根部发育好，植物向下输送光合产物能力强，地下鲜重和根冠比大，地上部分和地下部分的相关性得到较好的协调，是较为适宜的光质比参数。

表7-3 波峰为660nm LED红光和450nm LED蓝光下甘薯组培苗的品质比较

处理	地上鲜重（g）	地上干重（g）	地上含水率（%）	地下鲜重（g）	根冠比（FW）
CK	1.64a	0.10ab	93.72c	0.30ab	0.19c
LED4	1.32b	0.11ab	92.0abc	0.8c	0.21bc
LED6	1.35b	0.10b	92.83ab	0.32ab	0.23bc
LED8	1.40ab	0.12ab	91.52bc	0.39a	0.28a
LED10	1.45ab	0.13a	90.77a	0.38a	0.26ab

注：CK是指荧光灯处理；LED4、LED6、LED8、LED10分别指光质比R/B分别为4、6、8、10时的LED光源处理。

总部位于荷兰埃因霍温的荷兰飞利浦电子公司创立于1891年，是一家拥有120年历史的以“健康舒适、优质生活”为理念的多元化公司。飞利浦目前开发了一种用于多层植物组培使用的GreenPower LED生产模组（图7-5，见彩色插图）。据报道，该模组光源可以完全取代传统的荧光照明，节约多达60%的能源，并且保证整个种植平台光线的均匀分布，使每株植物都能收到相同的光质和光量。另外，其对植物所放射的热量非常小，在多层种植中可以缩短灯与植物的距离，从而增加种植面积。

7.2.2 植物工厂LED灯

植物工厂（Plant factory）是通过设施内高精度环境控制实现农作物周年连续生产的系统，即是利用计算机对植物生长发育的温度、湿度、光照、二氧化碳浓度以及营养液组分、理化性状等环境条件进行自动控制，使设施内植物生长发育不受或很少受自然条件制约的省力型生产系统。植物工厂生产的对象包括蔬菜、药材、食用菌及一部分粮食作物（杨其长和张成波，2005）。植物工厂按照光能利用方式可分为 3 种类型，即人工光利用型、太阳光利用型、太阳光和人工光并用型。其中，人工光利用型被视为狭义的植物工厂，而广义的植物工厂则包括了这 3 种类型。

植物工厂具有的共同特征：①有固定的设施；②利用计算机和多种传感器装置实行自动化、半自动化控制，是计算机精准控制下的可控农业；③采用营养液栽培技术；④产品的数量和质量大幅度提高。

狭义植物工厂的特征包括：①设施建筑为全封闭式，密闭性好，屋顶及墙壁材料不透光，隔热性较好；②只利用人工光源，如 LED；③采用了植物在线检测和网络技术，对作物生长过程进行连续检测和信息处理；④采用营养液栽培方式，可实现周年均衡生产，连作障碍发生几率小；⑤可以有效地抑制害虫和病原生物的侵入，在不适用农药的前提下实现无污染生产；⑥对设施内的光照、温度、湿度、二氧化碳浓度，以及营养液中的营养元素浓度、EC、pH 值、溶解氧和液温等因素均可进行精密控制；⑦技术装备和设施建设费用高，能耗大，运行成本高；⑧管理自动化程度高，操作人员文化素质要求较高。

狭义的植物工厂不仅用于农作物的生产，还可用于组培苗、穴盘苗、嫁接苗和种苗等的工厂化生产。图 7－6（见彩色插图）为中国农业科学院农业环境与可持续发展研究所建立的人工光植物工厂。狭义植物工厂的优点：①高效率、省力化和稳定种植的生产方式，单位面积产量是普通温室的 3～10 倍，是露地生产的几十倍；②生产不受季节、时间、气候等因素的影响，可按时、按量生产出规格一致（各种品质指标）的植物产品；③病虫害发生概率小，不施用农药，产品安全无污染；为无公害蔬菜或绿色蔬菜；④采用营养液栽培方式，可实现周年均衡生产，连作障碍发生几率小；⑤多层式、立体化栽培，空间利用率高，复种指数高；⑥立地条件广泛，不受土地的限制，可在非可耕地、楼宇、地下室，甚至在舰艇、岛礁、太空站均可建立；⑦机械化、自动化程度高，工作环境舒适。总之，植物工厂是设施农业的高级阶段，作为一种资源集约型的植物生产模式，由于受自然条件影响小，植物生产计划性强，生产周期短，自动化程度高，并且可以进行多层立体式栽培，可以大幅提高单位土地的利用率（节约 3～5 倍的土地）、产出率和经济效益，特别是在极端条件下可以保障食物供给和食品安全，摆脱传统农业受到大自然环境的限制，大幅度开拓耕地替代资源，实现现代农业的可持续发展。

植物工厂的能源消耗高一直制约着它的进一步推广应用，密闭式植物工厂中的电能消耗成本通常占总体运行成本的50% ~60%，是其运行成本中最主要的部分，包括人工光源、空调、风机、加湿器、控制装置等设备的耗能用电。在密闭式种苗工厂中，人工光源（荧光灯）的耗电量约占总耗电量的82%，空调制冷占15%，其他占3%（Kozai 等，2004）。人工光源的电能消耗是密闭式植物工厂内最主要的能量消耗设备，降低耗电量不仅可以有效降低密闭式植物工厂的运行成本，而且推动植物工厂的普及应用。

近年来，国内外专家都将视人工光源的节能降耗为研究热点，主要有两个途径：一是选用耗能低、效率高的新能节能光源 LED。在 LED 人工光源技术方面，摸清了适宜于植物工厂蔬菜栽培各单色光的光谱组成，研制出了植物工厂 LED 节能光源及其控制装置，节能率达 60% 以上；二是研制成功了多层立体栽培及营养液循环控制系统，实现了多层立体无土栽培，蔬菜栽培周期仅 18 ~20d，大大提高了土地利用效率。目前，智能植物工厂技术已经在北京、山东、辽宁、吉林、江苏、广东等地推广应用，取得了良好的社会经济效益。智能植物工厂关键技术的突破不仅使我国成为国际上少数掌握植物工厂核心技术的国家，大大提升了我国在农业高技术领域的国际竞争力，而且也为我国未来解决耕地资源紧缺、人口增长、食物需求上升、农业劳动力老龄化等问题找到了有效的途径。当前，已开发的植物工厂面积由几十到几百平方米不等，栽培植物种类包括蔬菜、农作物、苗木和花卉。为了便于推广应用，替代 T8、T5 荧光灯的管状和带状 LED 光源、LED 面板灯是植物工厂常见的光源类型。图 7 – 7、图 7 – 8、图 7 – 9 和图 7 – 10（见彩色插图）分别是 LED 面板灯用于植物工厂中黄瓜育苗、水稻育秧、生菜栽培的情景。

多年来在植物领域使用的人工光源主要有高压钠灯、荧光灯、金属卤素灯、白炽灯等，这些光源的突出缺点是能耗大，运行费用高，能耗费用占全部运行成本的50% ~60%。而 LED 光源不仅可发出光波较窄的单色光，如红光、橙光、黄光、绿光、蓝光和远红光等，并能根据植物不同需要任意组合，而且还是具有低发热特性的冷光源，可以近距离照射植物，提高空间利用率，不仅能够为植物的生长提供合理的光环境条件。Ono 和 Watanabe（2006）报道，在日本几座正在运行的植物工厂已采用 LED 光源生产生菜商品。同时，LED 光源在植物工厂园艺作物和粮食作物育苗具有应用前景。密闭式植物工厂系统是由具有最小或可控的通风速率的不透明的维护墙体，采用人工光照明的生产系统，高产优质、资源高效、环境良好（减少废弃物产生）。密闭式植物工厂系统需要的较少的照明和空气调节电能、水肥和CO_2，不需要农药。在此系统中，光强光周期和光质、气温、湿度、CO_2浓度和气流速率按需可控，可广泛应用有助于解决全球的食品、资源和污染问题。

以日本植物工厂为例，栽培光源为水冷式红光LED（660nm），育苗光源为白色荧光灯，采用NFT栽培方式生产芹菜、生菜等，年生产能力为150万株。该工厂的建筑尺寸为13m×13m×12m，栽培床面积$800m^2$（8m×10m×10层），另设置$60m^2$的育苗室。利用激光（Laser diode，LD）作为照明光源的激光植物工厂也在积极研发中。日本东海大学的高辻正基教授和大阪大学的中山正宣教授1994年使用LD作为植物工厂的照明光源，用波长为660nm的红色LD加上5%的蓝色LED的组合光源来生产生菜和水稻。

7.2.3 温室补光LED灯

温室补光是弥补太阳光照不足，人工增加光强或延长光照周期保证温室园艺作物稳产优质的有效方法，补光量和补光时间要依据蔬菜种类及生长发育阶段、以及季节和天气情况而定。一般，补光量为饱和点减去自然光照的差值（李彦荣等，2010）。早晨补光时作物叶片的净光合速率比晚上大，光合作用的启动时间也长于晚上（程瑞锋等，2004），因此要更重视早晨补光（图7－11，见彩色插图）。目前，温室补光方式包括顶部补光和冠层补光2种。

顶部补光是传统的温室光照和补光方式。顶部补光时，为避免植株过热和实现较高的光能利用率，确保作物的补光强度和光强分布均匀，在人工光源的安装时应将灯尽可能地布置在作物行间的正上方（王洪安，2011）。譬如，镝灯应布置在作物上方，安装高度应与植株的垂直距离保持1.2m左右。由于LED灯为冷光源，可以近距离照射作物，可将LED灯置于冠层上方距离较近之处。目前，可通过培养架（张立伟等，2010）、水培层架（李雯琳等，2010）或可移动灯架（吴家森等，2009）等栽培装置将LED灯安装在作物冠层的正上方。

冠层补光是新兴的温室补光方式，可弥补顶部补光的不足之处包括冠层纵向补光和冠层横向补光。顶部补光时因大部分光线被最上部叶片截住，使温室高大蔬菜受光上下不均匀，低矮位置的叶片接收到的光照比上部叶片明显减少（Acock等，1978），对净光合作用和产量的促进作用大打折扣。研究表明，整个冠层均匀分布的照射对植物有益，每片叶获得的光量都应在光补偿点和饱和点之间（Hovi等，2006），增加冠层内穿透的自然光能提高产量（Aikman，

1989）。部分冠层纵向补光代替顶部补光在一定程度上也能提高作物的产量和品质，可能是由于顶部补光方式不能充分利用光合作用获得能量（Gunnlaugsson 和 Adalsteinsson，2006），而冠层纵向补光增加了垂直光的分布，使低矮叶片具有积极的同化作用，叶片更有效地利用补光光源。50% 荧光灯纵向补光代替高压钠灯顶部补光，与完全高压钠灯顶部补光相比，提高了黄瓜品质（Heuvelink 等，2006）。用 25% 高压钠灯纵向补光代替顶部补光与完全高压钠灯顶部补光相比，黄瓜总果质量、第一级果质量、果实数、果实大小以及第一级果的百分率等都增加（Hovi 等，2004）。用 22% 和 45% 高压钠灯冠层纵向补光代替顶部补光，番茄品种 Espero 在 45% 纵向补光下产量最高（Gunnlaugsson 和 Adalsteinsson，2006），完全高压钠灯顶部补光产量最低。用 50% 高压钠灯纵向补光代替顶部补光，与完全高压钠灯顶部补光相比（Hovi 等，2006），不仅提高了甜椒产量，还使光合光子通量（PPF）提高了 14%，证实了当纵向补光和顶部补光共同进行时能增加甜椒的光合能力。与完全高压钠灯顶部补光相比，24% 和 48% 高压钠灯纵向补光提高了黄瓜产量（一级果的质量均提高了 15%）和全年光能利用率（分别提高了 0.4% 和 3.1%）（Hovi 和 Tahvonen，2008），且增加了果皮总叶绿素含量（分别增加了 8% 和 16%），还延长了春季黄瓜采后货架期，纵向补光所占的比例越大，越能提高品质。

由于 LED 灯低发热、低压及坚固性等优点，而且补光灯在形状、长度上不受局限，使其特别适用于冠层补光，38% 的 LED 灯（80% 红、20% 蓝）冠层补光与 62% 的高压钠灯顶部补光组合及 100% 高压钠灯相比，黄瓜的叶面积、叶干质量分配比例及低层（第三层、第四层）叶总光合能力均显著提高了 23.4%、5.0% 和 36.1%（第三层）（Govert 等，2010）。Massa 等（2005b；2006）研发了一种组合式 LED 照明阵列（Array），该光源系统可作为整体悬挂光源，可用于冠层补光的 Lightsicles（图 7－12，见彩色插图）。

根据植物的生长习性选择不同的 LED 补光应用模式，冠层补光用于平展型植物，植物冠层紧密相邻，冠层顶端补光适合用于紧凑型或莲座丛状植物。先前以豇豆为材料进行了冠层补光和冠层顶端补光生长差异的比较，结果表明补光处理豇豆的生物量高于冠层顶端补光处理，并且每千瓦时能耗所获得的生物量指标较高。此外，冠层纵向补光处理植株的老叶子无脱落现象发生，而冠层顶端补光处理植株老叶子大量脱落（图 7－13，见彩色插图）。另外，可对高大植物进行冠层内横向补光，如图 7－14（见彩色插图）是为花卉冠层横向补光和图 7－15（见彩色插图）是为番茄冠层横向补光。而且，通常条件下大型连栋温

图7-18 飞利浦公司的花期灯

室可采用顶部安装补光灯的方式进行补光来调节光环境，如图7-16（见彩色插图）是荷兰大型联动温室补光方式。安装低功率LED灯进行顶部补光对高大植物适用，对于低矮植物只起到延长光周期的作用，光强增加幅度有限。日本也研制出了LED红蓝光筒灯用于温室花卉生产的顶部补光（图7-17，见彩色插图）。飞利浦 GreenPower LED 花期灯最近推出的产品，它是一款光周期控制灯，在培育草莓、花坛植物以及生产菊花和长寿花扦插苗时，可用于延长日照时间，控制花期，比白炽灯节电80%以上（图7-18）。Siemens 附属的 Osram Opto 半导体公司研发一种植物栽培 LED 光源，发射出660nm 的深红光。在丹麦，采用5万个LED为几千平方米的温室补光，节能40%（Deep-Red LED Light for Greenhouses Save Power，http：//www. siemens. com /innovation/en/news /2011/deep-red-led-light-for-greenhouses-save-power. htm）。中国也开发了几种温室补光LED灯，已经用于田间试验研究。图7-19（见彩色插图）是中国科学院开发的LED补光灯用于温室茄子补光。

7.2.4 园艺作物储运系统照明系统

园艺作物储运系统照明系统中需要较弱的光照，弱光照能够保证低温储存和运输中植物苗的质量，如茄子（Heins 等，1994）、番茄（Kozai 等，1996）、花椰菜试管苗（Kubota 和 Kozai，1995）和天竺葵苗（Paton 和 Schwabe，1987）。一般，弱光强度达到维持净光合速率为零，达到植物的光补偿给点即可，抑制干物质增加，保持质量。

Fujiwara 等（2005）设计了一种 LED 低光照储存系统，用于抑制绿色植物长期储存过程中干重的变化，维持其品质。此系统中，二氧化碳交换速率被控制在零，并可通过 PID（Proportional integral-derivative，比例—积分—微分）控制器自动调节光合光量子通量密度（PPFD）大小。在储藏情况下，根据储藏物吸收和释放二氧化碳的流量（μmol/mol）差异，通过控制 LED 的电压来实现控制。番茄嫁接苗（Graft tomato plug seedlings）存放在10℃下35d进行3种处理。

处理一，红光光强控制在2μmol/m^2·s；处理二，PID控制红光光照强度，不含蓝光；处理三，PID控制红光与蓝光的光照强度分别为0.2μmol/m^2·s和1.0μmol/m^2·s。结果表明，自动PPFD控制对控制储存过程中干物质减少有益，而且，增加低比例的蓝光可提高苗的形态表现，并降低了控制干物质减少对PPFD强度的需求。此外，飞利浦公司研发出了应用于花卉种苗储存和远途运输等的低光强照明系统GreenPower LED灯串。

7.2.5 航天生态生保系统光源

航天生态生保系统光源是LED在设施园艺中应用的最先领域，证明了在栽培蔬菜和粮食作物的可行性，但未见实用性LED照明系统的报道。

7.3 LED光源智能控制系统

LED光源智能控制系统不仅包括光源系统的开闭控制、光环境调节控制（光强、光质和光周期），还应包括光源系统的水平和垂直移动控制，这样能够最大程度地根据植物的生长发育阶段提供适宜的光环境，达到节能和高效生产的目标。

Bickford和Dunn（1972）指出被植物光合表面截获的光辐射能量与植物光源到光合表面的距离的平方成反比。因此，选择适宜的光源放置的位置，减少光源与其照射下植物之间的距离，将有利于促进植物的光合作用和生长速率，提高植物的光能利用效率。由于LED光源为冷光源，可贴近植株表面照射而不伤害植物叶片，所以，LED光源位置应动态调控，始终保持最贴近叶片的照射距离。为此，应研发基于植物生长发育阶段的可自动调控的LED光源水平和垂直移动控制系统。中国农业科学院农业环境与可持续发展研究所开发了植物工厂用LED光源水平和垂直移动系统，该系统不仅可根据植物生长发育调节LED光源的高度，还可水平移动实现一套光源为2个空间内的植物的生长提供光照。

由于设施园艺不同生产领域栽培植物大小、生长方式和培养环境不同，需要为不同设施园艺领域制定各自的LED光源照射方式和智能控制系统，光照方式、光源位置和控制系统对设施园艺LED光源节能潜力的挖掘均有帮助。张海辉等（2011）设计了一种综合考虑作物特性、光合有效辐射和环境温度等因素的自适应精确补光系统。该系统实时监测特定波段光照度、环境温度，精确计算作物补光量，并同通过脉宽调制（PWM）信号控制红光、蓝光 LED 灯组亮度，支持在设施园艺作物不同生长发育阶段、不同环境下的按需分波长定量补光，具有精确、智能、低能耗的特点。该系统硬件由电源模块、检测模块、控制模块、补光模块、预警模块及用户交互模块组成（图 7 - 20）。其中，电源模块采用太阳能和220V 市电供电方式，太阳能分别提供3V 和5V 供电电压；检测模块实时温度和分波段检测红、蓝光光照度，将检测信号进行处理后传入单片机，实现温度、光照信息的数据采集；控制模块采用 STC12C5A60S2 单片机为核心，根据用户所设阈值以及检测模块采集到的数据计算对应 PWM 信号的占空比，并输出 2 路 PWM（脉宽调制，Pulse width modulation）控制信号；补光模块采用多组 2 路恒流驱动器，利用 PWM 控制技术，分别控制红光和蓝光 LED 补光灯的亮度；预警模块在 LED 灯组非正常工作室系统可及时报警；用户交互模块分别采用液晶屏显示监测结果，采用键盘实现阈值设置等输入功能。该系统软件方面，包括传感器解析函数、数据管理与决策程序、PWM 信号控制程序、参数设定程序和显示程序，实现环境因子采集与受控灯组的自动控制功能。该系统设置的 LED 灯组的红蓝光比例为 5∶1，红光的阈值为 3 000lx，蓝光的阈值为600lx。采用红蓝光光照度测试仪检测环境光照度。应用时发现，系统能量消耗的归一化值与 PWM 信号占空比成正比，即红蓝光的补光功率随 PWM 信号占空比的增大而线性增加。所以，亮度可调补光方法可实现最大程度的节约能源，同时避免不同阶段补光不足与过量问题的发生（图 7 - 21）。

先前有关 LED 光源进行的光质生物学的研究，大多采用 2 ~ 3 种光质，缺乏多光谱和多辐射能参数组合的研究结果。刘晓英等（2012）开发了一种光谱可调的 LED 光源系统，可发出紫外、紫蓝、蓝、绿、黄绿、黄、橙、亮红、深红、远红和近红外灯光色的任意波长，各种波长的光密度、光周期、工作频率可调，可满足光生物学试验和设施补光的多光质需求。该系统由 LED 基板模块、单片机系统、温度模块、人机接口电路（键盘和液晶显示）和通讯模块组成。图 7 - 22（见彩色插图）是在该系统下采用不同光谱能量分布的 LED 光源所栽培菠菜的生长情况，可见不同光谱对植物栽培效果有很大差异。

刘卫国等（2011）设计了一种用于植物室内培养的发光二极管（LED）照明灯具，其主要特点包括：选用蓝光、红光、远红光 3 种对作物生长发育影响最大的高功率 LED 灯珠为光源，按照 1∶3∶3 的比例进行组合，从而形成光照均匀的光源板；应用散热片、风道、风扇对光源板进行有效散热；采用脉宽调制（Pulse-Width Modulation，PWM）方式实现每种灯辐射强度的连续、独立调节。

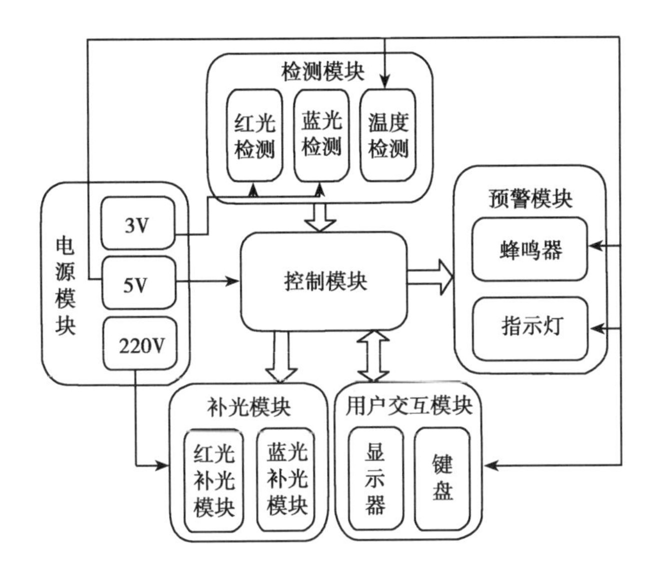

图 7-20 LED 补光系统原理图

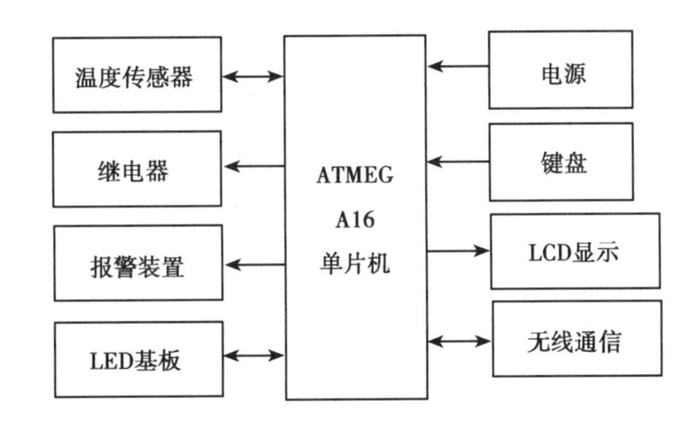

图 7-21 LED 光源系统硬件模块组成（刘晓英等，2012）

LED 灯珠的阵列排布是光学二次设计的重要内容，其分布均匀性决定着 LED 光源或灯光质均匀性的重要因素，从而决定光照系统的植物培养效果。一般而言，根据 LED 光源所涉及光质的种类多少，进行基本灯珠排布单元的设计，其原则是保证灯珠排布单元各色灯珠分布的均一性，随后通过灯珠排布单元的均一分布达到整个 LED 灯发光面光质均匀的目的。图 7-23 是红蓝 LED 光源中红光 LED 和蓝光 LED 灯珠阵列，红蓝光 LED 灯珠的比例为 9：4。图 7-24 所示为 36 个 LED 灯珠为一个单元，各种 LED 分布，红光、蓝光、绿光、紫光和黄

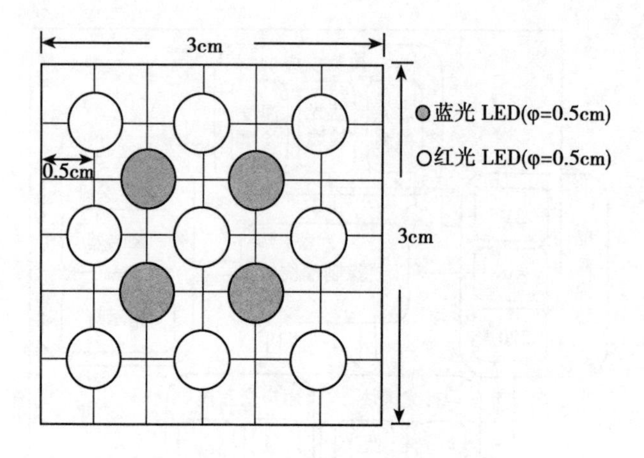

图 7－23　LED 光源红蓝珠阵列图

光灯珠的数量比例为 26：4：2：2：2。

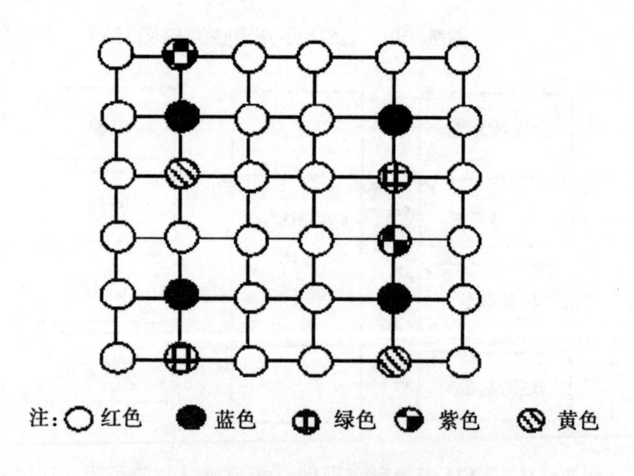

图 7－24　LED 光源 LED 灯珠阵列图

7.4　LED 光源散热系统

LED 光源的散热系统对保障 LED 光源正常运行不可缺少的装置。中国农业科学院农业环境与可持续发展研究所开发出了植物育苗 LED 光源装置采用智能化控制技术，以单个育苗穴盘的面积大小为单位，板面由 660nm 红光 LED 与 450nm 蓝光 LED 均匀交叉分布组成（图 7－25，见彩色插图）。为保持温度相对恒定，在光源板中部设有温度传感器，对光源板的中央温度进行实时监控，采用专用散热片与轴流风扇结合进行散热，极大的提高了LED的工作效率及稳定性。光源的发光强度采用PWM控制方式，使光环境调控装置红、蓝LED两种光源的发光强度实现分别调控，以满足不同植物对光环境的需求。图7-26（见彩色插图）为LED平面光源系统及其散热系统。

在设施园艺应用中，尤其是植物工厂应用中LED光源装置散热可与水耕栽培营养液循环流动相结合起来，通过营养液的流动带走LED光源产生的热量，同时对营养液温度有提升作用，在冬春季节营养液温度的提高有利于植物工厂蔬菜的生长发育。

所研制的植物育苗LED光源装置设计为平面光源，由超高亮度的红光LED和蓝光LED两种光源组成，其中红光LED的峰值波长为660nm，蓝光LED的峰值波长为450nm；红光LED的发光效率为6.7%，蓝光LED的发光效率为13%；红光LED的发射光功率达到38W/m²，蓝光LED的发射光功率达到12W/m²；整个光源系统的光合成有效光量子流密度可达255μmol/m²·s。发光面积与育苗盘尺寸吻合，减少光能损耗，LED平面光源系统的性能参数如表7-4所示。

表7-4 植物育苗LED平面光源系统的性能参数

光源指标	参数
外形尺寸	L560mm×W360mm×H104mm
发光面尺寸	L550mm×W300mm
重量	15kg
LED峰值波长	红光：660nm，蓝光：450nm
发光强度	红光：38W/m²，蓝光：12W/m²
发光均匀性	≤10%
光合成有效光量子流密度	255μmol/m²·s
PWM占空比	1%~100%
PWM频率	500~5kHz

7.4.1 光配方

Massa等（2008）提出了几个关于LED光源应用于设施园艺照明需要解决的几个问题：①特定植物需求红光、蓝光和绿光的光强水平和光质的比例是多少；②光环境最佳组合在整个植物生长发育周期内是否变化；③不同光质如何搭配才能获得最大产量和最佳品质；④以窄谱LED光照射植物与植物外观和病害、失调症状的诊断关系。解决上述问题必须研究确立植物的光配方（Light formula)。飞利浦公司也多次提出了植物光配方的概念，希望能按照光配方进行LED光源的设计和制定光环境的管理策略，为植物量身定做光环境，但未提及光配方的定义和内涵理念。

光配方是指在植物生长发育的特定时期，光源可按照植物光合作用和光形态建成需求提供最优的光谱能量分布，这种基于植物光质动态需求的光谱能量分布集合称为光配方，实施光配方管理将有利于获得最大化的产量和最优的品质性状。实际上，植物的光配方与植物种类、品种、生长发育阶段、环境条件和产量或品质调控目标有关。因此，为了实现高产优质的目标，基于植物的生理需求，系统全面的研究光配方是非常必要和迫切的。整理过去有关LED单色光生物学研究报道，可以认为红光和蓝光是植物需要的大量光质，紫光、绿光、黄光、橙光及一些过度颜色的可见光为微量光质，远红光和紫外光为有益光质，其他光质对植物栽培无效。在栽培实践中，作为唯一光源时，必须有一种或两种大量光质、或者白光，加入或无微量光质组成光源的光配方，能够完成园艺作物的生命周期。为实现优质高产栽培，必须按照植物种类及其品种、生长发育阶段、环境条件来进行特定调控指标的研究，筛选更复杂的光配方，并实施动态光配方管理。构建光配方对设施园艺作物栽培优质高产至关重要的问题，尤其是在人工光栽培领域，如植物工厂蔬菜栽培。

7.4.2 光环境管理策略

光环境管理策略（Light environment management strategy，LEMS），即在整个植物生育期内光强、光配方、光周期的综合管理方法及技术。光配方是建立LEMS的基础。光强是数量因子，而光质是质量因子。光环境管理是个复杂的技术系统。最重要的是，光质的生物学作用与其光强大小（Kim等，2004b）和光周期长短直接有关。为此，在光配方基础上要制定合理的光环境管理策略。随着LED照明技术的发展，设施园艺作物光生物学，特别是光生理学及分子生物学的研究在国内外广泛开展。LED光源为设施园艺人工光照明带来了突破，同时LED为每一园艺作物的光配方研究及光环境管理策略的建立提供了研究工具。反过来，光配方研究及光环境管理策略的建立为设施园艺生产提供基于某种特定植物种类和品种的整套的技术参数，实现节能条件下的最大生物学产量和最优的营养价值。总之，优化光照系统，建立光配方及光环境管理策略将推动设施园艺，特别是人工光设施园艺作物生产效率。

7.4.3　频率和占空比控制

LED 光源的频率和占空比属性影响植物的生长发育，并关系着 LED 光源的能耗大小，适宜的 LED 光源频率和占空比筛选事 LED 光源的研究热点。Kozai 等使用 LED 脉冲光对莴苣的生长以及光合成反应的影响进行研究。结果表明，在周期为 100μs 以下的脉冲光条件下，莴苣生长比连续光照射条件下促进效果提高了 20%，从而证实了采用不同频率脉冲光照射莴苣可以加速其生长。Tennessen 等（1995）采用 661nm 和 668nm LED 研究了脉冲调制和连续光照条件下番茄苗叶片的光合作用差异。结果发现，在光量子流为 50μmol/m^2 · s 条件下，当光脉冲持续时间达到 200μs 或更长时光合作用降低，当光脉冲持续时间达到 2ms 时光合作用减少 50%（图 7－27）。

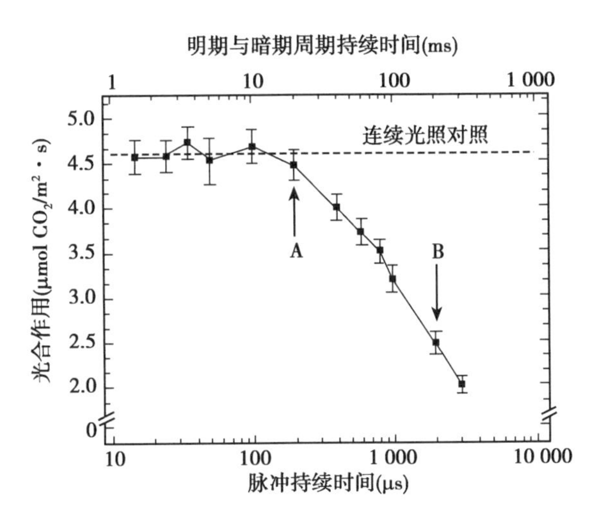

图 7－27　增加光照脉冲时间导致光合作用降低（Tennessen 等，1995）

注：光量子流为 50μmol/m^2 · s，当光脉冲持续时间达到 200μs 或更长时光合作用降低（箭头 A），当光脉冲持续时间达到 2ms 时光合作用减少 50%（箭头 B），叶温维持在 20℃左右。对照连续光照光合速率为 4. 6μmol CO_2/m^2 · s。

Yasuhiro 等（2002）研究了脉冲白光 LED 光源下，不同脉冲周期及明期与脉冲周期比值对生菜的单位光能的相对生长速率和光合速率。与连续光照相比，脉冲处理下生菜的生长与光合速率增加（除了脉冲周期为 10ms，明期与脉冲周期比 50% 处理）。尤其是在脉冲周期为 400μs，明期与脉冲周期比 50% 处理下，生菜生长于光合速率增加了 20% 以上。在此基础上，当明期与脉冲周期比调为

33% 时生长速率又有所提高。纠其原因，受电子传递周期的限制，200μs 光照持续时间内光对光合作用的光反应是无效的。Tanaka 等（1998）利用 LED 进行植物栽培的实用化研究，探讨了脉冲光照射周期与占空比对植物生长的影响，结果表明，占空比达 25% ~50% 时，可加速植物生长。Mori 等（2002）研究了脉冲白光 LED 下，不同脉冲周期（Pulse cycles）与占空比（Illuminated period/cycle）条件下生菜生长情况。结果表明，与连续照明相比生菜生长速率和光合速率增加（除脉冲周期 10ms 和占空比 50% 条件下）。尤其是在脉冲周期 400ms 和占空比 50% 条件下生菜生长速率和光合速率增加了 20% 以上，其次是占空比 33% 处理。

已有报道表明，光闪烁可提高微藻的生物量和光合效率。Park 和 Lee（2000）研究了不同闪烁频率下（5 ~ 37kHz）海藻的生长动力学和氧气产生速率差异，并于连续照射进行了比较。光闪烁效应的正效应在闪烁频率大于 1kHz 后出现，光闪烁下海藻的氧气产生速率较连续光照下高，高频光闪烁条件下海藻细胞的健康程度较连续光照处理高。LED 光生物反应器的闪烁光频率为 37kHz 时，细胞浓度高出连续光照处理 20%，闪烁光处理可能是解决高密度藻类培养中相互遮挡问题的有效方法。

第八章　设施园艺 LED 光源的研发现状与前景

LED 光源在设施园艺中的应用日益受到世界各国科研界和企业界人士的重视，国际著名的光源企业，如飞利浦（Philips）、GE Lighting、欧司朗（Osram）都将 LED 光源的应用领域扩展到了设施园艺产业。在中国、荷兰、日本、美国、韩国等国家，LED 光源已经广泛地应用在光生物学科研、植物组培、植物工厂蔬菜生产和育苗、设施补光等领域，研发出了一系列 LED 光源装置，发展势头有增无减，展现出了 LED 光源在设施园艺中应用的发展前景。本章总结了国内外在设施园艺中 LED 光源的研发现状、科技投入、存在问题与对策、发展前景，着重论述了中国设施园艺中 LED 光源的研发进展与前景。

随着全球资源环境、气候变化问题的凸显，以及能源供求矛盾的加剧，LED 光源在设施园艺产业中的应用日益迫切，引起了世界各国、企业和学者们的关注。目前，各国在设施园艺中 LED 光源方面的科研投入正逐年增加，研发推出的 LED 光源产品，如 LED 球泡灯、LED 面板灯、LED 灯管、LED 柔性灯带和筒灯等逐年增加并投入实践应用。

8.1　设施园艺 LED 光源研发现状

8.1.1　国家科研投入与知识产权

中国设施园艺 LED 光源研发呈现出快速发展的态势，国家投入和科研产出逐年递增。早在1998年，以中国农业科学院和南京农业大学为代表的国内科研机构，就已经开始了LED农业应用相关领域的研究。2003年，中国农业科学院农业环境与可持续发展研究所开始进行LED在植物种苗工厂的相关研究，2006年设计与建造了国内第一套密闭式LED人工光植物工厂进行蔬菜栽培，并开发出相应的LED光环境调控软件和环境控制装置。2009年4月，课题组还成功研制出了国内第一例智能型植物工厂，部分采用LED光源进行植物生产，并在长春投入运行。

“十一五”期间科技部立项启动了我国首个LED农业应用的“863”课题“半导体照明光源在植物组培中的应用研究”，资助了近100万元的研究经费，实现了此领域国家立项的空白。该项目由南京农业大学承担研究任务，研发出了3种LED植物灯、1种LED植物培育智能光控系统、1种LED生物智能光照培养箱。

“十二五”期间科技部启动了“863”项目“十二五”863计划重大项目“高效半导体照明关键材料技术研发”之课题十五“LED非视觉照明技术研究(2011AA03A114)”和科技支撑计划项目“现代农业与养殖业专用LED光源开发与示范”两个项目。2012年，国家将LED设施园艺光源开发列入了“863”项目“智能化植物工厂生产技术研究”中，即“植物工厂LED节能光源及光环境智能控制技术”与科技支撑计划项目“设施园艺低能耗光源调控装置研制与产业化示范”中。同时，农业部公益性行业科研专项列出了相关题目“园艺作物设施栽培光环境精准调控关键技术研究与示范”。国家自然科学基金面上项目及地方项目支持也迅猛增加，有力地推动了LED光源装置的开发及其在设施园艺中的应用进程。

随着国家科研立项的不断增加，LED农业领域科技成果不断涌现。中国农业科学院农业环境与可持续发展研究所主持完成了国内第一个LED农业领域科研成果，即“植物LED光源节能高效生产关键技术研究与应用”，通过农业部组织的成果鉴定，并于2011年获得中国农业科学院科技成果二等奖。同时，获得十几件专利，包括一种针对组培用的LED光源装置（ZL200820118255.8）、一种植物工厂使用的新型LED光源板（ZL200820118256.2）、一种用于植物补光的LED柔性灯带（ZL200820115011.4）、一种组培使用的管状LED光源装置(ZL200820114584.5）等。中国科学院半导体研究所、南京农业大学、浙江大学等单位在LED光源研发、LED光质生物学、LED光源装置控制系统灯等方面也取得了大批的研究成果。

LED 作为植物生产的生长光源是 LED 照明市场的一个非常重要组成部分，近年来也得到了世界各国的高度重视。2010 年末，在美国农业部由（USDA）资助开展“Developing LED Lighting Technology and Practices for Sustainable Specialty-Crop Production”研究项目。项目团队包括普度大学（Purdue University）、亚利桑那大学（University of Arizona）、罗格斯大学（Rutgers University）、密执安州立大学（Michigan State University）和 ORBITEC 公司（Orbitec Technologies Corp）联合组成。此项为期 4 年的研究项目，以评估并提高 LED 在温室中的应用。项目目的是增加温室产量降低生产者的能源消耗。项目负责人为普度大学 Cary Mitchell 教授，他认为与高压钠灯相比较，采用红蓝比较高的 LED 红蓝复合光源补光可培育出高市场价值的幼苗，并可缩短培养时间。项目将比较在传统高压钠灯和红蓝光组合 LED 光源下花坛植物幼苗生长发育情况。项目研究目标是建立可持续的光照策略能够在较短时间内生产出高质量的幼苗植株。研究第一阶段将把美国最常见的 10 种 bedding 植物进行测试，如矮牵牛花（Petunias）和天竺葵（Geraniums）。美国 Hort Americas 公司参与了本项目，该公司是 Philips 公司认证的园艺 LED 合作伙伴。

现今，LED 农业应用研究与产业开发已经纳入到国际固体照明产业联盟（ISA）和国家半导体照明工程研发及产业联盟（CSA）的总体规划发展中，能够整合世界和国内研发力量进行攻关，促进设施园艺 LED 光源的研发协作。

8.1.2 LED 光源装置研发与应用

日本在 LED 农业领域的应用研究起步较早，2009 年蔬菜栽培公司 FairyAngel 开始与 LED 照明厂商 CCS 联手，研究 LED 光源进行蔬菜栽培，通过在 FairyAngel 的蔬菜工厂 AngelFarm 福井生产线进行 LED 照明应用。日本锅清公司在 2009 年 4 月 15 ~ 17 日于东京举行的展示会上，展示了接受 3 种不同光质颜色 LED 照明的植物成长情况。除此之外，锅清公司还在水槽内展示了完全防水型 LED 照明器具，可用于需要室内照明和洒水的植物栽培。2010 年 4 月，日本三菱树脂公司宣布，计划研发与销售在暖房内兼用太阳光照和 LED 照明培育蔬菜的设备。2010 年 4 月，日本三菱化学公司推出了用大型集装箱改造的植物工厂，这种植物工厂以 LED 为人工光源进行作物的光合作用。为适应新生的植物工厂的需求，日本昭和电工专门为植物工厂开发了 LED 产品，可以发射促使农作物生长的特定波长的红光，目前已被日本全国 10 多家植物工厂采用，2010 年的销售额已达 10 多亿日元。

LED 光源在植物工厂中应用与前景。由于北欧、中欧和加拿大地区的日光时间明显较短，LED 照明在这些国家和地区有着巨大的市场潜能。在荷兰 1 万 hm^2 温室园艺面积中有 20% 应用了人工补光，预计未来几年这一比例将增加 40% 。欧司朗光电半导体亚洲有限公司认为 LED 的小尺寸、高效率和长寿命等特点赋予了照明设计师更灵活的设计空间，让他们更自由地将创意转变为现实。荷兰作为设施农业大国，飞利浦公司很早就针对荷兰设施农业光照不足的问题，研发了农艺钠灯，多年来一直在荷兰和全世界大力推广，但钠灯并不是适宜于植物补光的理想光源。自 2008 年以来，针对 LED 在农业中应用，飞利浦公司在本土荷兰、芬兰、挪威、加拿大、乌克兰等国家均建立了研发机构，开展相关研究。近年来，飞利浦公司加大了在中国的研发力度，建立了相应的研发机构，并且在中国积极开展调研工作，为后续的研发和推广工作积累基础。目前，飞利浦已与包括北京中环易达设施园艺科技有限公司、中国农业大学、上海交通大学等国内多家单位合作。飞利浦不仅是全球最大的照明厂商，也是中国市场位居第一的照明厂家，在中国拥有 13 个工厂和 4 个研发中心。

2010 年 6 月 21 日韩国知识经济部宣布将投入 30 亿韩元（约合人民币 1 650 万元）用于 IT-LED 栽培核心配件和核心技术的研发，计划到 2010 年底完成芯片开发，并建造 495m^2 规模化 LED 栽培基地。首尔半导体作为国际重要的 LED 企业，对 LED 植物照明市场充满兴趣，先期已经为日本灯具制造商的“LED 照明栽培植物的试验项目”提供了 30 万个 Z-power LED，希望借此进入植物照明市场。

中国台湾亿光公司在封装领域具备较多的自主知识产权，并且得到世界 LED 大公司的专利授权。2008 年 LED 照明展亿光首度展出 LED 植物生长灯；由于日本农业上朝精致化发展，2009 年以来，亿光正积极开拓日本农业渠道，未来将再进一步开拓欧洲市场，此外，亿光还与中国农业科学院合作开拓大陆市场，其植物照明 GL-Flora 系列灯具目前已经在中国市场推广。

OSRAM 公司研发出了 LED 园艺照明系统 TOPLED（From：Century Lighting Network）。Netled 公司把欧司朗光电半导体应用于 LED 园艺照明。2010 年 11 月 18 日在芬兰洪卡约基（Honkajoki），Netled 公司将数百万颗欧司朗光电半导体的 TopLED 系列 LED 应用到园艺照明系统中。这些 LED 被设计和安装在 10 条 25m 长的光带组成的帘幕式结构中，用以取代温室中一贯采用的高压纳光灯。这些照明装置能发出合适的波长和强度，预计可节约高达 60% 的能源。Netled 公司的 Niko Kivioja 指出，高压钠光灯发出的光线中，植物仅吸收了 7%，效率非常低，大部分能源都浪费了，更换 LED 照明后，温室生菜种植节能效果明显，能耗可降低20%～30%。

中国设施园艺LED光源的研发与应用发展迅速。北京中环易达设施园艺科技有限公司，是国内较早从事LED光源在设施栽培、植物工厂、种苗繁育中应用研发和推广的高科技企业，先后开发了10多种LED光源及其控制系统，获得了30余项国家专利，所研发的LED植物工厂系列技术和配套设施栽培装备已推广到全国20多个省市自治区。所研制的LED家庭植物工厂在2010年上海世界博览会上展出（图8－1，见彩色插图），所研制的LED光源装置，以及箱体式植物培养柜（图8－2，见彩色插图）、台灯式微型LED植物生产装置也在大量推广应用。

世界范围内，从事LED植物应用研究的机构逐年增加，尤其是荷兰试图把LED技术应用到植物生产的各种领域。目前，LED作为农业照明光源应用的还不是很广泛，相应的灯具技术和产品相对偏少。国内外可查到的LED农业应用专利近100项，其中在韩国和中国申请的数量最多，其次为日本和美国。总体来看，目前LED农业领域创新主要在于应用创新和技术集成，主要集中在植物生长灯、诱鱼灯、选择性害虫诱捕灯、畜禽场照明灯等。从总体上说，其研发和推广应用状况仍然不够理想，远跟不上形势发展和生产上的需求。

8.2 LED光源在设施园艺中的应用问题与对策

8.2.1 存在问题

光生物学效应有待深入研究，揭示复杂的生理生化及分子生物学。植物光生物学研究的复杂性使得至今光生物学机理不清楚，尤其是分子生物学领域。首先，植物种类多样性高。各种植物种类和品种多种多样，光生物学需求十分复杂。其次，植物生长形态多样和生长环境不同，所以，光应用领域多样性高。再次，植物效应光的波长复杂性，涉及十几种典型波段，其单独效应及复合效应需要长期研究，尚无特定植物的光配报道，此领域依旧空白。最后，植物生长发育、产量和品质指标多样，光调控难度大，单独和复合调控，单指标效应和复合指标效应庞杂，需要系统工作才能理清。

第一，LED农业照明研究投入不足。日本、韩国政府对于LED在生物领域的应用高度重视，政府和大企业、大集团巨资投入该领域的研发与示范应用。尽管国家发展改革委、财政部、科技部、工业和信息化部、住房城乡建设部等国家六部委出台《半导体照明节能产业发展意见》和《半导体照明科技发展“十二五”专项规划》，意见中明确提出：发展医疗、农业等特殊用途的半导体照明产品。但是并没有专项支持，我国政府LED农业应用的项目支持只是在863半导体照明专项中有零星的项目支持，在农业科技项目中还没有任何专项给予支持，这与LED农业领域存在的巨大应用潜力极不相称。

第二，LED成本依然偏高。成本是一个产品能否具有市场竞争力的关键因素，也决定了这种产品能否得到用户的认可，能否占据一定的市场份额。对于LED农业照明光源来说，价格高是限制其发展的主要因素之一。一个功率28W的普通荧光灯管价格为20元左右，而一个功率15W的T8农用LED植物生长灯价格为200元左右。虽然LED光源的价格在以每年20%~30%的速度直线下降，但是与传统光源相比仍然存在较大的价格差额，这在很大程度上限制了LED农业照明光源的应用与推广。近年来，国内新上了300台左右的MOCVD设备，宝石衬底的蓝光芯片产能正处于建设期内，预计2年后，这些产能释放，将大大降低蓝光芯片价格。设施园艺产品价格偏低，如蔬菜。相对效应而言LED的成本却是较高，应优先发展花卉和药材等价值较高的园艺作物应用LED照明。

第三，缺乏有效的政策扶持。作为一种新型节能光源，LED照明应用在初期的发展很大程度上是依靠政府政策扶持，为此，国家亦制定颁布了一系列促进LED照明产业发展的政策措施，也的确极大地推动了该产业的发展。相对而言，LED农业照明领域还未得到国家的重视，缺乏有效的政策支持，这也是LED农业照明未得到广泛应用的重要因素。

第四，LED光源技术成熟度还有待提高。虽然LED技术已经广泛应用于显示屏、背景光、交通讯号显示光源、汽车用灯等多个领域，并取得成功，但LED在我国农业领域的应用才刚刚起步。目前，研究已经证明LED在农业领域应用的可行性，但是在农业LED光源开发方面仍缺乏适用于农业生产的精确可靠的光源技术指标体系，这主要是国家在LED农业应用研究方面的投入不够，应用基础研究力度不足所致，需要国家加大支持力度，对其作进一步深入的研究，形成一套成熟完善的农用LED光源技术，为农业LED光源的进一步开发利用提供理论依据与技术支持。

第五，LED农业照明企业竞争力不强。目前国内生产LED农业照明灯具的企业中，生产中低端产品的中小企业占据了大多数，缺乏核心自主知识产权和系统性研究，能够参与国际竞争的龙头企业集团寥寥无几。此外，LED农业照明产品良莠不齐，产业化与标准化程度较低，成本较高，缺乏市场竞争力。而在国外，包括飞利浦、欧司朗等国际著名照明公司已经开始涉足LED农业照明应用市场，他们以雄厚的资本布局这一领域的研发、制造和推广应用，如果我们应对不及时或者力度不够，很可能会在不久的将来，我们将遭遇到我国种业目前所面临的痛失话语权的尴尬境地。另外，LED照明企业未能充分介入农业LED光源的研发中，投资少，研发力度不够，应从多方面入手调动企业的积极性，使中国有实力的企业涉足LED光源的设施园艺应用领域的研究。

第六，LED灯具规范和标准缺乏。相比家居照明灯具，国内在LED农用照明灯具方面仍存在着产品杂乱，生产设计不规范，缺乏统一的产品标准和质量管理的问题。以目前应用市场最大的植物照明为例，虽然都根据了植物的需求选择了以红光和蓝光为主的LED灯珠配置，但在光质调节，光照强度方面缺乏科学统一的规范，更缺乏针对植物照明特殊的高温高湿环境所进行的防水防电及耐腐蚀设计，从而使一些植物生长灯产品存在安全隐患，使用寿命缩短。

8.2.2　解决对策

首先，政府应出台鼓励政策和增加资金投入，吸引企业参与，加速LED制造技术研发，促进设施园艺LED光源硬件领域的发展。其次，在研究层面应该：①加大科研投入，尽快组织科研力量系统开展光生物学机理的研究工作；②选择附加值高，具有代表性的作物种类作为研究对象，优先开发光配方技术和光环境管理策略，定量定向调节植物的生长发育和产量品质，推进技术实用化，提高经济效益；③为设施园艺各生产领域研发适宜的光源装置和灯具，制定LED灯具标准，拓展应用层面。

8.3　LED光源设施园艺应用的前景

8.3.1　我国的发展趋势和技术需求

目前，我国LED农业照明应用已逐渐成为研究热点，从长远的角度看，LED有逐步取代传统照明光源的趋势，LED光源将在植物产品生产、畜禽养殖及害虫防治等众多领域得到广泛的应用。其中，植物产品生产方面，目前主要有温室补光、植物组培、植物工厂、食用菌等领域对LED光源具有广泛的需求。

（1）温室补光。设施种植主要在冬季进行，其主要目的就是实施反季节生产，供应市场，促进农民增收和丰富节日市场，解决民生问题。东部大城市对冬季果蔬的需求量极大，在大城市的辐射区域已经发展起庞大的冬季设施种植产业。每年的冬春时段是我国设施果蔬生长发育的关键时期，但是在南方地区，这个时段也正值连续阴雨寡照频发的时段；在北方地区，由于白天光照时间短，这个时段也面临光照时数和光照量不足的问题。光照不足严重抑制设施温室的果蔬生产，植株生长迟滞，病害严重，结果造成大量减产，品质下降，不能取得预期收益，甚至亏本。在生产中，农民主要依赖激素和农药来抵御这种由光照不足所引起的种种问题，这直接导致化学药品的过量使用和残留，引起人们对食品安全的忧虑。采用LED植物光源对温室植物实施补光，能够增加光照量和光照时数，改善温室内得光谱分布，促进植物生长，提高产量和品质，进而减少化学药品的投入。LED在设施园艺中应用的技术障碍在控制光谱质量，光谱光源很难实现，LED可制造出窄谱波段，可对光谱进行定制，满足作物需求和能控制光周期和光强。在荷兰1万hm^2温室园艺面积中有20%应用了人工补光，预计未来几年这一比例将增加40%。我国有设施园艺面积350万hm^2，温室补光的需求非常大，应用潜力巨大。

（2）植物工厂。更多地采用电光源为植物生长发育提供光能是植物工厂中唯一发展方向。电光源将是植物工厂高产栽培和实现按计划周年稳定生产的一项重要技术措施。LED用作植物工厂的光源，具有以下优势：LED光输出半宽窄，接近单色光，单独使用或组合使用均可，生物能效高，使用LED可以集中特定波长的光均衡地照射植物，不仅可以调节作物开花与结实，而且还能控制株高和植物的营养成分；LED属于冷光源，热负荷低，可以置于离植物很近的地方而不会把作物烤伤，光的利用率很高，可用于多层栽培立体组合系统；LED外形体积小，可以制备成多种形状的器件，占用空间很小，安装方便，使植物工厂小型化；此外，其特强的耐用性也降低了运行成本。LED已成功应用于多种植物的栽培系统，如莴苣、菠菜等。

（3）组培与育苗工厂。组培育苗，是一项能获得大量同源母本基因幼苗的生物技术，已经形成了市场应用规模庞大的产业，广泛应用于农业和园艺生产、生态与经济林培育，是现代高效农业的支柱之一。例如：名贵观赏植物、大宗观赏植物；大宗经济作物；生态和经济林建设所需苗木，都采用工厂化组培技术获得种苗。国外正在加大LED在植物组培和工厂化组培育苗上的研究和应用推广力度，这是因为植物组培及其工厂化育苗产业完全依赖于电光源，这为电光源提供了巨大的消费市场，LED将首先在该产业领域获得突破性应用。种苗质量的优劣是决定作物产量和品质的关键，工厂化育苗已经成为高品质种苗生产的重要手段。近年来，随着园艺生产、城市绿化、生态恢复等产业的快速发展，社会对高品质商品苗的需求量大增。据农业部估计，2011～2015 年期间全国蔬菜商品苗的需求量就在 6 000亿株以上，花卉苗木种苗的需求量在 2.5 万亿株以上。常规种苗生产多是在温室环境下进行，由于育苗过程中的劳动力成本高、受环境影响大、品质难以控制等因素，种苗的规模化、商品化生产正受到越来越多的挑战。因此，迅速提升育苗生产的专业化、规模化水平，大幅度提高苗的品质、降低生产成本，满足日益增长的社会需求，已经成为现代育苗技术的重要目标。

LED 植物育苗工厂，其显著特征是在密闭系统中完全采用人工光进行多层次立体种苗繁育，系统内所有的环境因子均由计算机进行自动控制，受自然条件影响小，生产计划性强，生产周期短，自动化程度高，能显著提高育苗质量、数量以及土地利用率，节能环保，是继温室育苗之后发展起来的一种高度专业化、现代化的种苗生产方式。通过黄瓜、番茄等蔬菜种苗 LED 光环境参数的试验研究，获得了蔬菜种苗繁育的优化指标体系，并开发出了专用于种苗繁育的 LED 光源及其配套装置。

（4）规模化畜禽养殖场。由于养殖动物对照明的需求贯穿整个生长周期，而且因畜禽的种类和年龄阶段不同而异，因此畜牧业生产中的照明不仅要低能耗、寿命长，而且应具有高度的可调控性。而目前采用的白炽灯和荧光灯仅能为动物活动提供必需的可视光线，无法胜任对照明颜色、强度、时长及间断控制的调控要求，迫切需求开发出能满足各种动物在不同阶段光源需求的照明技术与配套装备。

（5）害虫防治。基于 LED 光源的智能型与特异性诱（杀）虫灯的高效无污染的害虫防治技术，其开发与推广现已成为全球光诱杀技术的发展方向。特别是近年随着设施农业不断发展，以 LED 为光源的光诱杀技术不仅是 LED 在农业生物领域的进一步应用，而且还可作为设施农业中的配套技术，减少农药的使用提高农产品安全性，为我国乃至全球设施农业的可持续发展发挥作用。

（6）垂直农业（Vertical Farming）。垂直农业是在植物工厂技术上发展起来的新型设施农业生产模式，对光源有较大的需求。垂直农业生产模式及技术突破被认为是从根本上解决耕地资源紧缺、保障食物安全的最有效途径之一，担负着极为重要的历史使命。垂直农业是一种以人工构筑的多层立体空间为载体的高效农业系统，通过模拟与创造农业生物的生长环境，进行动植物周年连续生产。其显著特征是从空间上创造耕地资源，实现农业生物的垂直高效生产。

单位土地的利用效率可呈几何级数增长，为露地生产的几百倍甚至上千倍；受外界恶劣气候影响小；食物可就近消费人群生产，大大减少了运输的能耗、物流成本和碳排放；可吸收城市二氧化碳、净化空气。因此，垂直农业又被认为是未来“土地利用和农作方式革命性突破”的重大技术。目前，美国、英国和日本等国的科学家正在积极倡导垂直农业的理念，但就真正意义上的垂直农业模式还未出现。中国作为一个人多、地少、资源极为紧缺的国家，超前布局垂直农业关键技术研究必将对缓解我国资源环境压力、拓展耕地空间、保障食物安全以及抢占国际前沿技术制高点都具有十分重要的战略意义。

8.3.2 发展思路和任务

第一，总体发展思路与任务。在政策层面上，国家应制定完善产业政策，营造良好产业发展环境，提高 LED 农业光源品质，降低 LED 农业光源价格，促进 LED 农业照明应用，推进高效节能的现代农业发展。在 LED 农业应用高技术方面，建议国家在现代农业 863 领域设立专项，组织国内已具备良好研究基础的院所和高校，重点在植物和动物光生物学方面开展应用基础研究，获取基于动植物合理需求的 LED 光环境效应、机理、关键参数和优化指标，研发配套技术与装备。在提出农业合理需求的基础上，组织有关研究机构和产业单位，研发农业专用 LED 芯片、封装技术及其防护技术（防水、防高温等）及其装备；研究农业专用 LED 光源数字化调控技术与装备。

第二，具体发展思路与任务。在国家宏观政策方面，应加强规划引导，研究制定产业政策，特别是需要针对目前农业仍是一个弱势产业的现实，制定一些相应的优惠倾斜政策，加大政府研发资金的投入，营造良好产业发展环境；科研院所需要加强系统化的 LED 农业应用技术研究，探索配套农艺技术，充分挖掘发挥 LED 农业应用的优势与潜力；企业需要加强高效节能并且适宜于农业生产环境的 LED 灯具开发；通过政府、企业与科研院所的密切协作，完善 LED 标准和检测体系建设，加强知识产权保护工作，加强产业链的互动，推进 LED 在农业领域的应用。

在 LED 农业应用重点研究方向上，应着力加强 LED 在植物生产、畜禽养殖、微藻培养、害虫防治等应用领域的关键技术研究，探索配套农艺技术，充分挖掘发挥 LED 农业应用的优势与潜力；根据农业生物的发育需求及应用环境特点，开发光效高、耐高温高湿、易于安装、价格低廉的 LED 农业光源；同时，制定出完善 LED 农业灯具的技术规范，着力推进农业 LED 科研成果产业化与标准化。

8.3.3　对策与建议

加大 LED 农业照明应用基础和产品研发的力度。加强应用基础的研究力度，获取原创新性专利和知识产权，争取国际上的话语权，为产业应用提供强大支撑和保障。我国已经在 LED 的上游端的竞争中落后，痛失话语权。但在下游应用端，尤其是在农业应用领域，我国占有后发优势，并且已经走在国际前沿，打破了国际垄断巨头的全球布局谋略的阵脚，现在态势很好，我国应该抓住机会，加大研究力度，乘势而上，扩大领先优势，站住阵脚。我国如果在这一领域失去优势，将是我们这一代科研工作者的重大失误，损失将无法弥补。

低成本农业专用 LED 光源的研发势在必行。目前 LED 照明产品的价格相对偏高，成本是制约 LED 光源农业应用的瓶颈，降低成本是其能够大面积应用推广的基础，而另一方面，由于农业照明环境及其对照明质量需求的特殊性，使得目前普通的 LED 居室照明灯具并不适于农业照明。为促进 LED 光源农业照明应用，必须结合农业照明特殊的环境要求设计 LED 灯具结构，如温室里高温高湿，因此温室补光用 LED 光源必须密封性良好，防水防潮，另一方面，农业照明用的灯具在外观上的要求并不严格，故而可以减少在此方面的设计及生产投入，从而降低制造成本。

加大对农用 LED 前沿技术研发的支持。LED 农用光源的发展是 LED 光源技术与现代农业技术发展水平的集中体现，所以离不开半导体照明、农业技术、环境控制等领域的有力技术支持。特别是在农业技术领域，LED 光源在农业领域的研究还属起步阶段，缺乏系统全面的研究，技术水平相对较低，必须加大研究的力度，需重点对 LED 光源与动植物作用机制和调控基础还需要细致研究，开发专用光源及其应用效率。此外，加大研发资金投入，提高行业的自主创新能力，全方位提升企业整体素质和行业整体竞争力，实现新材料产业的协调和可持续发展。

加快农业 LED 光源标准的构建。产品标准化是产品能够健康有序发展的关键因素，对于农业 LED 光源也是如此，只有有了标准化的约束，才能使 LED 农业光源更好更快的发展。但是标准体系的建立，不仅需要理论基础，更需要实际应用基础，这是合理标准体系建立的关键。所以需要从 LED 农业光源的研发与实际应用两个方面进行更多的调查研究，从而制定出有利于行业和产品发展的农业 LED 光源标准。

扶持农业LED光源生产企业发展。农业LED光源技术还比较落后，不仅需要科研院所和企事业单位的共同努力，等需要国家有关利好政策的扶持。目前，我国各级政府已经出台了一系列政策措施推动和鼓励半导体照明产业的发展，为我国半导体照明产业的发展发挥了巨大的作用，但是对农业LED照明产业的关注度还甚少，这在一定程度上不利于农业LED光源技术的快速发展。培育一批有核心竞争力的科研院所和龙头骨干企业，形成一批有国际先进水平的特色优势产品，创建一批有持续创新能力的重点技术创新中心，以产业链关键技术突破为目标，抢占产业链高端环节，争取重点领域的跨越式发展，实现做大做强、做专做精的战略目标。

开展农业LED光源规模性示范。由于农业投入的特殊性，靠农业企业本身来完成LED光源的投入，困难重重。建议重点建设应用示范推广工程：集中规划建设若干个蔬菜、中药以及禽类养殖等农业龙头企业LED产品应用示范区域等方面的主导作用，形成政府主导、企业主体、市场配置“三力合一”。通过示范工程的建设，提高农业企业的创新意识，打造农业用LED的大规模应用平台和展示平台，以示范应用促进LED农业应用的发展。

制定农用LED的资金补贴政策。由于农用LED光源价格还相对较高，但是却具有节能高效的生产潜力，为了使其能够更好的发挥节能高效的作用，在一定程度上需要政策性补贴，包括科研项目经费支持、重大装备购买资金补贴、产品应用补贴等。如将LED植物灯纳入国家农业装备购置补贴目录，确保农业生产单位在购置LED植物灯时能够直接享受到国家30%～50%政策性支农财政补贴。这将有助于建立农业LED光源的节能高效生产模式，实现传统照明产业的升级改造，促进农业LED光源产业的健康合理发展。

8.4 设施园艺用LED光源的研发展望

半导体照明科技发展“十二五”专项规划指出，半导体照明技术快速发展正向更高光效、更优发光品质、更低成本、更多功能、更可靠性能和更广泛应用方向发展，发展指标如表8－1所示。目前，国际上白光LED产业化的光效水平已经超过130lm/W，实验室LED光效超过200lm/W，但与400lm/W的理论光效相比仍有巨大的发展空间。当前，竞争焦点主要集中在GaN基LED外延材料与芯片、智能化照明系统及解决方案、创新照明应用及相关重大装备开发等方面。

全球呈现出美国、日本、欧洲三足鼎立，韩国、中国大陆与台湾地区奋起直追的竞争格局。在国家研发投入的持续支持和市场需求拉动下，我国半导体照明技术创新能力得到了迅速提升，产业链上游技术创新与国际水平差距逐步缩小，下游照明应用有望通过系统集成技术创新实现跨越式发展。专项规划要求半导体照明部分产业化技术接近国际先进水平，功率型白光 LED 封装后光效超过 110lm/W，接近国际先进水平。技术目标方面，实现产业化白光 LED 器件的光效达到国际同期先进水平（150～200lm/W），LED 光源、灯具光效达到 130lm/W。在前沿技术研究方面，重点研究方向之一是半导体照明在农业、医疗和通讯等创新应用领域的非视觉照明技术及系统研究。

表 8－1　“十二五”半导体照明科技发展主要指标类别

类别	序号	指标	属性
科技	1	白光 LED 产业化光效达到（150～200lm/W），成本降低至 1/5	约束性
	2	白光 OLED 器件光效达到 90lm/W	
	3	实现核心设备及关键材料国产化	
	4	LED 芯片国产化率达 80%	
	5	建立公共技术研发平台及检测平台	
	6	申请发明专利 300 项	
	7	发布标准 20 项	
经济	1	2015 年，国内产业规模达到 5 000 亿元	预期性
	2	形成 20～30 家龙头企业	
	3	国家级产业化基地 20 个，试点示范城市 50 个	约束性
社会	1	LED 照明产品在通用照明市场的份额达到 30%	预期性
	2	实现年节电 1 000 亿度，年节约标准煤 3 500 万 t	
	3	减少 CO_2、SO_2、NO_X、粉尘排放 1 亿 t	
	4	新增就业 200 万人	

归根结底，LED 光源在设施园艺中大量推广应用的最大难点在于成本。但是，业界人士深信，随着资源环境、气候变化问题的凸显，以及能源供求矛盾的加剧，LED 光源在设施园艺产业中的应用日益迫切。理由如下：①虽然初期成本比其他光源高，但 LED 的投资回报期更短，因为节能、高效和长寿命；②LED成本会不断下降，未来必定会有价格合适的 LED 灯具用于设施园艺生产；

③LED可使用现有的T5和T8灯管灯具、标准E27灯口配置，可在现有灯座上进行直接更换，为大规模应用提供了便利。随着LED制造技术的发展，光效更高，波长更丰富，成本较低的LED芯片及光源产品将问世，势必全方位提高LED光源的性能，使之在设施园艺中的应用更为经济、效益增加。

主要参考文献

1. Afreen F. , Zobayed S. M. A. , Kozai T. Spectral quality and UV-B stress stimulate glycyrrhizin concentration of *Glycyrrhiza uralensis* in hydroponic and pot system. Plant Physiology and Biochemistry, 2005, 43: 1 074 ~ 1 081.
2. Agius F. , Gonzalez-Lamothe R. , Caballero J. L. , *et al*. Genetic engineering increased vitamin C levels in plants by overexpression of a D-galacturonic acid reductase. Nature Biotechnology, 2003, 21: 177 ~ 181.
3. Alba R. , Cordonnier-Pratt M-M. , Pratt L. H. Fruit-localized phytochromes regulate lycopene accumulation independently of ethylene production in tomato. Plant Physiology, 2000, 123 (1): 363 ~ 370.
4. Almansa E. M. , Espín A. , Chica R. M. , *et al*. Changes in endogenous auxin concentration in cultivars of tomato seedlings under artificial light. HortScience, 2011, 46 (5): 698 ~ 704.
5. Andrew C. S. , Christopher S. B, Elizabeth C. Anatomical features of pepper plants (*Capsicum annuum* L.) grown under red light-emitting diodes supplemented with blue or far-red light. Annals of Botany, 1997, 79: 273 ~ 282.
6. Appelgren M. Effects of light quality *in stem* elongation of Pelargonium *in vitro*. Scientific Horticulture, 1991, 45: 345 ~ 351.
7. Baker A. A, Gawish R. A. Trials to reduce nitrate and oxalate content in some leafy vegetables: Interactive effects of the manipulating of the soil nutrient supply, different blanching media and preservation methods followed by cooking process. Journal of the Science of Food and Agriculture, 1997, 73: 169 ~ 178, 875.
8. Barnes C. , Bugbee B. Morphological responses of wheat to blue light. Journal of Plant Physiology, 1991, 139: 339 ~ 342.
9. Barta D. J. , Tennessen D. J. , Bula R. J. , Tibbitts T. W. Wheat growth under a light emitting diode source with and without blue photon supplementation. ASGSB Bulletin, 1991, 5 (1): 51. (Abstr.)
10. Barta D. J. , Tibbitts T. W. Calcium localization and tipbum development in lettuce leaves during early enlargement. Journal of the American Society for Horticultural Science, 2000, 125 (3): 294 ~ 298.

11. Barta D. J. , Tibbitts T. W. , Bula R. J. Evaluation of light emitting diode characteristics for a space based plant irradiation source. Advances in Space Research, 1992, 12 (5): 1 412 ~ 1 491.

12. Bartsev S. I. , Mezhevikin V. , Okhonin V. A. Evaluation of optimal configuration of hybrid life support system for space. Advances in Space Research, 2000, 26 (2): 3 232 ~ 3 261.

13. Bergstrand K. J. , Schüssler H. K. Recent progresses on the application of LEDs in the horticultural production. Acta Horticulture, 2012, 927: 529 ~ 534.

14. Bickford E. D. , Dunn S. 1972. Lighting for plant growth. The Kent State Univ. Press. Kent. OH.

15. Blom-Zandstra M. Nitrate accumulation in vegetables and its relationship to quality. Annals of Applied Biology, 1989, 115 (3): 553 ~ 561.

16. Blom-Zandstra M. , Lampe J. E. M. The role of nitrate in the osmoregulation of lettuce (*Lactuca sativa* L.) grown at different light intensities. Journal of Experimental Botany, 1985, 36 (7): 1 043 ~ 1 052.

17. Brazaitytė A. , Duchovskis P. , Urbonavičiūte A. , *et al.* After-effect of light-emitting diodes lighting on tomato growth and yield in greenhouse. Sodininkyste ir Daržininkyste, 2009, 28 (2): 111 ~ 120.

18. Brazaitytė A. , Ulinskaitė R. , Duchovskis P. , *et al.* Optimisation of lighting spectrum for photosynthetic system and productivity of lettuce by using light-emitting diodes. Acta Horticulturae, 2006, 711: 183 ~ 188.

19. Brown C. S. , Schuerger A. C. , Sager. J. C. Growth and photomorphogenesis of pepper plants grown under red light-emitting diodes supplemented with blue or far-red illumination. Journal of the American Society for Horticultural Science, 1995, 120: 808 ~ 813.

20. Bula R. J. , Morrow R. C. , Tibbits T. W. , *et al.* Light-emitting diodes as a radiation source for plants. HortScience, 1991, 26 (2): 203 ~ 205.

21. Bula R. J. , Tibbits T. W. , Morrow R. C. Commercial involvement in the development of space based plant growing technology. Advances in Space Research, 1992, 12 (5): 52 ~ 101.

22. Bula R. J. , Tibbitts T. W. Importance of Blue photon levels for lettuce seedlings grown under red-light-emitting diodes. HortScience, 1992, 27 (5): 427 ~ 430.

23. Caldwell C. R. , Britz S. J. Effect of supplemental ultraviolet radiation on the carotenoid and chlorophyll composition of green house-grown leaf lettuce (*Lactuca sativa* L.) cultivars. Journal of Food Composition and Analysis, 2006, 19: 637 ~ 644.

24. Campbell W. H. Nitrate reductase biochemistry comes of age. Plant Physiology, 1996, 111: 355 ~ 361.

25. Campbell W. H. Nitrate reductase structure, function and regulation: bridging the gap between biochemistry and physiology. Annual Review of Plant Physiology and Plant Molecular Biology,

1999, 50: 277 ~ 303.

26. Cao G., Sofic E., Prior R. L. Antioxidant and prooxidant behavior of flavonoids: structure - activity relationships. Free Radical Biology & Medicine, 1997, 22: 749 ~ 760.

27. Casal C., Vílchez C., Forjún E., *et al.* The absence of UV-radiation delays the strawberry ripening but increases the final productivity, not altering the main fruit nutritional properties. Acta Horticulturae, 2009, 842: 159 ~ 162.

28. Chen D. H., Ye X., Li K. Oxidation of PCE with a UV LED photocatalytic reactor. Chemical Engineering & Technology, 2005, 28 (1): 95 ~ 97.

29. Chen L, Wu Z. Effects of UV-B on growth, yield and quality of pakchoi. Journal of Plant Resources and Environment, 2008, 17: 43 ~ 47.

30. Chia P. L., Kubota C. End-of-day far-red light quality and dose requirements for tomato rootstock hypocotyl elongation. HortScience, 2010, 45: 1 501 ~ 1 506.

31. Chia P. L., Kubota C. End-of-day far-red light quality and dose requirements for tomato rootstock hypocotyl elongation. HortScience, 2010, 45 (10): 1 501 ~ 1 506.

32. Chokshi M. K. Design and construction of low power, portable photocatalytic water treatment unit using light emitting diode. Master thesis of the University of Maryland. 2006.

33. Chun C., Kozai T., Kubota C., *et al.* Manipulation of bolting and flowering in spinach (*Spinacia oleracea* L.) transplant production system using artificial light. Acta Horticulturae, 2000a, 515: 201 ~ 206.

34. Chun C., Tominaga M., Kozai T. Floral development and bolting of spinach as affected by photoperiod and integrated photosynthetic photon flux during transplant production. HortScience, 2001, 36 (5): 889 ~ 892.

35. Chun C., Watanabe A., Kim H. -H., *et al.* Bolting and growth of *Spinacia oleracea* L. can be altered by modifying the photoperiod during transplant production. HortScience, 2000b, 35 (4): 624 ~ 626.

36. Coleman R. S., Day T. A. Response of cotton and sorghum to several levels of subambient solar UV-B radiation: a test of the saturation hypothesis. Physiologia Plantarum, 2004, 122: 362 ~ 372.

37. Conklin P. L. Recent advances in the role and biosynthesis of ascorbic acid in plants. Plant Cell & Environment, 2001, 24 (4): 383 ~ 394.

38. Craker L. E., Seibert M., Clifford J. T. Growth and development of radish (*Raphanus sativas* L.) under selected light environment. Annals of Botany, 1983, 51: 59 ~ 64.

39. Croxdale J., Cook M., Tibbitts T. W., *et al.* Structure of potato tubers formed during spaceflight. Journal of Experimental Botany, 1997, 48 (317): 2 037 ~ 2 043.

40. Cuello J. L. Latest developments in artificial lighting technologies for bioregenerative space life

support. Acta Horticulturae, 2002, 580: 49 ~ 56.

41. Currey C. J. , Hutchinson V. A. , Lopez R. G. Growth, morphology, and quality of rooted cuttings of several herbaceous annual bedding plants are influenced by photosynthetic daily light integral during root development. HortScience, 2012, 47: 25 ~ 30.

42. Davey M. W. , van Montagu M. , Inze D. , *et al.* Plant L-ascorbic acid: chemistry, function, metabolism, bioavailability and effects of processing. Journal of the Science of Food and Agriculture, 2000, 80: 825 ~ 860.

43. Davey MW. , Gilot C. , Persiau G. , *et al.* Ascorbic biosynthesisi in Arabidopsis cell suspension culture. Plant Physiology, 1999, 121: 535 ~ 543.

44. Deitzer G. F. , Hayes R. , Jabben M. Kinetics and time dependence of the effect of far red light on the photoperiodic induction of flowering in Wintex barley. Plant Physiology, 1979, 64: 1 015 ~ 1 021.

45. Demšar J. , Osvald J. , Vodnik D. The effect of light-dependent application of nitrate on the growth of aeroponically grown lettuce (*Lactuca sativa* L.). Journal of the American Society for Horticultural Science, 2004, 129 (4): 570 ~ 575.

46. Devlin P. F. , Christie J. M. , Terry M. J. Many hands make light work. Journal of Experimental Botany, 2007, 58: 3 071 ~ 3 077.

47. Dougher T. A. O. , Bugbee B. Differences in the response of wheat, soybean and lettuce to reduced blue radiation. Photochemistry and Photobiology, 2001, 73: 199 ~ 207.

48. Downs R. J. Photoreversibility of flower initiation. Plant Physiology, 1956, 31: 279 ~ 284.

49. Echeverria E. D. Vesicle-mediated solute transport between the vacuole and the plasma membrane. Plant Physiology, 2000, 123: 1 217 ~ 1 226.

50. Eichholzer M. , Gutzwiller F. Dietary nitrates, nitrites, and N-Nitroso compounds and cancer risk: a review of the epidemiologic evidence. Nutrition Review, 1998, 56 (4): 95 ~ 105.

51. Elia A. , Santamaria P. , Serio F. , *et al.* Nitrogen nutrition, yield and quality of spinach. Journal of the Science of Food and Agriculture, 1998, 76: 341 ~ 346.

52. Ensminger P. A. , Schaefer E. Blue and ultraviolet light photoreceptors in parsley cells. Photochemistry and Photobiology, 1992, 55: 437 ~ 447.

53. Eskling M. , Åkerlund H. E. Changes in the quantities of violaxanthin de-epoxidase, xanthophylls and ascorbate in spinach upon shift from low to high light. Photosynthesis Research, 1998, 57: 41 ~ 50.

54. Evans W. B. , McMahon M. Light-filtering film reduces tomato seedling height without altering fruit quality and yield. HortScience, 2000, 35: 441 ~ 442.

55. Fahey J. W. , Zhang Y. , Talalay P. Broccoli sprouts: an exceptionally rich source of inducers of enzymes that protect against chemical carcinogens. Proceedings of the National Academy of Sci-

ences of the United States of America, 1997, 94: 10 367 ~ 10 372.

56. Fang W., Jao R. C. Simulation of light environment with fluorescent lamps and design of a movable light mounting fixture in a growing room. Acta Horticulturae, 1996, 440: 181 ~ 186.

57. Folta K. M., Childers K. S. Light as a growth regulator: Controlling plant biology with narrow-bandwidth solid-state lighting systems. HortScience, 2008, 43 (7): 1 957 ~ 1 964.

58. Folta K. M., Maruhnich S. A. Green light: A signal to slow down or stop. Journal of Experimental Botany, 2007, 58: 3 099 ~ 3 111.

59. Foyer C. H., Noctor G. Ascorbate and glutathione: The heart of the redox hub. Plant Physiology, 2011, 155: 2 ~ 28.

60. Franson L. A., Mani K. Novel aspects of vitamin C: how important glypican-1 recycling? Trends in Molecular Medicine, 2007, 13: 143 ~ 149.

61. Fujiwara K., Kozai T. Physical microenvironment and its effects. In: Automation and Environmental Control in Plant Tissue Culture ed. By Aitken Christie J. Kozai Smith MAL. The Netherlands Kluwer Academic Publishers. Dordrechtr, 1995: 319 ~ 369.

62. Fujiwara K., Sawada T., Kimura Y., *et al.* Application of an automatic control system of photosynthetic photon flux density for LED-low light irradiation storage of green plants. HortTechnology, 2005, 15 (4): 781 ~ 786.

63. Fujiwara K., Yano A., Eijima K.: Design and development of a plant-response experimental light-source system with LEDs of five peak wavelengths. Journal of Light & Visual & Environment, 2011, 35 (2): 117 ~ 122.

64. Fujiwara K., Yano A.. Controllable spectrum artificial sunlight source system using LEDs with 32 different peak wavelengths of 385 ~ 910 nm. Bioelectromagnetics, 2011, 32 (3): 243 ~ 252.

65. Gangolli S. D., van den Brandt P., Feron V. J., *et al.* Nitrate, nitrite and N-nitroso compounds. European Journal of Pharmacology: Environmental Toxicology and Pharmacology, 1994, 292 (1): 1 ~ 38.

66. García-Macías P., Ordidge M., Vysini E., *et al.* Changes in the flavonoid and phenolic acid contents and antioxidant activity of red leaf lettuce (*Lollo Rosso*) due to cultivation under plastic films varying in ultraviolet transparency. Journal of the Science of Food and Agriculture, 2007, 55 (25): 10 168 ~ 10 172.

67. Gaudreau L., Charbonneau J., Veaina L. P., *et al.* Photoperiod and PPF influence growth and quality of greenhouse-grown lettuce. HortScience, 1994, 29: 1 285 ~ 1 289.

68. Gautier H., Massot C., Stevens R., *et al.* Regulation of tomato fruit ascorbate content is more highly dependent on fruit irradiance than leaf irradiance. Annals of Botany, 2009, 103: 495 ~ 504.

69. Gerhardt K. E., lamp M. A., Greenberg B. M. The effects of far-red light on plant growth and flavonoid accumulation in *Brassica napus* in the presence of ultraviolet B radiation. Photochemistry and Photobiology, 2008, 84: 1 445 ~ 1 454.

70. Gill C. I. R., Haldar S., Porter S., *et al*. The effect of cruciferous and leguminous sprouts on genotoxicity *in vitro* and *in vivo*. Cancer Epidemiology, Biomarkers & Prevention, 2004, 13: 1 199 ~ 1 205.

71. Gniazdowska-Skoczek H. Effect of light and nitrates on nitrate reductase activity and stability in seedling leaves of selected barley genotypes. Acta Physiologiae Plantarum, 1998, 20 (2): 155 ~ 160.

72. Godo T., Fujiwara K., Guan K., *et al*. Effects of wavelength of LED-light on *in vitro* asymbiotic germination and seedling growth of *Bletilla ochracea* Schltr. (Orchidaceae). Plant Biotechnology, 2011, 28 (4): 397 ~ 400.

73. Goins G. D., Yorio N. C., Sanwo M. M., *et al*. Photomorphogenesis, photosynthesis, and seed yield of wheat plants grown under red light-emitting diodes (LEDs) with and without supplemental blue lighting. Journal of Experimental Botany, 1997, 48: 1 407 ~ 1 413.

74. Goins G. D., Yorio N. C., Sanwo-Lewandowski M. M. *et al*. Life cycle experiments with Arabidopsis grown under red light emitting diodes (LEDs). Life Support and Biosphere Science, 1998, 5: 143 ~ 149.

75. Goto E., Takakura T. Prevention of lettuce tipburn by supplying air to inner leaves. American Society of Agricultural Engineers, 1992, 35 (2): 641 ~ 645.

76. Gruda N. Impact of Environmental factors on product quality of greenhouse vegetables for fresh consumption. Critical Reviews in Plant Sciences, 2005, 24: 3, 227 ~ 247.

77. Hahn E. J., Kozai T., Paek K. Y. Blue and red light-emitting diodes with or without sucrose and ventilation affects in vitro growth of *Rehmaunia glutinose* plantlets. Journal of Plant Biology, 2000, 43: 247 ~ 250.

78. Hamamoto H., Shimazu T., Ikeda T. Effects of light break treatment for every second or third night on the growth of certain leaf vegetables. Horticultural Research, 2003, 2 (4): 307 ~ 310.

79. Hemavathi, Upadhyaya C. P., Young K. E., *et al*. Over-expression of strawberry D-galacturonic acid reductase in potato leads to accumulation of vitamin C with enhanced abiotic stress tolerance. Plant Science, 2009, 177: 659 ~ 667.

80. Heo J., Lee C., Chakrabarty D., *et al*. Growth responses of marigold and salvia bedding plants as affected by monochromic or mixture radiation provided by a light-emitting diode (LED). Plant Growth Regulation, 2002, 38: 225 ~ 230.

81. Heo J., Lee C., Paek K. Characteristics of growth and flowering on some bedding plants grown

in mixing fluorescent tube and light-emitting diode. Acta Horticulturae, 2002, 580: 77 ~ 82.

82. Heo J., Lee C. W., Murthy H. N., *et al.* Influence of light quality and photoperiod on flowering of *Cyclamen persicum* Mill. Cv. 'Dixie White'. Plant Growth Regulation, 2003, 40: 7 ~ 10.

83. Heuberger H., Praeger U., Georgi M., Schirrmacher, G., Graßmann, J., Schnitzler, W. H. Precision stressing by UV-B radiation to improve quality of spinach under protected cultivation. Acta Horticulturae, 2004, 659: 201 ~ 206.

84. Hirai T.; Amaki W.; Watanabe H. Effects of monochromatic light irradiation by LED on the internodal stem elongation of seedlings in eggplant, leaf lettuce and sunflower. Journal of Society of High Technology in Agriculture, 2006, 18 (2): 160 ~ 166.

85. Hoenecke M. E., Bula R. J., Tibbitts T. W. Importance of 'blue' photon levels for lettuce seedlings grown under red-light-emitting diodes. HortScience, 1992, 27: 427 ~ 430.

86. Huber S. C., Huber J. L., Campbell W. H., *et al.* Comparative studies of the light modulation of nitrate reductase and sucrose-phosphate synthase activities in spinach leaves. Plant Physiology, 1992, 100: 706 ~ 712.

87. Ignatius R. W., Martin T. S., Bula R. J., *et al.* Method and Apparatus for Irradiation of Plants using Optoelectronic devices. U. S. Patent Application 07/283, 1991, 245.

88. Jao R. C., Fang W. An adjustable light source for photo - phyto related research and young plant production. Applied Engineering in Agriculture, 2003, 19 (5): 601 ~ 608.

89. Jao R. C., Fang W. Development of a flexible lighting system for plant related research using super bright red and blue light emitting diodes. Acta Horticulturae, 2001, 578: 133 ~ 139.

90. Jao R. C., Fang W. Effects of frequency and duty ratio on the growth of potato plantlets *in vitro* using light emitting diodes. HortScience, 2004a, 39 (2): 375 ~ 379.

91. Jao R. C., Fang W. Growth of potato plantlets *in vitro* is different when provided concurrent versus alternating blue and red light photoperiods. HortScience, 2004b, 39 (2): 380 ~ 382.

92. Jao R. C., Lai C. C., Fang W., *et al.* Effects of red light on the growth of Zantedeschia plantlets in vitro and tuber formation using light-emitting diodes. HortScience, 2005, 40 (2): 436 ~ 438.

93. Jin Y. H., Tao D. L., Hao Z. Q., *et al.* Environmental stresses and redox status of ascorbate. Acta Botanica Sinica, 2003, 45 (7): 795 ~ 801.

94. Johkan M., Shoji K., Goto F., *et al.* Blue light-emitting diode light irradiation of seedlings improves seedling quality and growth after transplanting in red leaf lettuce. HortScience, 2010, 45: 1 809 ~ 1 814.

95. Johnson C. F., Brown C. S., Wheeler R. M., *et al.* Infrared light-emitting diode radiation causes gravitropic and morphological effects in dark-grown oat seedlings. Photochemistry and Photobi-

ology, 1996, 63: 238 ~ 242.

96. Josuttis M., Dietrich H., Treutter D., *et al.* Solar UV-B response of bioactives in strawberry (*Fragaria* × *ananassa* Duch. L.): a comparison of protected and open-field cultivation. Journal of Agricultural and Food Chemistry, 2010, 58 (24): 12 692 ~ 12 702.

97. Kalt W. Effects of production and processing factors on major fruit and vegetable antioxidants. Journal of Food Science, 2005, 70 (1): 11 ~ 19.

98. Kaneko-Ohashi K., Fujiwara K., Kimura Y., *et al.* Effects of red and blue LEDs low light irradiation during low temperature storage on growth, ribulose-1, 5-bisphosphate carboxylase/oxygenase content, chlorophyll content and carbohydrate content of grafted tomato plug seedlings. Environmental Control in Biology, 2004, 42 (1): 65 ~ 73.

99. Kim H. H., Goins G. D., Wheeler R. M., *et al.* Green-light supplementation for enhanced lettuce growth under red and blue light-emitting diodes. HortScience, 2004b, 39 (7): 1 617 ~ 1 622.

100. Kim H. H., Goins G. D., Wheeler R. M., *et al.* Stomatal conductance of lettuce grown under or exposed to different light qualities. Annals of Botany, 2004c, 94: 691 ~ 697.

101. Kim H. H., Wheeler R. M., Sager J. C., *et al.* Light-emitting diodes as an illumination source for plants: A review of research at Kennedy Space Center. Habitation, 2005, 10 (2): 71 ~ 78.

102. Kim H. H., Wheeler R. M., Sager J. C., *et al.* A comparison of growth and photosynthetic characteristics of lettuce grown under red and blue light-emitting diodes (LEDs) with and without supplemental green LEDs. Acta Horticulturae, 2004a, 659: 467 ~ 475.

103. Kim H. H., Wheeler, R. M., Sager J. C., *et al.* Evaluation of lettuce growth using supplemental green light with red and blue light-emitting diodes in a controlled environment-A review of research at Kennedy Space Center. Acta Horticulturae, 2006, 711: 111 ~ 119.

104. Kim H-H., Chun C., Kozai T., *et al.* The potential use of photoperiod during transplant production under artificial lighting condition on floral development and bolting, using spinach as a model. HortScience, 2000, 35: 43 ~ 45.

105. Kim S. J.; Hahn E. J., Heo J., *et al.* Effects of LEDs on net photosynthetic rate, growth and leaf stomata of chrysanthemum plantlets *in vitro*. Scientia Horticulturae, 2004d, 101: 143 ~ 151.

106. Kirby G., Tri T., Smith F. Bioregenerative planetary life support systems test complex: facility escription and testing objectives, SAE Technical Paper. 972342, 1997.

107. Kitaya Y., Niu G., Kozai T., *et al.* Photosynthetic photon flux, photoperiod, and CO_2 concentration affect growth and morphology of lettuce plug transplants. HortScience, 1998, 33: 988 ~ 991.

108. Klein R. M. Failure of supplementary ultraviolet radiation to enhance flower color under greenhouse conditions. HortScience, 1990, 25 (3): 307 ~ 308.

109. Konstantopoulou E., Kapotis G., Salachas G., *et al.* Nutritional quality of greenhouse lettuce at harvest and after storage in relation to N application and cultivation season. Scientia Horticulturae, 2010, 125: 93. e1 ~ 93. e5.

110. Kowallik W. Blue light effects on respiration. Annual Review of Plant Physiology, 1982, 33: 51 ~ 72.

111. Kozai T., Chun C. Closed systems with artificial lighting for production of high quality transplants using minimum resource and environmental pollution. Acta Horticulturae, 2002, 578: 27 ~ 33.

112. Kozai, T., Ohyama, K., Afreen, F., *et al.* Transplant production in closed systems with artifical lighring for solving global issues on environment conservation, food, resource and energy. Proc. of ACESYS Conf. From protected cultivation to phytomation: 1999: p31 ~ 45.

113. Kristensen H. H., Aerts J. M., Leroy T., *et al.* Modelling the dynamic activity of broiler chickens in response to step-wise changes in light intensity. Applied Animal Behaviour Science, 2006, 101: 125 ~ 143.

114. Kubota C., McClure M. A., Kokalis-Burelle N., *et al.* Vegetable grafting: history, use, and current technology status in North America. HortScience, 2008, 43: 1 664 ~ 1 669.

115. Lang S., Tibbitts T. Factors controlling intumescence development on tomato plants. Journal of the American Society for Horticultural Science, 1983, 108: 93 ~ 98.

116. Lee C. -G., Palsson B. O. Photoacclimation of *Chlorella vulgaris* to red light from light-emitting diodes leads to autospore release following each cellular division. Biotechnology Progress, 1996, 12: 249 ~ 256.

117. Lee J., Choi W., Yoon J. Photocatalytic degradation of Nnitrosodimethylamine: mechanism, product distribution, and TiO_2 surface modification. Environmental Science and Technology, 2005, 39: 6 800 ~ 6 807.

118. Lee J. G., Lee B. Y., Lee H. J. Accumulation of phytotoxic organic acids in reused nutrient solution during hydroponic cultivation of lettuce (*Lactuca sativa* L.). Scientia Horticulturae, 2006, 110: 119 ~ 128.

119. Lee J. M., Oda M. Grafting of herbaceous vegetable and ornamental crops. In: Janick J. (Ed.), Horticultural Review. John Wiley & Sons, New York, 2003: 61 ~ 124.

120. Lee S. K., Kader A. A. Preharvest and postharvest factors influencing vitamin C content of horticultural crops. Postharvest Biology and Technology, 2000, 20: 207 ~ 220.

121. Lefsrud M. G., Kopsell D. A., Sams C. E. Irradiance from distinct wavelength light-emitting diodes affect secondary metabolites in kale. HortScience, 2008, 43 (7): 2 243 ~ 2 244.

122. Leij M. van der, Smith S. J., Miller A. J. Remobilisation of vacuolar stored nitrate in barley root cells. Planta, 1998, 205: 64 ~ 72.

123. Li H. M., Xu Z. G., Tang C. M. Effect of light-emitting diodes on growth and morphogenesis of upland cotton (*Gossypium hirsutum* L.) plantlets *in vitro*. Plant Cell, Tissue and Organ Culture, 2010, 103: 155 ~ 163.

124. Li J. C., Liu W. K., Yang Q. C. Strategic idea of replacing resources with environmental factors in agricultural production through protected agricultural technology. Chinese Agricultural Science Bulletin, 2010, 26 (3): 283 ~ 285.

125. Li Q., Kubota C. Effects of supplemental light quality on growth and phytochemicals of baby leaf lettuce. Environmental and Experimental Botany, 2009, 67: 59 ~ 64.

126. Li X. M., Zhang L. H., Ma L. J., *et al*. Effects of duration of UV-C radiation on photosynthetic characteristics and activity of antioxidant enzyme in pea seedlings. Journal of Ecology and Rural Environment, 2006, 22 (1): 34 ~ 37.

127. Lian M. L., Murthy H. N., Pack K. Y. Effects oflight emitting diodes on the in vitro induction and growth of bulblets of Lilium oriental hybrid 'Pesaro'. Scientia Horticulturae, 2002, 94: 365 ~ 370.

128. Lian M. L., Piao X. C., Park K. Y. Effect of light emitting diodes on morphologenesis and growth of bulblets of Lilium *in vitro*. Journal of the Korean Society for Horticultural Science, 2003, 44 (1): 125 ~ 128.

129. Libert B., Francechi V. R. Oxalate in crop plants. Journal of Agricultural and Food Chemistry, 1987, 35: 26 ~ 938.

130. Lien R. J., Hess J. B., McKee S. R., *et al*. Effect of light intensity and photoperiod on live performance, heterophil-to-lymphocyte ratio, and processing yields of broilers. Poultry Science, 2007, 86 (7): 1 287 ~ 1 293.

131. Lillo C. Light regulation of nitrate reductase in green leaves of higher plants. Physiologia Plantarum, 1994, 62: 89 ~ 94.

132. Lillo C. Light regulation of nitrate uptake, assimilation and metabolism. In: Amancio S and Stulen I, eds. Plant Ecophysiology. Dordrecht: Kluwer Academic Publisher, 2004: 149 ~ 184.

133. Liu W. K. N, P contribution and soil adaptability of four arbuscular mycorrhizal fungi. Acta Agriculturae Scandinavica Section B-Soil and Plant Science, 2008, 58 (3): 285 ~ 288.

134. Liu W. K., Yang Q. C. Effect of day-night supplemental UV-A on growth, photosynthetic pigments and antioxidant system of pea seedlings in glasshouse. African Journal of Biotechnology, 2012, 11 (82): 14 786 ~ 14 791.

135. Liu W. K., Yang Q. C. Effects of short-term treatment with various light intensities and hydro-

ponic solutions before harvest on nitrate reduction in leaf and petiole of lettuce. Acta Agriculturae Scandinavica Section B-Soil & Plant Science, 2012a, 62 (2): 109 ~ 113.

136. Liu W. K., Yang Q. C. Effects of Supplemental UV-A and UV-C irradiation on growth, photosynthetic pigments and nutritional quality of pea seedlings. Acta Horticulturae, 2012, 956: 657 ~ 663.

137. Liu W. K., Yang Q. C. Integration of mycorrhization and photoautotrophic micropropagation *in vitro*: feasibility analysis for mass production of mycorrhizal transplants and inoculants of arbuscular mycorrhizal fungi. Plant Cell, Tissue and Organ Culture, 2008, 95 (2): 131 ~ 139.

138. Liu W. K., Yang Q. C. Light environmental management for artificial protected horticulture. Agrotechnology, 2012, 1: 101. doi: 10.4172/agt.1000101.

139. Liu W. K., Yang Q. C., Du L. F. Soilless cultivation for high-quality vegetables with biogas manure in China: feasibility and benefit analysis. Renewable Agriculture and Food Systems, 2009, 24 (4): 300 ~ 307.

140. Liu W. K., Yang Q. C., Qiu Z. P. Spatiotemporal changes of nitrate and Vc contents in hydroponic lettuce treated with various nitrogen-free solutions. Acta Agriculturae Scandinavica, Section B-Soil & Plant Science, 2012b, 62 (3): 286 ~ 290.

141. Liu X. Y., Chang T. T., Guo S. R., *et al*. Effect of different light quality of LED on growth and photosynthetic character in cherry tomato seedling. Acta Horticulturae, 2011a, 907: 325 ~ 330.

142. Liu X. Y., Guo S. R., Chang T. T., *et al*. Regulation of the growth and photosynthesis of cherry tomato seedlings by different light irradiations of light emitting diodes (LED). African Journal of Biotechnology, 2012, 11 (22): 6 169 ~ 6 177.

143. Liu X. Y., Guo S. R., Xu Z. G., *et al*. Regulation of chloroplast ultrastructure, cross-section anatomy of leaves and morphology of stomata of cherry tomato by different light irradiations of LEDs. HortScience, 2011b, 45 (2): 1 ~ 5.

144. Lopez R., Runkle E. Photosynthetic daily light integral during propagation influences rooting and growth of cuttings and subsequent development of New Guinea impatiens and petunia. HortScience, 2008, 43 (7): 2 052 ~ 2 059.

145. Maclaren J. S., Smith H. Phytochrome control the growth and development of Rumex obtusifolius under simulated canopy light environments. Plant Cell and Environment, 1978, 1: 61 ~ 67.

146. Martineau V., Lefsrud M., Naznin M. T., *et al*. Comparison of light-emitting diode and high-pressure sodium light treatments for hydroponics growth of Boston lettuce. HortScience, 2012, 47: 477 ~ 482.

147. Maruta T., Yonemitsu M., Yabuta Y., *et al*. Arabidopsis phosphomannose isomerase1, but not phosphomannose isomerase 2, is essential for ascorbic acid biosynthesis. The Journal of Bio-

logical Chemistry, 2008, 283: 28 842 ~ 28 851.

148. Massa G. D. , Emmerich J. C. , Morrow R. C. , *et al.* Reconfigurable LED lighting system development: potential energy savings for CEA. HortScience, 2006, 41: 967 ~ 1 084.

149. Massa G. D. , Emmerich J. C. , Mick M. E. , *et al.* Development and testing of an efficient LED intracanopy lighting design for minimizing equivalent system mass in an advanced life support system. Gravitational and Space Biology Bulletin, 2005a, 18: 87 ~ 88.

150. Massa G. D. , Emmerich J. C. , Morrow R. C. , *et al.* 2005b. Development of a reconfigurable LED plant-growth lighting system for equivalent system mass reduction in an ALS. SAE Technical Paper 2005 - 01 - 2955.

151. Massa G. D. , Kim H. -H. , Wheeler R. M. , Mitchell C. A. Plant productivity in response to LED lighting. HortScience, 2008, 43 (7): 1 951 ~ 1 956.

152. Matsuda R. , Ohashi K. K. , Fujiwara K. , *et al.* Photosynthetic characteristics of rice leaves grown under red light with or without supplemental blue light. Plant Cell Physiology, 2004, 45: 1 870 ~ 1 874.

153. McCall D. , Willumsen J. Effects of nitrogen availability and supplementary light on the nitrate content of soil-grown lettuce. The Journal of Horticultural Science & Biotechnology, 1999, 74 (4): 458 ~ 463.

154. McCree K. J. The action spectra absorptance and quantum yield of photosynthesis in crop plants. Agricultural Meteorology, 1972, 9: 191 ~ 196.

155. Melzer J. M. Kleinhofs, A. , Warner R. L. Nitrate reductase regulation: effects of nitrate and light on nitrate reductase mRNA accumulation. Molecular and General Genetics MGG, 1989, 217 (2-3): 341 ~ 346.

156. Menard C. , Dorais M. , Hovi T. , *et al.* Developmental and physiological responses of tomato and cucumber to additional blue light. Acta Horticulturae, 2006, 711: 291 ~ 296.

157. Meng X. C. , Xing T. , Wang X. J. The role of light in the regulation of anthocyanin accumulation in Gerbera hybrid. Plant Growth and Regulation, 2004, 44: 243 ~ 250.

158. Mishra N. P. , Fatma T. , Singhal G. S. Development of antioxidative defense system of wheat seedlings in response to high light. Physiology Plant, 1995, 95: 77 ~ 82.

159. Mitchell C. A. , Both A. J. , Boutget C. M. , *et al.* LEDs: the future of greenhouse lighting! Chronica Horticulturae, 2012, 52 (1): 6 ~ 12.

160. Miyama Y. , Sunada K. , Fujiwara S. , *et al.* Photocatalytic treatment of waste nutrient solution from soil-less cultivation of tomatoes planted in rice hull substrate. Plant and Soil, 2009, 318: 275 ~ 283.

161. Miyashita Y. , Kimura T. , Kitaya Y. , *et al.* Effects of red light on the growth and morphology of potato plantlets *in vitro*: using light emitting diodes (LEDs) as a light source for micropropa-

gation. Acta Horticulturae, 1997, 418: 169 ~ 173.

162. Miyashita Y., Kitaya Y., Kozai T., *et al.* Effects of red and far-red light on the growth and morphology of potato plantlets in vitro: using light emitting diode as a light source for micropropagation. Acta Horticulturae, 1995, 393: 189 ~ 194.

163. Mizuno T., Amaki W., Watanabe H. Effects of monochromatic light irradiation by LED on the growth and anthocyanin contents in leaves of cabbage seedlings. Acta Horticulture, 2011, 907: 179 ~ 184.

164. Moon H. K., Park S. Y., Kim Y. W., *et al.* Growth of Tsuru-rindo (*Tripterospermum japonicum*) cultured *in vitro* under various sources of light-emitting diode (LED) irradiation. Journal of Plant Biology, 2006, 49 (2): 174 ~ 179.

165. Moore R., Clarkk W. D., Vodopich D. S. 2003. Botany. 2nd ed. New York, NY: McGraw-Hill companies, Inc. 136 ~ 137.

166. Mori Y., Takatsuji M., Yasuoka T. Effects of pulsed white LED light on the growth of lettuce. Journal of Society of High Technology in Agriculture, 2002, 14 (3): 136 ~ 140.

167. Morrow R., Tibbitts T. Evidence for involvement of phytochrome in tumor development on plants. Plant Physiology, 1988, 88: 1 110 ~ 1 114.

168. Morrow R. C. LED lighting in horticulture. HortScience, 2008, 43 (7): 1 947 ~ 1 950.

169. Morrow R. C., Duffie N. A., Tibbitts T. W., *et al.* 1995. Plant response in the ASTROCULTURE flight experiment unit. SAE Technical Paper Series Paper No. 951624.

170. Mozafar A. Decreasing the NO_3^- and increasing the vitamin C contents in spinach by a nitrogen deprivation method. Plant Foods for Human Nutrition, 1996, 49: 155 ~ 162.

171. Murakami K., Alga I., Horaguchi I. Red/far-red photon flux ratio used as an index number of morphological control of plant growth under artificial lighting conditions. Acta Horticulturae, 1994, 2: 135 ~ 140.

172. Nhut D. L., Hong L. T. A., Watanabc H., *et al.* Growth of banana plantlets cultured in vitro under red and blue light-emitting diode (LED) irradiation source. Acta Horticulturae, 2002a (575): 117 ~ 124.

173. Nhut D. T. Takamura T., Watanabe H., *et al.* Sugar-free micropropagation of *Eucalyptus citriodora* using light emitting diodes (LEDs) and film-rockwool culture system. Environmental Control in Biology, 2002b, 40 (2): 147 ~ 155.

174. Nhut D. T., Don N. T., Tanaka M. Light-Emitting Diodes as an Effective Lighting Source for *in vitro* Banana Culture. S. M. Jain, H. Häggman. Protocols for Micropropagation of Woody Trees and Fruits. Springer, 2007: 527 ~ 541.

175. Nhut D. T., Takamura L., Watanabe H., *et al.* Artificial light source using light-emitting diode (LEDs) in the efficient micropropagation of spathiphyllum plantlets. Acta Horticulturae,

2005, 693: 137 ~ 141.

176. Nhut D. T., Takamura T., Watanabe H., *et al.* Responses of strawberry plantlets cultured *in vitro* under superbright red and blue light-emitting diodes (LEDs). Plant Cell, Tissue and Organ Culture, 2003, 73: 43 ~ 52.

177. Nhut D. T., Takamura T., Watanabe H., *et al.* Efficiency of a novel culture system by using light-emitting diode (LED) on *in vitro* and subsequent growth of micropropagated banana plantlets. Acta Horticulturae, 2003, 616: 121 ~ 127.

178. Nichols M., Christie C. B. Towards a sustainable greenhouse vegetable factory. Acta Horticulturae, 2002 (578): 153 ~ 156.

179. Nitz G. M., Grubmuller E., Schnitzler W. H. Differential flavoniod response to PAR and UV-B light in chive (*Allium schoenoprasum* L.). Acta Horticulturae, 2004, 659: 825 ~ 830.

180. Nitz G. M., Schnitzler W. H. Effect of par and UV-B radiation on the quality and quantity of the essential oil in sweet basil (*Ocimum basilicum* L.). Acta Horticulturae, 2004, 659: 375 ~ 381.

181. Oh M. M., Rajashekar C. B. Antioxidant content of edible sprouts: effects of environmental shocks. Journal of the Science of Food and Agriculture, 2009, 89: 2 221 ~ 2 227.

182. Oh W., Runkle E., Warner R. Timing and duration of supplemental lighting during the seedling stage influence quality and flowering in petunia and pansy. HortScience, 2010, 45: 1 332 ~ 1 337.

183. Ohashi-Kaneko K., Fujiwara K., Kimura Y., *et al.* Effect of blue-light PPFD percentage in red and blue LED low-light irradiation during storage on the contents of chlorophyll and Rubisco in grafted tomato plug seedlings. Environment Control in Biology, 2006, 44: 309 ~ 314.

184. Ohashi-Kaneko K., Goji K., Matsuda R., *et al.* Effects of blue light supplementation to red light on nitrate reductase activity in leaves of rice seedlings. Acta Horticulturae, 2006, 711: 351 ~ 356.

185. Ohashi-Kaneko K., Goji K., Matsuda R., *et al.* Effects of blue light supplementation to red light on nitrate reductase activity in leaves of rice seedlings. Acta Horticulturae, 2006, 711: 351 ~ 355.

186. Ohashi-Kaneko K., Matsuda R., Goto E., *et al.* Growth of rice plants under red light with or without supplemental blue light. Soil Science and Plant Nutrition, 2006, 52 (4): 444 ~ 452.

187. Ohashi-Kaneko K., Takase M., Kon N., *et al.* Effect of light quality on growth and vegetable quality in leaf lettuce, spinach and komatsuna. Environment Control in Biology, 2007, 45 (3): 189 ~ 198.

188. OhyamaK., Manabe K., Omura Y., *et al.* Potential use of a 24-hour photoperiod (continuous light) with alternating air temperature for production of tomato plug transplants in a closed sys-

tem. HortScience, 2005, 40 (2): 374 ~ 377.

189. Okamoto K., Yanagi T., Kondo S. Growth and morphogenesis of lettuce seedlings raised under different combinations of red and blue light. Acta Horticulture, 1997, 435: 149 ~ 157.

190. Ono E., Watanabe H. Plant factories blossom. Resource Mar. 2006: 13 ~ 14.

191. Ordidge M., García-Macías P., Battey N. H, *et al.* Development of colour and firmness in strawberry crops is UV light sensitive, but colour is not a good predictor of several quality parameters. Journal of the Science of Food and Agriculture, 2012, 92 (8): 1 597 ~ 1 604.

192. Ordidge M., García-Macías P., Battey N. H., *et al.* Phenolic contents of lettuce, strawberry, raspberry, and blueberry crops cultivated under plastic films varying in ultraviolet transparency. Food Chemistry, 2010, 119: 1 224 ~ 1 227.

193. Padayatty S. J., Katz A., Wang Y. H., *et al.* Vitamin C as an antioxidant: evaluation of its role in disease prevention. Journal of the American College of Nutrition, 2003, 22 (1): 18 ~ 35.

194. Park J. S., Son J. E., Kurata K., *et al.* Cherry radish growth under dim LED lighting to the root zone. Acta Horticulture, 2011, 907: 141 ~ 144.

195. Park K. H., Lee C. -G. Optimization of algal photobioreactors using flashing lights. Biotechnology and Bioprocess Engineering, 2000, 5: 186 ~ 190.

196. Pateraki I., Sanmartin M., Kalamaki M. S., *et al.* Molecular characterization and expression studies during melon fruit development and ripening of L-galactono-1, 4-lactone dehydrogenase. Journal of Experimental Botany, 2004, 55: 1 623 ~ 1 633.

197. Peng Y., Ai X. A review on effects of UV-B increase on vegetables. Modern Horticulture, 2010, 6: 16 ~ 17.

198. Penley N. J., Schafer C. P., Bartoe J. D. The international space station as a micro gravity research platform. Acta Astronautica, 2002, 50 (11): 6 912 ~ 6 961.

199. Pfeiffer N. E. Microchemical and morphological studies of effect of light on plants. Botanical Gazette, 1926, 81: 173 ~ 195.

200. Proietti S., Moscatello S., Leccese A., *et al.* The effect of growing spinach (*Spinacia oleracea* L.) at two light intensities on the amounts of oxalate, ascorbate and nitrate in their leaves. The Journal of Horticultural Science and Biotechnology, 2004, 79: 606 ~ 609.

201. Puspa R. P., Kataoka I., Mochioka R. Effect of red and blue light emitting diodes on growth and morphogenesis of grapes. Plant Cell Tissue and Organ Culture, 2008, 92 (2): 147 ~ 153.

202. Qi D. L., Liu S. Q., Xu L., *et al.* Effects of light qualities on accumulation of oxalate, tannin and nitrate in spinach. Transactions of the CSAE, 2007, 23 (4): 201 ~ 205.

203. Round H. J. A note on carborundum. Electrical World, 1907, 49: 309.

204. Rozema J., Staaij J. V. D., Bjorn L. O., *et al*. UV-B as an environmental factor in plant life: stress and regulation. Trends in Ecology & Evolution, 1997, 12: 22 ~ 28.

205. Rozenboim I., Biran I., Chaiseha Y., *et al*. The effect of a green and blue monochromatic light combination on broiler growth and development. Poultry Science, 2004, 83: 842 ~ 845.

206. Rueychi J., Wei F. Growth of potato plantlets in vitro is different when provided concurrent versus alternating blue and red light photoperiods. HortScience, 2004, 39 (2): 380 ~ 382.

207. Runkle E. Lighting the way with LEDs. GPN, 2012, July. 70.

208. Runkle E. Maximizing supplemental lighting. GPN, 2007, November. 66.

209. Runkle E. Providing long days. GPN, 2007, January. 66.

210. Runkle E. Strategies for supplemental lighting. GPN, 2009, November. 50.

211. Runkle E. The future of greenhouse lighting. GPN, 2010, September. 66.

212. Ryo M., Keiko O. K., Kazuhiro F., *et al*. Effects of blue light deficiency on acclimation of light energy partitioning in PSII and CO_2 assimilation capacity to high irradiance in Spinach leaves. Plant Cell Physiology, 2008, 49 (4): 664 ~ 670.

213. Samuoliene G., Brazaityte A., Sirtautas R. *et al*. Supplementary red-LED lighting affects phytochemicals and nitrate of baby leaf lettuce. Journal of Food, Agriculture & Environment, 2011, 9 (3&4): 271 ~ 274.

214. Samuoliene G., Brazaityte A., Urbonavičiūte A., *et al*. The effect of red and blue light component on the growth and development of frigo strawberries. Zemdirbyste-Agriculture, 2010, 97 (2): 99 ~ 104.

215. Samuoliene G., Urbonavičiūte A. Decrease in nitrate concentration in leafy vegetables under a solid-state illuminator. HortScience, 2009, 44: 1 857 ~ 1 860.

216. Samuoliene G., Urbonavičiūte A., Brazaityte A., *et al*. The beneits of red LEDs: Improved nutritional quality due to accelerated senescence in lettuce. Sodininkyste ir Daržininkyste, 2009, 28 (2): 111 ~ 120.

217. Santamaria P. Nitrate in vegetables: toxicity, content, intake and EC regulation. Journal of the Science of Food and Agriculture, 2006, 86: 10 ~ 17.

218. Santamaria P., Elia A., Serio F., *et al*. A survey of nitrate and oxalate content in fresh vegetables. Journal of the Science of Food and Agriculture, 1999, 79: 1 882 ~ 1 889.

219. Santos I., Fidalgo F., Almeida J. M, *et al*. Biochemical and ultrastructural changes in leaves of potato plants grown under supplementary UV-B radiation. Plant Science, 2004, 167: 925 ~ 935.

220. Scaife A. A pump/leak//buffer model for plant nitrate uptake. Plant and Soil, 1989, 114 (1): 139 ~ 141.

221. Schuerger A. C., Brown C. S. Spectral quality may be used to alter plant disease development in

CELSS. Advances in Space Research, 1994, 14: 395 ~ 398.

222. Schuerger A. C. , Brown C. S. , Stryjewski E. C. Anatomical features of pepper plants (*Capsicum annuum* L.) grown under red light-emitting diodes supplemented with blue or far-red light. Annals of Botany, 1997, 79: 273 ~ 282.

223. Schwartz A. , Zeiger E. Metabolic energy for stomatal opening: roles of photophosphorylation and oxidative phosphorylation. Planta, 1984, 161: 129 ~ 136.

224. Senger H. The effect of blue light on plants and microorganisms. Photochemistry and Photobiology, 1982, 35: 911 ~ 920.

225. Shi S. B. , Zhu W. Y. , Li H. M. , *et al.* Photosynthesis of Saussurea superba and *Gentiana straminea* is not reduced after long-term enhancement of UV-B radiation. Environmental and Experimental Botany, 2004, 51: 75 ~ 83.

226. Shimizu H. , Saito Y. , Nakashima H. , *et al.* Light environment optimization for lettuce growth in plant factory. preprints of the 18th IFAC World Congress. Milano (Italy) August 28-September 2, 2011.

227. Shin K. S. , Murthy H. N. , Hco J. , *et al.* Induction of betalain pigmentation in hairy roots of red beet under different radiation sources. Biologia Plantarum, 2003, 47 (1): 149 ~ 152.

228. Shin K. S. , Murthy H. N. , Heo J. W. , *et al.* The effect of light quality on the growth and development of *in vitro* cultured Doritaenopsis plants. Acta Physiologiae Plantarum, 2008, 30: 339 ~ 343.

229. Shubert E. F. 2003. Light-Emitting Diodes, Cambridge University Press, ISBN 0-521-82330-7, The first light-emitting diode (LED) had been born. pl.

230. Smirnoff N. Ascorbate biosynthesis and function in photoprotection. Philosophical Transactions of The Royal Society of London Series B-Biological Sciences, 2000, 355: 1 455 ~ 1 464.

231. Smirnoff N. The function and metabolism of ascorbic acid in plants. Annals of Botany, 1996, 78: 661 ~ 669.

232. Smirnoff N. , Conklin P. L. , Loewus F. A. Biosynthesis of ascorbic acid in plants: a renaissance. Annual Review of Plant Physiology and Plant Molecular Biology, 2001, 52: 437 ~ 467.

233. Smith H. Light quality, photoperception, and plant strategy. Annual Review of Plant Physiology, 1982, 33: 481 ~ 518.

234. Smith H. , Whitelam G. C. Phytochrome, a family of photoreceptors with multiple physiological roles. Plant Cell and Environment, 1990, 13: 695 ~ 707.

235. Sood S. , Gupta V. , Tripathy B. C. Photoregulation of the greening process of wheat seedlings grown in red light. Plant Molecular Biology, 2005, 59 (2): 269 ~ 287.

236. Sood S. , Gupta V. , Tripathy B. C. Photoregulation of the greening process of wheat seedlings grown in red light. Plant Molecular Biology, 2005, 59 (2): 269 ~ 287.

237. Stankovic B., Zhou W., Link B. Seed to seed growth of Arabidopsis thaliana on the international space station. SAE Technical Paper. 2002-01-2284.

238. Stutte G. W. Light-emitting diodes for manipulating the phytochrome apparatus. HortScience, 2009, 44 (2): 231~234.

239. Stutte G. W., Edney S., Skerritt T. Photoregulation of bioprotectant content of red leaf lettuce with light emitting diodes. Hort Science, 2009, 44: 79~82.

240. Sunada K., Ding X. G., Utami M. S., *et al*. Detoxification of phytotoxic compounds by TiO_2 photocatalysis in a recycling hydroponic cultivation system of asparagus. Journal of Agricultural and Food Chemistry, 2008, 56: 4 819~4 824.

241. Sušin J., Kmecl V., Gregorčič A. A survey of nitrate and nitrite content of fruit and vegetables grown in Slovenia during 1996 ~ 2002. Food Additives and Contaminants, 2006, 23: 385~390.

242. Takatsuji M. Vegetable plant factory. Maruzen, Tokyo, 1986.

243. Tamaoki M., Mukai F., Asai N., *et al*. Light-controlled expression of a gene encoding L-galactono-y-lactone dehydrogenase which affects ascorbate pool size in Arabidopsis thaliana. Plant Science, 2003, 164: 1 111~1 117.

244. Tanaka M., Takamura T., Watanabe H., *et al*. *In vitro* growth of Cymbidium plantlets cultured under superbright red and blue light-emitting diodes (LEDs). The Journal of Horticultural Science and Biotechnology, 1998, 73 (1): 39~44.

245. Tannenbaum S. R., Wishnok J. S., Leaf C. D. Inhibition of nitrosamine formation by ascorbic acid. American Journal of Clinical Nutrition, 1991, 53: 247~250.

246. Tennessen D. J., Bula R. J., Sharkey T. D. Efficiency of photosynthesis in continuous and pulsed light emitting diode irradiation. Photosynthesis Research, 1995, 44: 261~269.

247. Tennessen D. J., Singsaas E. L., Sharley T. D. Light-emitting diodes as a light source for photosynthesis research. Photosynthesis Research, 1994, 39: 85~92.

248. Toida H., Ohyama K., Omura Y., *et al*. Enhancement of growth and development of tomato seedlings by extending the light period each day. Hort Science, 2005, 40 (2): 370~373.

249. Toledo MEA, Ueda Y., Imahori Y., *et al*. L-ascorbic acid metabolism in spinach (*Spinacia oleracea* L.) during postharvest storage in light and dark. Postharvest Biology and Technology, 2003, 28: 47~57.

250. Torres A., Lopez R. Photosynthetic daily light integral during propagation of *Tecoma stans* influences seedling rooting and growth. HortScience, 2011, 46 (2): 282~286.

251. Tri T. Bioregenerative planetary life support systems test complex (BIO-Plex): test mission objectives and facility development, SAE Technical Paper 1999-01-2186, 1999.

252. Tripathy B. C., Brown C. S. Root-shoot interaction in the greening of wheat seedlings grown un-

der red light. Plant Physiology, 1995, 107: 407 ~ 411.

253. Tsormpatsidis E., Henbest R. G. C., Davis F. J., *et al*. UV irradiance as a major influence on growth, development and secondary products of commercial importance in Lollo Rosso lettuce 'Revolution' grown under polyethylene films. Environmental and Experimental Botany, 2008, 63: 232 ~ 239.

254. Tuong-Huan L., Tanaka M. Effects of red and blue light-emitting diodes on callus induction, callus proliferation and protocorm-like body formation from callus in Cymbidium orchid. Environment Control in Biology, 2004, 42 (1): 57 ~ 64.

255. Urbonavičiūte A., Pinho P., Samuoliene G., *et al*. Effect of short-wavelengh light on lettuce growth and nutritional quality. Sodininkyste ir Daržininkyste, 2007, 26 (1): 157 ~ 165.

256. Urbonavičiūte A., Pinho P., Samuoliene G., *et al*. Influence of bicomponent complementary illumination on development of radish. Sodininkyste ir Daržininkyste, 2007, 26 (4): 309 ~ 316.

257. Urbonavičiūte A., Samuoliene G., Brazaityte A., *et al*. The effect of light quality on the antioxidative properties of green barely leaves. Sodininkyste ir Daržininkyste, 2009, 28 (2): 153 ~ 161.

258. Urbonavičiūte A., Samuoliene G., Brazaityte A., *et al*. The possibility to control the metabolism of green vegetables and sprouts using light emitting diode illumination. Sodininkyste ir Daržininkyste, 2008, 27 (2): 83 ~ 92.

259. Urbonavičiūte A., Samuoliene G., Sakalauskiene S., *et al*. Effect of flashing amber light on the nutritional quality of green sprouts. Agronomy Research, 2009, 7 (SII): 761 ~ 767.

260. van Ieperen W., Trouwborst G. The application of LEDs as assimilation light source in greenhouse horticulture: a simulation study. Acta Horticulture, 2008, 801: 1 407 ~ 1 414.

261. Veljovic-Jovanovic S. D., Pignocchi C., Noctor G., *et al*. Low ascorbic acid in the vtc21 mutant of arabidopsis is associated with decreased growth and intracellular redistribution of the antioxidant. Plant Physiology, 2001, 127 (2): 426 ~ 435.

262. Vityakon P., Standal B. R. Oxalate in vegetable amaranth: forms, contents and their possible implications for human health. Journal of the Science of Food and Agriculture, 1989, 48: 469 ~ 474.

263. Voipio I., Autio J. Responses of red-leaved lettuce to light intensity, UV-A radiation and root zone temperature. Acta Horticulturae, 1995, 399: 183 ~ 187.

264. Wang H., Gu M., Cui J. X., *et al*. Effects of light quality on CO_2 assimilation, chlorophyll-fluoescence quenching, expression of Calvin cycle genes and carbohydrate accumulation in *Cucumis sativus*. Journal of Photochemistry and Photobiology B: Biology, 2009, 96: 30 ~ 37.

265. Watanabe H. Light-controlled plant cultivation system in Japan-development of a vegetable facto-

ry using LEDs as a light source for plants. Acta Horticulturae, 2011, 907: 37 ~ 44.

266. Wheeler G. L., Jones M. A., Smirnoff N. The biosynthetic pathway of vitamin C in higher plants. Nature, 1998, 393: 365 ~ 369.

267. Wheeler R. M. A Historical background of plant lighting: an Introduction to the workshop. HortScience, 2008, 43 (7): 1 942 ~ 1 943.

268. Whitelam G., Hal liday K. 2007. Light and plant development. Oxford. Blackwell Publishing.

269. Williams E. W., Hall R. 1978. Luminescence and the LED. Pergamon Press, New York, NY.

270. Wolff I. A., Wasserman A. E. Nitrates, nitrites, and nitrosamines. Science, 1972, 177 (40 ~ 43): 15 ~ 19.

271. Wu M. C., Hou C. Y., Jiang C. M., *et al.* A novel approach of LED light radiation improves the antioxidant activity of pea seedlings. Food Chemistry, 2007, 101 (4): 1 753 ~ 1 758.

272. Xu M. J., Dong J. F, Zhu M. Y. Effects of germination conditions on ascorbic acid level and yield of soybean sprouts. Journal of the Science of Food and Agriculture, 2005, 85: 943 ~ 947.

273. Yabuta Y., Mieda T., Rapolu M., *et al.* Light regulation of ascorbate biosynthesis is dependent on the photosynthetic electron transport chain but independent of sugars in arabidopsis. Journal of Experimental Botany, 2007, 58 (10): 2 661 ~ 2 671.

274. Yanagi L., Okamoto K. Utilization of super-bright light emitting diodes as an artificial light source for plant growth. Acta Horticulturae, 1997, 418: 223 ~ 228.

275. Yanagi T., Okamoto K., Takita S. Effect of blue and red light intensity on photosynthetic rate of strawberry leaves. Acta Horticulturae, 1996a, 440: 371 ~ 376.

276. Yanagi T., Okamoto K., Takita S. Effect of blue, red, and blue/red lights of two different PPF levels on growth and morphogenesis of lettuce plants. Acta Horticulturae, 1996b, 440: 117 ~ 122.

277. Yanagi T., Yachi T., Okuda N., *et al.* Light quality of continuous illuminating at night to induce floral initiation of Fragaria chiloensis L. CHI-24-1. Scientific Horticulture, 2006, 109: 309 ~ 314.

278. Yang Z. C., Kubota C., Chia P. L., *et al.* Effect of end-of-day far-red light from a movable LED fixture on squash rootstock hypocotyl elongation. Scientia Horticulturae, 2012, 136: 81 ~ 86.

279. Yasuhiro M., Masamoto T., Takashi Y. Effects of pulsed white light on the growth of lettuce. Journal of Society of High Technology in Agriculture, 2002, 14 (3): 136 ~ 140.

280. Yeh N., Chung J. -P. High-brightness LEDs-Energy efficient lighting sources and their potential in indoor plant cultivation. Renewable and Sustainable Energy Reviews, 2009, 13 (8): 2 175 ~ 2 180.

281. Yorio N. C. , Goins G. D. , kagie H. R. , *et al*. Improving spinach, radish and lettuce growth under red light emitting diodes (LEDs) with blue light supplementation. HortScience, 2001, 36: 380 ~ 383.

282. Yorio N. C. , Wheeler R. M. , Goins G. D. , *et al*. Blue light requirements for crop plants used in bioregenerative life support systems. Life Support & Biosphere Science, 1998, 5: 119 ~ 128.

283. Ysart G. , Clifford R. , Harrison N. Monitoring for nitrate in UK grown lettuce and spinach. Food Additive Contaminants, 1999, 16 (7): 301 ~ 306.

284. Yu J. Q. , Matsui Y. Extraction and identification of the phytotoxic substances accumulated in the nutrient solution for the hydroponic culture of tomato. Soil Science and Plant Nutrition, 1993, 39: 691 ~ 700.

285. Yu J. Q. , Matsui Y. Phytotoxic substances in root exudates of cucumber (*Cucumis sativus* L). Journal of Chemical Ecology, 1994, 20: 21 ~ 31.

286. Zeiger E. The biology of stomatal guard cells. Annual Review of Plant Physiology, 1983, 34: 441 ~ 475.

287. Zheludev N. The life and times of the LED -a 100-year history. Nature Photonics, 2007, 1 (4): 189 ~ 192.

288. Zhong W. K, Hu C. M. , Wang M. J. Nitrate and nitrite in vegetables from North China: content and intake. Food Additives & Contaminants, 2002, 19 (12): 1 125 ~ 1 129.

289. Zhong W. K. , Hu C. M. , Wang M. J. Nitrate and nitrite in vegetables from north China: content and intake. Food Additives and Contaminants, 2002, 19: 1 125 ~ 1 129.

290. Zhou W. 2005. Adavanced Astroculture™ plant growth unit: Capabilities and performances. SAE Technical paper 2005 – 01 – 2840.

291. Zhou W. L. Liu W. K. , Yang Q. C. Quality changes of hydroponic lettuce under pre-harvest short-term continuous light by LEDs with different intensity. The Journal of Horticultural Science & Biotechnology, 2012, 87 (5): 429 ~ 434.

292. Zhou W. L. Liu W. K. , Yang Q. C. Reducing nitrate concentration in lettuce by elongated lighting delivered by red and blue LEDs before harvest. Journal of Plant Nutrition, 2012, In press.

293. Zhou Z. Y. , Wang M. J. , Wang J. S. Nitrate and nitrite contamination in vegetables in China. Food Review International, 2000, 16: 61 ~ 76.

294. Zobayed S. M. A. , Afreen F. , Kozai T. Temperature stress can alter the photosynthetic efficiency and secondary metabolite concentrations in St. John's wort. Plant Physiology and Biochemistry, 2005, 43: 977 ~ 9 874.

295. 安华明，陈力耕，樊卫国等. 刺梨果实中维生素 C 积累与相关酶活性的关系. 植物生理与分子生物学学报，2005，31 (4): 431 ~ 436.

296. 鲍顺淑，闻婧，杨雅婷等. LED 在药用植物栽培上的应用. 温室园艺，2009（8）：14～15.
297. 鲍顺淑，杨其长，闻婧等. 太阳能光伏发电系统在植物工厂中的应用初探. 中国农业科技导报，2008，10（5）：71～74.
298. 曹静，陈耀星，王子旭等. 单色光对肉鸡生长发育的影响. 中国农业科学，2007，40（10）：2 350～2 354.
299. 曹静，王子旭，陈耀星. 单色光对鸡视网膜节细胞密度和大小的影响. 解剖学报，2008，39（1）：18～22.
300. 曹阳. 冬季温室补光对果菜类作物生长发育的影响. 河北农业科学，2009，13（3）：10～12.
301. 陈强，刘世琦，张自坤等. 不同 LED 光源对番茄果实转色期品质的影响. 农业工程学报，2009（25）：156～161.
302. 陈文昊，徐志刚，刘晓英等. LED 光源对不同品种生菜生长和品质的影响. 西北植物学报，2011，31（7）：1 434～1 440.
303. 陈元灯. LED 制造技术与应用. 北京：电子工业出版社，2007.
304. 储钟稀，童哲，冯丽洁等. 不同光质对黄瓜叶片光合特性的影响. 植物学报，1999，41（8）：867～870.
305. 崔瑾，丁永前，李式军等. 增施 CO_2 对葡萄组培苗生长发育和光合自养能力的影响. 南京农业大学学报，2001，24（2）：28～31.
306. 崔瑾，马志虎，徐志刚等. 不同光质补光对黄瓜、辣椒和番茄幼苗生长及生理特性的影响. 园艺学报，2009，36（5）：663～670.
307. 崔瑾，徐志刚，邸秀茹. LED 在植物设施栽培中的应用和前景. 农业工程学报，2008，24（8）：249～253.
308. 崔瑛，陈怡平. 近 5 年增强 UV-B 辐射对植物影响的研究进展. 生态毒理学报，2008，3（3）：209～216.
309. 戴艳娇，王琼丽，张欢等. 不同光谱的 LEDs 对蝴蝶兰组培苗生长的影响. 江苏农业科学，2010（5）：227～231.
310. 邓江明，宾金华，潘瑞炽. 光质对水稻幼苗初级氮同化的影响. 植物学报，2000，42（3）：234～238.
311. 邸秀茹，崔瑾，徐志刚等. 不同光谱能量分布对冬青试管苗生长的影响. 园艺学报，2008，35（9）：1 339～1 344.
312. 邸秀茹，焦学磊，崔瑾等. 新型光源 LED 辐射的不同光质配比光对菊花组培苗生长的影响. 植物生理学通讯，2008，44（4）：661～664.
313. 董晓英，李式军. 采前营养液处理对水培小白菜硝酸盐累积的影响. 植物营养与肥料学报，2003，9（4）：447～451.

314. 杜建明. 柿果实的脱涩机理. 食品科学，1993（4）：17～19.
315. 谷艾素，张欢，崔瑾. 光环境调控在植物组织培养中的应用及前景. 西北植物学报，2011，31（11）：2 341～2 346.
316. 郭世荣. 无土栽培学. 北京：中国农业出版社，2003.
317. 郭双生，艾为党，赵成坚等. 受控生态生保系统中植物生长光源的选择. 航天医学与医学工程，2003，16：490～493.
318. 郭银生，谷艾素，崔瑾. 光质对水稻幼苗生长及生理特性的影响. 应用生态学报，2011，22（6）：1 485～1 492.
319. 侯长明，李明军，马锋旺等. 猕猴桃果实发育过程中 AsA 代谢产物累积与相关酶活性的变化. 园艺学报，2009，36（9）：1 269～1 276.
320. 胡桂兵，陈大成，李平. 荔枝果皮色素、酚类物质与酶活性的动态变化，果树科学，2000，17（1）：35～40.
321. 胡永光，李萍萍，邓庆安等. 温室人工补光效果的研究及补光光源配置设计. 江苏理工大学学报，2001，22（3）：37～40.
322. 江明艳，潘远智. 不同光质对盆栽一品红光合特性及生长的影响. 园艺学报，2006，33（2）：338～343.
323. 柯学，李军营，李向阳等. 不同光质对烟草叶片生长及光合作用的影响. 植物生理学报，2011，47（5）：512～520.
324. 李承志，廉世勋，吴振国等. 棚室作物吸收光谱的测定及其光生态膜的研制. 光谱实验室，2005，18（5）：563～565.
325. 李合生. 现代植物生理学. 北京：高等教育出版社，2002.
326. 李坤，韩道杰，许贞杭等. 不同蔬菜产品器官抗坏血酸含量与其相关酶活性的关系. 西北农业学报，2008，17（5）：257～262.
327. 李坤. 蔬菜抗坏血酸含量与其相关酶活性的关系. 泰安：山东农业大学硕士论文，2008.
328. 李韶山，潘瑞炽. 蓝光对水稻幼苗碳水化合物和蛋白质代谢的调节. 植物生理学报，1995，21（1）：22～28.
329. 李胜，李唯，杨德龙等. 不同光质对葡萄试管苗根系生长的影响. 园艺学报 2005，32（5）：872～874.
330. 李雯琳，郁继华，张国斌等. LED 光源不同光质对叶用莴苣幼苗叶片气体参数和叶绿素荧光参数的影响. 甘肃农业大学学报，2010，45（1）：47～51.
331. 栗金池，刘文科，杨其长. 利用设施农业技术实现“环境替代资源”的战略构想. 中国农学通报，2010，26（3）：283～285.
332. 梁伯璠，周毓君，朱宝成. 不同光质对黄瓜离体根形态建成的影响. 河北大学学报（自然科学版），1998，18（3）：260～262.
333. 林志刚，赵仪华，薛耀英. 叶菜类蔬菜的硝酸盐积累规律及其控制方法研究. 土壤通报，

1993，24（6）：253～255.

334. 刘海星，张德顺，商侃侃等.不同黄化程度樟树叶片的生理生化特性.浙江林学院学报，2009，26（4）：479～484.

335. 刘立功，徐志刚，崔瑾等.光环境调控及LED在蔬菜设施栽培中的应用和前景.中国蔬菜，2009（14）：1～4.

336. 刘涛，徐刚，高文瑞等.ALA对低温胁迫下辣椒植株叶片中AsA-GSH循环的影响.江苏农业学报，2011，27（4）：830～835.

337. 刘卫东，魏秀娟.不同光照制度和光色对肉仔鸡生产性能的影响.中国家禽，1997（3）：24～25.

338. 刘卫国，宋颖，邹俊林等.LED灯模拟作物间作套种群体内光环境的设计与应用.农业工程学报，2011，27（8）：288～292.

339. 刘文科，冯固，李晓林.AM真菌接种对甘薯产量和品质的影响.中国生态农业学报，2006（14）：106～108.

340. 刘文科，冯固，李晓林.三种土壤上六种丛枝菌根真菌生长特征和接种效应.植物营养与肥料学报，2006，12（4）：530～536.

341. 刘文科，杨其长，邱志平.LED光质处理对土壤栽培生菜营养品质的影响.蔬菜，2012b，（11）：63～64.

342. 刘文科，杨其长.断氮处理对水培生菜维生素C累积的影响.西南农业学报，2011，24（4）：1 469～1 471.

343. 刘文科，杨其长.LED光质对豌豆苗生长、光合色素与营养品质的影响.中国农业气象，2012a，33（4）：500～504.

344. 刘文科，杨其长.环境控制技术在植物无糖组织培养中的应用.农业工程学报，2005，21（S）：45～49.

345. 刘文科，杨其长.设施无土栽培蔬菜硝酸盐含量控制.北方园艺，2010，20：79～83.

346. 刘文科，杨其长.设施无土栽培叶菜硝酸盐和维生素C的累积调控.In：杨其长，Bot G. P. A.，Kozai T. K.设施园艺创新与进展-2011第二届中国·寿光国际设施园艺高层学术论坛论文集.北京：中国农业科学技术出版社，2011.

347. 刘文科，杨其长.植物无糖组培容器环境控制系统设计及其效果.农业技术与装备，2008（10）：63～64.

348. 刘文科，杨其长.设施无土栽培营养液中植物毒性物质的去除方法.北方园艺，2010（16）：69～70.

349. 刘晓英，常涛涛，郭世荣等.红蓝LED光全生育期照射对樱桃番茄果实品质的影响.中国蔬菜，2010（22）：21～27.

350. 刘晓英，焦学磊，郭世荣等.基于LED诱虫灯的果蝇趋光性试验.农业机械学报，2009，40（10）：178～180.

351. 刘晓英，徐志刚，常涛涛等. 不同光质 LED 弱光对樱桃番茄植株形态和光合性能的影响. 西北植物学报，2010，30（4）：645 ~ 651.
352. 刘晓英，徐志刚，焦学磊等. 可调 LED 光源系统设计及其对菠菜生长的影响. 农业工程学报，2012，28（1）：208 ~ 212.
353. 刘忠，王朝辉，李生秀. 硝态氮难以在菠菜叶柄中还原的原因初探. 中国农业科学，2006，39（11）：2 294 ~ 2 299.
354. 马超，张欢，郭银生等. LED 在芽苗菜生产中的应用及前景. 中国蔬菜，2010（20）：9 ~ 13.
355. 马春花，马锋旺，李明军等. 不同叶龄苹果叶片抗坏血酸含量与其代谢相关酶活性的比较. 园艺学报，2007，34（4）：995 ~ 998.
356. 毛兴武，张艳雯，周建军等. 新一代绿色光源 LED 及其应用技术. 北京：人民邮电出版社，2008.
357. 缪颖，伍炳华，曾广文等. 缺钙诱发大白菜干烧心与细胞壁结构组分变化的关系. 植物生理学报，2000，26（2）：111 ~ 116.
358. 倪德祥. 光在植物组织培养中的调控作用. 自然杂志，1986，9（5）：193 ~ 198.
359. 倪德祥. 光质对康乃馨试管苗生长发育的影响. 园艺学报，1985，12（3）：197 ~ 202.
360. 潘瑞炽，陈方毅. 蓝光延缓绿豆离体叶片衰老的研究. 华南植物学报，1992（1）：66 ~ 72.
361. 潘瑞炽. 植物生理学. 北京：高等教育出版社，2004.
362. 蒲高斌，刘世琦，刘磊等. 不同光质对番茄幼苗生长和生理特性的影响. 园艺学报，2005，32（3）：420 ~ 425.
363. 齐连东，刘世琦，许莉等. 光质对菠菜草酸、单宁及硝酸盐积累效应的影响. 农业工程学报，2007，23（4）：201 ~ 205.
364. 秦爱国，高俊杰，于贤昌. 温度胁迫对马铃薯叶片抗坏血酸代谢系统的影响. 应用生态学报，2009，20（12）：2 964 ~ 2 970.
365. 秦爱国，于贤昌. 马铃薯抗坏血酸含量及其代谢相关酶活性关系的研究. 园艺学报，2009，36（9）：1 370 ~ 1 374.
366. 史宏志，韩锦峰，管春云等. 红光和蓝光度烟叶生长、碳氮代谢和品质的影响. 作物学报，1999，25（2）：215 ~ 220.
367. 孙令强，李召虎，段留生等. UV-B 辐射对黄瓜幼苗生长和光合作用的影响. 华北农学报，2006，21（6）：79 ~ 82.
368. 孙园园. 氮素营养对菠菜体内抗坏血酸含量及其代谢的影响. 杭州：浙江大学硕士论文. 2008.
369. 田华，段美洋，王兰. 植物硝酸还原酶功能的研究进展. 中国农学通报，2009，25（10）：96 ~ 99.

370. 王尔镇，周启芳. 园艺照明技术的应用与发展. 照明工程学报，1996，7（1）：28～35.
371. 王虹，姜玉萍，师恺等. 光质对黄瓜叶片衰老与抗氧化酶系统的影响. 中国农业科学，2010，43（3）：529～534.
372. 王虹，姜玉萍，师恺等. 光质对黄瓜叶片衰老与抗氧化酶系统的影响. 中国农业科学，2010，43（3）：529～534.
373. 王娟，王倩，陈清. 结球莴苣“烧边”成因及其调控措施的研究进展. 中国蔬菜，2005（S1）：32～35.
374. 王英利，王勋陵，岳明. UV-B及红光对大棚番茄品质的影响. 西北植物学报，2000，20（4）：590～595.
375. 王玉英. 激光植物工厂的现状与未来展望. 光机电信息，2005（1）：8～13.
376. 王正银主编. 蔬菜营养与品质. 北京：科学出版社，2009.
377. 王志敏，宋非非，徐志刚等. 不同红蓝LED光照对叶用生莴苣生长和品质的影响. 中国蔬菜，2011（16）：44～49.
378. 王忠. 植物生理学. 北京：中国农业出版社，2000.
379. 魏灵玲，杨其长，刘水丽. LED在植物工厂中的研究现状与应用前景. 中国农学通报，2007，23（11）：408～411.
380. 魏灵玲，杨其长，刘水丽. 密闭式植物种苗工厂的设计及其光环境研究. 中国农学通报，2007，23（12）：415～419.
381. 魏灵玲，杨其长，刘水丽等. LED在密闭式植物苗工厂中的应用. 温室园艺，2009（5）：13～14.
382. 魏灵玲，杨其长，汪晓云等. 多功能水耕栽培装置营养液自控系统的研制及应用效果，农业工程学报，2008，11（24）：222～225.
383. 魏学业，于冬等编著. 绿色环保LED应用技术. 北京：机械工业出版社，2011.
384. 闻婧，鲍顺淑，杨其长. LED光源R/B对叶用莴苣生理性状及品质的影响. 中国农业气象，2009（3）：413～416.
385. 闻婧，魏灵玲，杨其长等. LED在叶菜植物工厂中的应用. 温室园艺，2009（6）：11～12.
386. 闻婧，杨其长，魏灵玲等. 不同红蓝LED组合光源对叶用莴苣光合特性和品质的影响及节能评价. 园艺学报，2011，38（4）：761～769.
387. 夏叔芳，张振清，於新建. 玉米叶片淀粉和蔗糖的昼夜变化与光合产物的输出. 植物生理学报，1982，8（2）：141～148.
388. 谢电，陈耀星，王子旭等. 蓝光对肉鸡免疫应激的缓解作用. 中国兽医学报，2008，28（3）：325～332.
389. 谢景，刘厚诚，宋世威等. 光源及光质调控在温室蔬菜生产中的应用研究进展. 中国蔬菜，2012（2）：1～7.

390. 邢泽南，张丹，李薇等. 光质对油葵芽苗菜生长和营养品质的影响. 南京农业大学学报，2012，35（3）：47 ~ 51.
391. 徐景致，李同凯，葛大勇等. 植物生长发育对光波段选择性吸收的研究进展. 河北林果研究，2002，17（2）：180 ~ 184.
392. 徐凯，郭延平，张上隆. 不同光质对草莓叶片光合作用和叶绿素荧光的影响. 中国农业科学，2005，38（2）：369 ~ 375.
393. 徐茂军，朱睦元，顾青. 光诱导对发芽大豆中半乳糖酸内酯脱氢酶活性和维生素 C 合成的影响. 营养学报，2002（24）：212 ~ 214.
394. 徐志刚，崔瑾，邸秀茹. 不同光谱能量分布对文心兰组织培养的影响. 北京林业大学学报，2009，31（4）：45 ~ 50.
395. 许莉，刘世琦，齐连东等. 不同光质对叶用莴苣光合和叶绿素荧光的影响. 中国农学通报，2007，23（1）：96 ~ 100.
396. 许莉，尉辉，齐连东等. 不同光质对叶用莴苣生长和品质的影响. 中国果菜，2010（4）：19 ~ 22.
397. 杨红飞，杨长娟，任兴平. LED 不同光质对洋桔梗组培苗可溶性蛋白含量的影响. 现代农业科技，2011（21）：11 ~ 12.
398. 杨其长，魏灵玲，刘文科等. 植物工厂系统与实践. 北京：化学工业出版社，2012.
399. 杨其长，徐志刚，陈弘达等. LED 光源在现代农业的应用原理与技术进展. 中国农业科技导报，2011，13（5）：37 ~ 42.
400. 杨其长，张成波. 植物工厂概论. 北京：中国农业科学技术出版社，2005.
401. 杨晓建，刘世琦，张自坤等. 不同发光二极管对青蒜苗营养品质的影响. 营养学报，2010，32（5）：518 ~ 520.
402. 杨雅婷，程瑞锋，杨其长. LED 光源不同 R/B 处理对甘薯组培苗品质及节能效果的影响. 中国农业气象，2010，31（4）：546 ~ 550.
403. 杨雅婷，肖平，胡永逵等. LED 在植物组织培养中的应用. 温室园艺，2009（7）：13 ~ 14.
404. 余春梅，李斌，李世民等. 拟南芥和作物中维生素 C 生物合成与代谢研究进展. 植物学报，2009，44（6）：643 ~ 655.
405. 俞乐，刘拥海，李充壁. 植物抗坏血酸合成的关键酶：L-半乳糖内酯脱氢酶（GLDH）. 植物生理学通讯，2009，45（2）：183 ~ 186.
406. 张海辉，杨青，胡锦等. 可控 LED 亮度的植物自适应精准补光系统. 农业工程学报，2011，27（9）：153 ~ 158.
407. 张欢，徐志刚，崔瑾等. 不同光谱能量分布对菊花试管苗增殖及生根的影响. 园艺学报，2010，37（10）：1 629 ~ 1 636.
408. 张欢，徐志刚，崔瑾等. 不同光质对萝卜芽苗菜生长和营养品质的影响. 中国蔬菜，2009

(10)：28～32.

409. 张欢，徐志刚，崔瑾等. 光质对番茄和莴苣幼苗生长及叶绿体超微结构的影响. 应用生态学报，2010，21（4）：959～965.

410. 张欢，章丽丽，李薇等. 不同光周期红光对油葵芽苗菜生长和品质的影响. 园艺学报，2012，39（2）：297～304.

411. 张立伟，刘世琦，张自坤等. 不同光质对豌豆苗品质的动态影响. 北方园艺，2010a（8）：4～7.

412. 张立伟，刘世琦，张自坤等. 不同光质下香椿苗的生长动态. 西北农业学报，2010b，19（6）：115～119.

413. 张立伟，刘世琦，张自坤等. 光质对萝卜芽苗菜营养品质的影响. 营养学报，2010c，32（4）：390～392.396.

414. 张微慧，张光伦. 光质对果树形态建成及果实品质的生理生态效应. 中国农学通报，2007，23（1）：78～83.

415. 张英鹏，徐旭均，林咸永等. 供氮水平对菠菜产量、硝态氮和草酸积累的影响. 植物营养与肥料学报，2004，10（5）：494～498.

416. 张振贤，周绪元，陈利平. 主要蔬菜作物光合与蒸腾特性研究. 园艺学报，1997，24（2）：155～160.

417. 郑洁，胡美俊，郭延平. 光质对植物光合作用的调控及其机理. 应用生态学报，2008，19（7）：1 619～1 624.

418. 郑晓蕾，丸尾達，朱月林. 植物工厂条件下光质对散叶莴苣生长和烧边发生的影响. 江苏农业科学，2011，39（6）：270～272.

419. 中国营养学会. 中国居民膳食营养素参考摄入量. 北京：中国轻工业出版社，2006.

420. 周晚来，刘文科，闻婧等. 短期连续光照下水培生菜品质指标变化及其关联性分析. 中国生态农业学报，2011，19（6）：1 319～1 323.

421. 周晚来，刘文科，杨其长. 光对蔬菜硝酸盐累积的影响及其机理. 华北农学报，2011，26（S）：125～130.

422. 周长吉，杨振生，冯广和. 现代温室工程. 北京：化学工业出版社，2003.

423. 朱静娴. 人工补光对植物生长发育的影响. 作物研究，2012（1）：74～78.

424. 朱朋波，赵统利，邵小斌等. 根外追施钙、镁肥对设施栽培切花郁金香外观品质的影响. 江苏农业科学，2010（6）：299～301.

425. 邹志荣，邵孝侯. 设施农业环境工程学. 北京：中国农业出版社，2008.

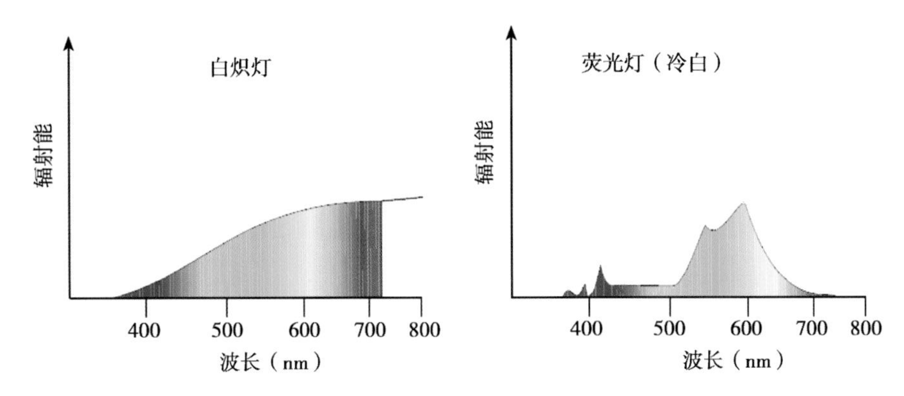

图 2-5　白炽灯和荧光灯的光谱分布

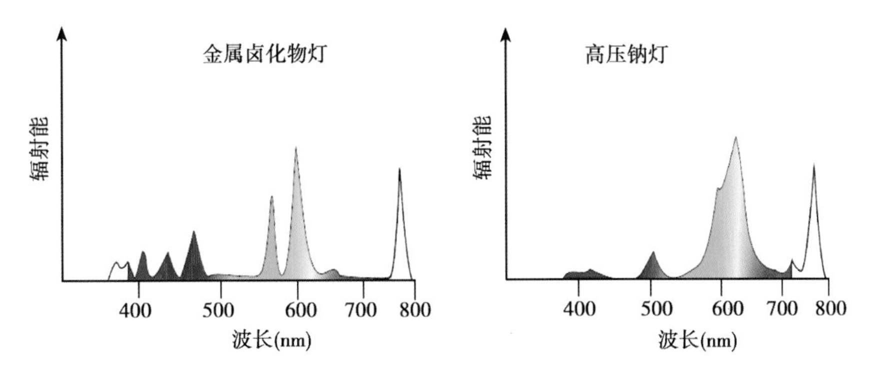

图 2-6　金属卤化物灯（左）和高压钠灯（右）的光谱分布

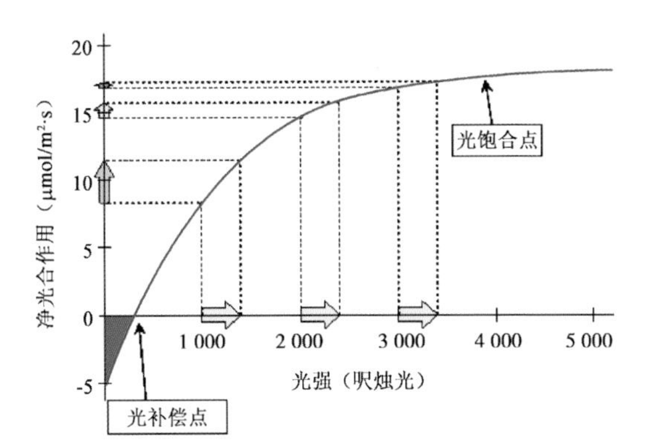

图 2-7　光强对植物光合作用的影响
（Runkle, 2007）

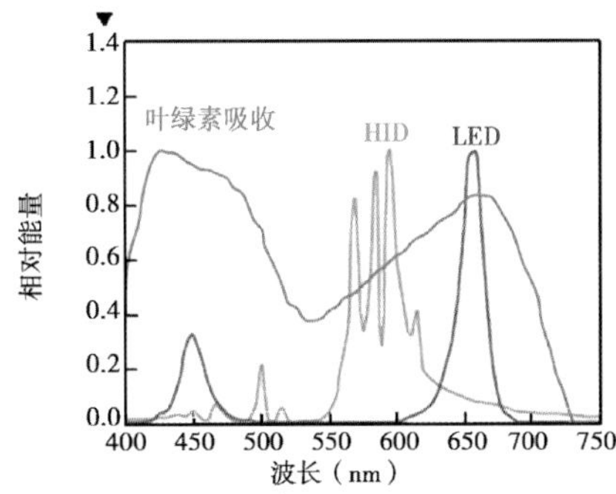

图 3-2　LED 与 HID 光谱及叶绿素吸收光谱
注：图片来自欧司朗光电半导体

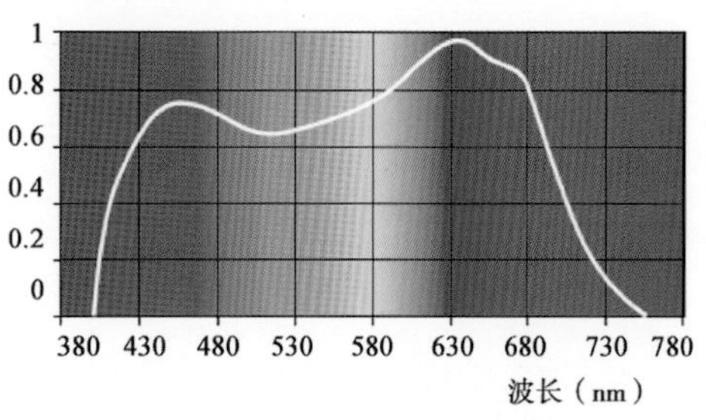

图 3-3　不同光谱波长下植物相对光合效率的差异

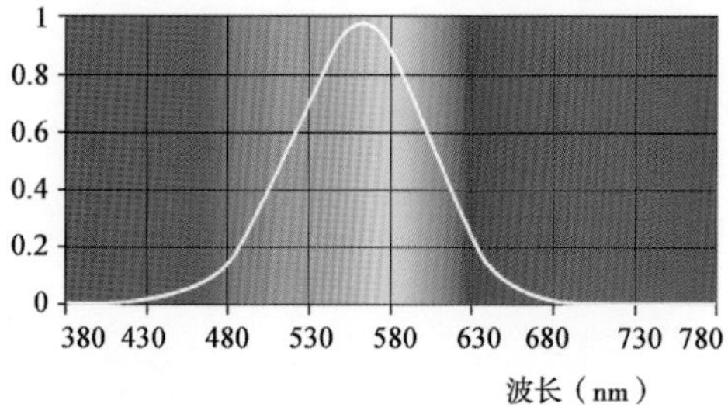

0
0.2
0.4
0.6
0.8
1
380 430 480 530 580 630 680 730 780
波长（nm）

图 3-4　不同光谱波长下人眼的相对敏感度差异

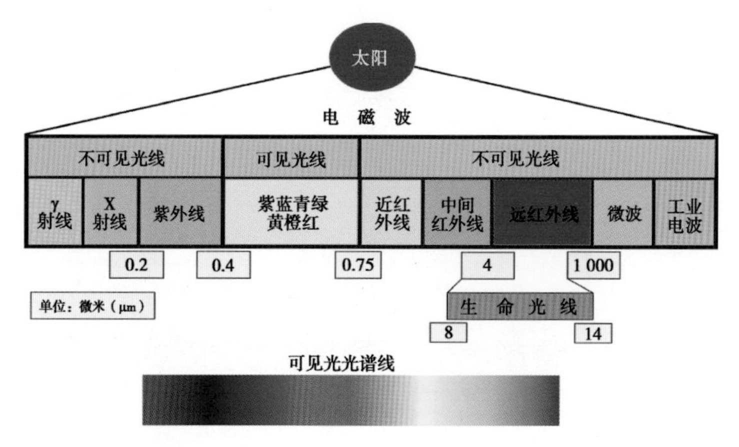

图 3-6　太阳光中的光谱组成（图中单位为微米）

图 4-1　HortScience 2012 年第 4 期封面

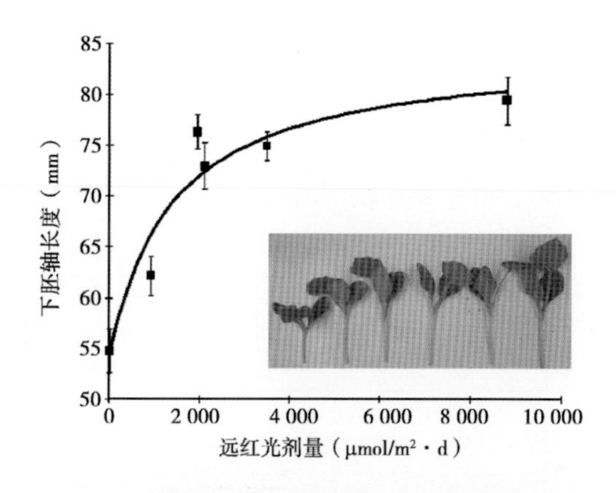

图 4-2　EOD 远红光处理剂量 - 南瓜砧木苗下胚轴伸长响应曲线，植株从左至右为光剂量增加顺序（Mitchell 等，2012）

图 4-3　人工光育苗系统及其 LED 装备

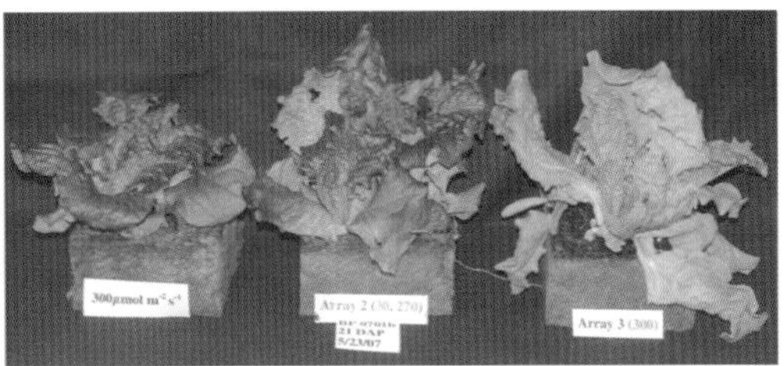

图 5-5　光质对 21d 生菜的外观（左侧为荧光灯处理、中间为 LED 红蓝光处理，右侧为 LED 红光处理）

图 5-6　圣约翰草的栽培 70d 时的生长情况（A）：单株情况（B）　Zobayed 等（2005）

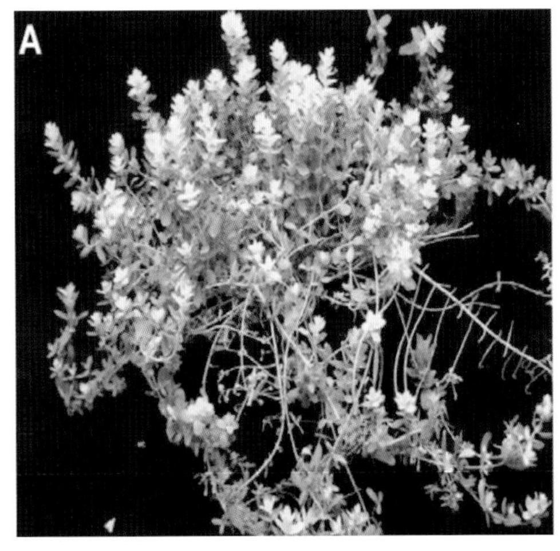

图 5-7　圣约翰草的栽培 85d，35℃（A）和 30℃（B）处理 15d 后的生长情况
Zobayed 等（2005）

图 5-9　经过 43h UV-LED 补光处理的红叶生菜（右）未处理对照（左）

图 6-4　生菜抽薹和节间伸长现象

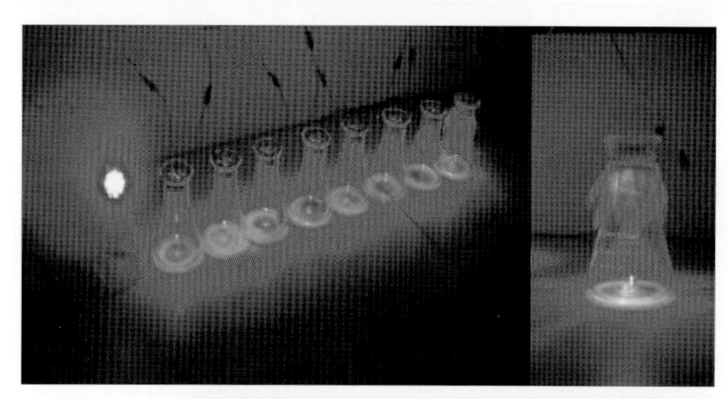

图 7-1　带 LED 光源的组培容器

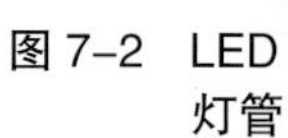

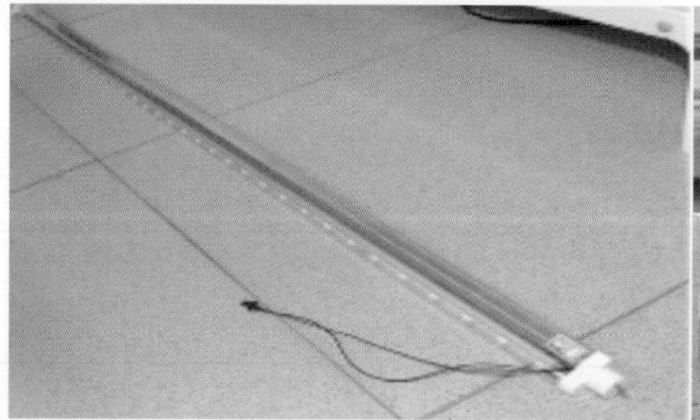

图 7-2　LED 灯管

图 7-3　LED 灯管

图 7-4　组培 LED 柔性灯带

图 7-5　LED 组培生产模组

图 7-6　中国农业科学院农业环境与可持续发展研究所建立的 LED 光源植物工厂

图 7-7　采用 LED 光源培育番茄苗

图 7-8　LED 面板灯用于水稻育苗
（由中国科学院半导体研究所宋昌斌提供）

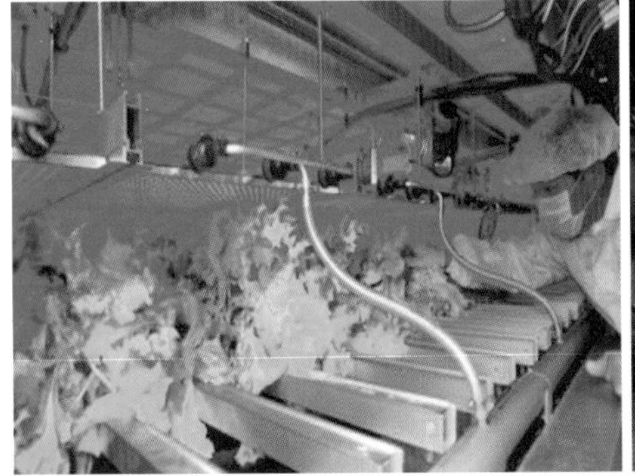

图 7-9　植物工厂 LED 灯板

图 7-10　日本植物工厂 LED 光源

图 7-11 LED 光源育苗系统（引自 Chronica Horticulturae, 2012, 52 卷第 1 期封面）

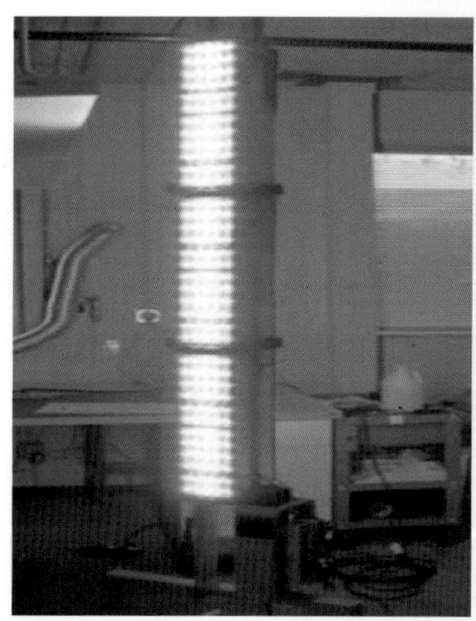

图 7-12 左侧为用于为高大园艺作物冠层补光的光源塔，含红光和蓝光 LED 光源；右侧图为该光源塔温室补光情景（Mitchell 等，2012）

图 7-13 豇豆冠层纵向补光（左侧图）和冠层顶端补光（右侧图）。箭头指向表明顶端补光方式下因冠层密闭性和相互遮蔽导致的落叶 图片取自 Massa 等 (2005b)

图 7-14　花卉冠层横向补光

图 7-15　番茄冠层横向补光

图 7-16　荷兰温室中补光 LED 灯

图 7-17　温室顶部补光 LED 筒灯

图 7-19　温室茄子 LED 补光
（由中国科学院半导体研究所宋昌斌提供）

注：CK为荧光灯；Z为红蓝黄绿紫LED；RBG为红蓝绿LED；RBY为红蓝黄LED；RBP为红蓝紫LED;RBYP为红蓝黄紫LED;RB为红蓝LED。

图 7-22　采用多种 LED 光质栽培菠菜幼苗的形态（刘晓英等，2012）

图 7-25　植物 LED 育苗光源系统

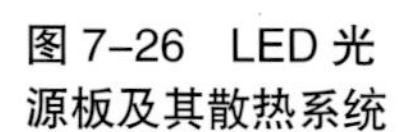

图 7-26　LED 光源板及其散热系统

图 8-1　白光 LED 家庭植物工厂

图 8-2　LED 光源植物培养柜